"十二五"国家重点图书
市政与环境工程系列丛书

定量构效关系及研究方法

王 鹏 编著

哈尔滨工业大学出版社

内容提要

本书系统阐述了有机化合物定量构效关系及研究方法。全书由五章构成,分别介绍了定量构效关系的概念模式及环境科学领域应用研究的现状;定量构效关系研究中的分子结构数学表征方法,重点讨论了以分子连接性指数和自相关拓扑指数为代表的分子拓扑指数及研究方法;定量构效关系研究中的数学建模方法,重点讨论了回归分析和人工神经网络方法等。本书以定量构效关系研究方法分类成章,每章内容系统详尽,各章之间既相互联系,又相互独立自成体系;既体现了国内外在该领域的最新研究现状和前沿,又融入了作者本人的研究生课题工作成果,兼顾作为教材的系统性要求,具有较好的针对性、系统性和实用性以及较高的学术价值。

本书可作为高等学校环境科学与工程、化学、药学及其相关专业的教学用书,亦可作为相关领域的广大科技工作者的参考书和应用工具书。

图书在版编目(CIP)数据

定量构效关系及研究方法/王鹏编著.—哈尔滨:哈尔滨工业大学出版社,2011.10
ISBN 978-7-5603-3397-7

Ⅰ.①定… Ⅱ.①王… Ⅲ.①环境科学-研究方法
Ⅳ.①X-3

中国版本图书馆 CIP 数据核字(2011)第 184692 号

责任编辑	王桂芝 贾学斌
出版发行	哈尔滨工业大学出版社
社　　址	哈尔滨市南岗区复华四道街 10 号　邮编 150006
传　　真	0451-86414749
网　　址	http://hitpress.hit.edu.cn
印　　刷	东北林业大学印刷厂
开　　本	787mm×1092mm　1/16　印张 12.75　字数 330 千字
版　　次	2011 年 10 月第 1 版　2011 年 10 月第 1 次印刷
书　　号	ISBN 978-7-5603-3397-7
定　　价	38.00 元

(如因印装质量问题影响阅读,我社负责调换)

序

多年来，化学家和药物学家对定量构效关系(QSAR)研究给予了足够的重视，环境科学家在该领域的研究是最近十几年的事。通过 QSAR 研究，使我们能基于污染物的化学结构来定量预测它们的生物毒性、化学活性和生物可降解性等环境行为。该研究属于多学科交叉的边缘学科，涉及到化学(如有机化学、结构化学)、数学(如线性代数、数理统计和拓扑学)、毒理学、环境科学、计算机科学等多门学科。该领域研究对于深入理解环境科学的基本原理、开发其在环境科学与工程领域的应用具有重要意义。

该书阐述了 QSAR 的基本原理，并对用于 QSAR 研究的化学、数学和人工智能方法进行了系统的描述。王鹏博士作为 Croucher 基金资助的访问学者曾在香港大学我的研究室工作，他严谨的科学研究作风，坚实的化学、数学和计算机应用基础给我留下了深刻的印象。我阅读了这本书的书稿，该书不仅编辑了大量的国内外最新研究文献，内容涵盖了诸如分子拓扑学、数理统计和人工智能等多门学科，而且令人信服地描述了 QSAR 在环境科学与工程领域的应用前景。

该书已被用做哈尔滨工业大学研究生的教材，它还可以作为在该领域从事科学研究人员的参考书。王鹏博士为环境科学及化学领域提供了一本有价值的著作，我认为他的努力必将会被大家所公认，并获得良好的评价。

香港大学教授　方汉平

序

  化学一向被认为是一门实验科学，注重的是实验方法和结果。量子化学从微观的角度揭示了分子的组成和结构，但物质分子的性质与分子的结构特征之间又有什么样的关系，却一直未能有很好的解答。鉴于化学物质分子组成和结构的多样性，这一问题的解决显然不是一件容易的事，但这一问题的解决，特别是定量地（哪怕是部分地）弄清又确实会对科学和社会的发展，特别是化学、药学、生物学和环境毒理学的发展起重要的推动作用。因此，化合物定量构效关系（QSAR）的研究已引起了有关科学领域学者越来越多的重视，我国学者也不例外。鉴于 QSAR 的研究难度很大，又涉及到化学、数学和计算机科学等多门学科，目前的研究工作也还处于初创阶段，有关的研究队伍尚未真正形成，因此，有必要从相关学科的本科和研究生层次开设这方面的课程入手培养人才，以满足这方面的需求。王鹏老师的讲义是在数年教学实践基础上完成的，既反映了当前 QSAR 的研究成果和主要研究方向，又兼顾了相关学科学生的基础知识准备，是一本较好的具有承前启后作用的著作，值得予以正式出版。

吉林大学化学系教授 金钦汉

前　言

本书是在哈尔滨工业大学基础研究基金项目(9906731.050)、国家自然科学基金项目(50178022,50278023)研究的基础上,结合哈尔滨工业大学"环境化学"、"分子结构、性质与活性"、"分子拓扑学基础"等研究生课程的有关内容及作者近年来从事该领域研究的实践和体会,并参考了大量国内外相关文献编写而成的。

自从20世纪70年代中期,Hansch 和 Free–Wilson 等借助计算机技术建立的结构–活性关系表达式,开创了定量构效关系(QSAR)研究的先河以来,QSAR 研究在近几十年来得到迅猛的发展,并首先在定量药物设计领域取得了令人鼓舞的成功。研究和分析物质分子的基本结构特征与其从实验中表现出的一些性质及活性的关系(即所谓构效关系)已成为现代化学基础研究的重要内容,并得到了越来越多的化学、生物学、药学、环境科学研究者的重视。可以预计,对分子结构与性质或活性关系的充分阐释,将大大加速实现化学从经验科学向理论科学的过渡。作为一门新兴的交叉学科研究方向——定量构效关系及研究方法,在广泛的实际应用中显示出强大的生命力。近年来,QSAR 被引入到环境科学与工程学科领域,在优先污染物筛选、化学品安全性评价、催化剂与功能材料计算机辅助分子设计、环境污染物迁移转化规律研究,水处理工程、清洁生产与绿色工艺等研究方向上取得了许多成功的范例。

有机物定量构效关系(QSAR)研究涉及数学(如图论、拓扑学、数理统计、线性代数等)、化学(如有机化学、生物化学、结构化学等)和计算机科学等多门学科。目前,系统阐述定量构效关系的书很少,特别是适合高等学校学生学习理解的有关定量构效关系的参考书和教科书就更少,而专门系统讨论 QSAR 研究方法的书籍尚未见出版。但愿本书的出版能起到抛砖引玉的作用。

全书比较系统地介绍了定量构效关系研究的基本原理、研究方法及在环境科学中的应用。全书共分5章。第1章对定量构效关系研究的基本情况作概括性描述,重点介绍了 QSAR 研究中的分子结构参数;第2章分别从污染物化学和生物降解过程的定量构效关系、环境毒理学中的定量构效关系以及生物毒性快速检测技术研究等四个方面阐述了定量构效关系在环境科学研究中应用的基本原理、相关方法和应用实例;在第3章中结合我们在该领域开展的科研工作,较为详细地介绍了分子拓扑指数及研究方法;第4章介绍了定量构效关系研究中的数学方法,包括回归分析和其他多元统计分析方法;在第5章中结合我们的研究工作介绍了目前研究比较活跃的人工神经网络方法及在 QSAR 研究中的应用。在本书的最后列出了相关参考文献100余篇,供读者深入学习时参考。全书自成体系,力求反映 QSAR 研究的前沿水平,突出其学科交叉特色,注重相关基础理论探讨,注重相关计算机程序设计与开发,并适当介绍了作者在该领域的研究工作。

参加本书编写工作的有很多是我的同事和学生。他们参加了本书中相关文献的检索、收集和整理,以及提供相关研究数据和参与部分章节的编写,他们是:陈春云(第1章,

第 4 章),高大文(第 2 章,第 5 章),龙明策(第 3 章),杨蕾、郑彤、苏建成、郭晓燕、陈传品、蔡臻超、周鑫、范志云、甄卫东、林益池、蒋益林等也参与了本书编写工作及从事大量的相关工作。本书是我们研究小组师生共同努力的结晶。本书得以出版要感谢韦永德教授、徐崇泉教授、黄君礼教授等对本研究工作的指导、关心和帮助;感谢于秀娟副教授,孟宪林副研究员对本研究工作的协助;感谢吉林大学金钦汉教授、中国科学院长春应用化学研究所汪炳武研究员、日本东京工业大学阿部光雄教授、哈尔滨工业大学周定教授、香港大学方汉平教授等对作者的培养、关心和帮助;特别感谢方汉平教授和金钦汉教授在百忙当中为本书作序。

在编写此书时参考了不少书籍和期刊,本书的出版同这些图书及有关论文的作者的辛勤工作是分不开的,在此也向他们致谢。因篇幅有限,仅择主要书刊录入参考文献中。

由于编者水平所限,书中的疏漏及不妥之处在所难免,欢迎读者批评指正。

作 者

2011 年 7 月

目 录

第 1 章 有机物定量构效关系 ·· 1
　1.1 定量构效关系及研究现状 ·· 1
　　1.1.1 定量构效关系 ·· 1
　　1.1.2 定量构效关系研究的发展历程 ······································ 2
　　1.1.3 定量构效关系研究现状及分析 ······································ 3
　　1.1.4 定量构效关系在环境科学研究中的应用 ······························ 9
　1.2 定量构效关系的概念模式及研究方法 ······································ 13
　　1.2.1 结构参数的选择 ·· 14
　　1.2.2 活性参数的获得 ·· 14
　　1.2.3 定量构效关系模型 ·· 15
　　1.2.4 定量构效关系模型的求解方法 ······································ 17
　　1.2.5 定量构效关系模型的检验、优化和误差估计 ·························· 18
　1.3 定量构效关系研究中的分子结构参数 ······································ 20
　　1.3.1 辛醇–水分配系数 ·· 20
　　1.3.2 Hammett 取代基常数 ·· 22
　　1.3.3 Taft 取代基常数 ·· 25
　　1.3.4 分子折射率 ·· 26
　　1.3.5 量子化学参数 ·· 27
　　1.3.6 分子拓扑指数 ·· 28
　　1.3.7 其他结构参数 ·· 29

第 2 章 环境科学研究中的定量构效关系 ·· 31
　2.1 污染物化学降解过程的定量构效关系 ······································ 31
　　2.1.1 水解过程中的定量构效关系 ·· 31
　　2.1.2 电离过程中的定量构效关系 ·· 32
　　2.1.3 光化学反应中的定量构效关系 ······································ 35
　　2.1.4 高级氧化反应中的定量构效关系 ···································· 37
　　2.1.5 大气自由基化学反应中的定量构效关系 ······························ 39
　　2.1.6 还原反应中的定量构效关系 ·· 40
　2.2 污染物生物降解过程的定量构效关系 ······································ 41
　　2.2.1 污染物分子结构–生物可降解性定量关系模型 ························ 42
　　2.2.2 有机污染物好氧生物降解中的定量构效关系 ·························· 45
　　2.2.3 有机污染物厌氧生物降解中的定量构效关系 ·························· 46

2.3 环境毒理学中的定量构效关系 …… 48
2.3.1 污染物质富集和累积过程中的定量构效关系 …… 49
2.3.2 有机污染物生物毒性的定量构效关系 …… 51
2.3.3 污染物质毒性学效应的定量构效关系 …… 53
2.3.4 芳香烃类有机物毒理学效应的定量构效关系 …… 56
2.3.5 金属化合物毒理学效应的定量构效关系 …… 57
2.4 生物毒性快速检测技术研究 …… 60
2.4.1 基本原理 …… 60
2.4.2 有机化学品对酵母菌毒性的测定方法 …… 61
2.4.3 实验条件的优化 …… 61
2.4.4 取代苯对酵母菌的最小抑制圈浓度 C_{miz} 的测定 …… 64
2.4.5 C_{miz} 同 LC_{50} 的相关性研究 …… 66

第3章 分于拓扑指数及研究方法 …… 68
3.1 分子拓扑学基础 …… 68
3.1.1 拓扑性质与拓扑不变量 …… 68
3.1.2 分于图的基本概念和术语 …… 69
3.2 分子拓扑指数研究方法 …… 71
3.2.1 分子结构的图形化 …… 72
3.2.2 分子图的矩阵表示 …… 73
3.2.3 分子结构的数值化 …… 75
3.3 分子连接性指数及程序设计研究 …… 85
3.3.1 分于连接性指数 …… 85
3.3.2 分于连接性指数的程序化设计 …… 92
3.3.3 分子连接性指数的应用 …… 97
3.4 点价自相关拓扑指数及程序设计研究 …… 102
3.4.1 点价自相关拓扑指数 …… 102
3.4.2 点价自相关拓扑指数的程序化设计 …… 104
3.4.3 点价自相关拓扑指数的应用 …… 110

第4章 定量构效关系研究中的数学方法 …… 118
4.1 回归分析 …… 119
4.1.1 一元线性回归 …… 119
4.1.2 多元回归分析 …… 127
4.1.3 逐步回归分析 …… 130
4.2 多元统计分析方法 …… 137
4.2.1 主成分分析 …… 137
4.2.2 因子分析 …… 139
4.2.3 聚类分析 …… 141
4.2.4 判别分析 …… 143

4.2.5　模式识别 …………………………………………………… 145
　　　4.2.6　计算举例 …………………………………………………… 146
第5章　人工神经网络方法 ……………………………………………… 152
　5.1　人工神经网络 ………………………………………………………… 153
　　　5.1.1　人工神经网络的构造与功能 ………………………………… 153
　　　5.1.2　神经网络的学习方法 ………………………………………… 157
　　　5.1.3　反向传播(BP)网络 ………………………………………… 160
　5.2　人工神经网络信息流分析技术研究 ………………………………… 165
　　　5.2.1　QSAR-ANN模型信息流分析 ……………………………… 165
　　　5.2.2　ANN模型输入节点的筛选 ………………………………… 168
　　　5.2.3　ANN模型隐含节点的筛选与训练次数优化 ……………… 173
　5.3　人工神经网络的应用 ………………………………………………… 175
　　　5.3.1　人工神经网络的组织与运行 ………………………………… 175
　　　5.3.2　ANN在模式识别/定性分类中的应用 ……………………… 180
　　　5.3.3　ANN对理化性质和生物活性的定量预测 ………………… 183
参考文献 …………………………………………………………………… 192

第1章 有机物定量构效关系

1.1 定量构效关系及研究现状

1.1.1 定量构效关系

有机化合物结构与活性定量相关(定量构效关系,Quantitative Structure-Activity Relationship,QSAR)的研究,最初作为定量药物设计的一个研究分支,是为了适应合理设计生物活性分子的需要而发展起来的。它对于设计和筛选生物活性显著的药物,以及阐明药物的作用机理等均具有指导作用。特别是近二三十年来,由于计算机技术的发展和应用,使 QSAR 研究提高到了一个新的水平,QSAR 的研究日益成熟,其应用范围也正在迅速扩大。目前,QSAR 不仅已成为定量药物设计的一种重要方法,而且在环境化学、环境毒理学等领域中也得到了广泛的应用。许多环境科学研究者通过各种污染物结构－毒性定量关系的研究,建立了多种具有毒性预测能力的环境模型,对已进入环境的污染物及尚未投放市场的新化合物的生物活性、毒性乃至环境行为进行了成功的预测、评价和筛选,这些都说明 QSAR 在环境领域中已显示出极其广阔的应用前景。

所谓定量构效关系,就是定量地描述和研究有机物的结构与活性之间相互关系。定量构效关系分析是指利用理论计算和统计分析工具来研究系列化合物结构(包括二维分子结构、三维分子结构和电子结构)与其效应(如药物的药效学性质、药物代谢动力学参数、遗传毒性和生物活性等)之间的定量关系,即采用数字模型,借助理化参数或结构参数来描述有机小分子化合物(药物、底物、抑制剂等)与有机大分子化合物(酶、辅酶或有机大分子)或组织(受体、细胞、动物等)之间的相互作用关系。

在药物和环境研究领域中,QSAR 分析具有如下两方面的功能:

(1)根据所阐明的构效关系的结果,为设计、筛选或预测任意生物活性的化合物指明方向。

(2)根据已有的化学反应知识,探求生理活性物质与生物体系的相互作用规律,从而推论生物活性所呈现的机制。

QSAR 的要点是从化合物的结构出发来建造某种数学模型,然后运用这种模型去预测化合物的活性或性质,从而为新分子的设计、评价提供理论依据。目前,几乎所有探索化合物结构－活性关系的分析方法都是以统计学为基础的。最常用的方法为 Hansch 分析法和 Free-Wilson 分析法,此外,模式识别、人工智能及其他数理统计法也已得到了广泛应用。

20 世纪 60 年代,Hansch 和 Free-Wilson 分别用数理统计方法并借助计算机技术建立的结构－活性关系表达式,标志着 QSAR 时代的开始。在他们开创性的研究工作之后,许多新方法相继不断涌现,目前已有 20 多种方法。尽管这些方法形式多样,但都符合相同

的原理,它们的应用都是以下面的前提为基础的:

(1) 假定化合物的结构和生物活性之间存在一定的关系。也就是说,结构 S 和活性 A 之间存在函数关系 $F(S,A) = 0$。

(2) 根据已知化合物结构-活性数据建立的函数 $F(S,A) = 0$,可以外推至新的化合物。

(3) 化合物的结构可用适当的结构描述符来表示。

1.1.2 定量构效关系研究的发展历程

结构-活性关系研究可以追溯到科学发展的初期,其发展历史大致可分为对结构-活性关系的朴素认识、对结构-活性定性关系研究(SAR)和对结构-活性定量关系研究(QSAR)三个阶段。先后出现了许多研究方法,其中有些已经在实践中得到了很好的应用。

定量构效关系的发展经历了如下几个阶段:

(1) 早期朴素认识:很早以前,人们就已认识到物质的反应性与其结构之间存在着一定的关系。由于当时对物质认识水平的肤浅,这种对结构-活性关系的认识是朴素的和原始的。

(2) 定性阶段:就在 1869 年门捷列夫提出元素周期表的几乎同一时期,Crum-Brown 和 Frazer 开创了 SAR 研究的先河,他们认为,化合物的生物活性与其结构之间存在着某种函数关系,即

$$\Psi = f(C)$$

其中,Ψ 是化合物活性的某种度量,C 代表化合物的结构特征。

SAR 研究的系统开展始于 19 世纪末 20 世纪初 Richet、Meyer 和 Overton 等人的研究。Richet 的研究发现醇和酯在水中的溶解度越大,其毒性越小;Meyer 和 Overton 等人发现,简单的中性有机物(醇、酮、酯等)对生物的麻醉效力与它的油-水分配系数有关。

(3) 定量阶段:1964 年,Hansch 等人从研究取代基与活性的关系出发,建立了线性自由能关系模型(LFER),从而使构效关系的研究从 SAR 转向 QSAR。与此同时,Free 和 Wilson 提出了 QSAR 的取代基贡献模型。近年来,随着对分子结构的深入认识,以及数理统计方法的引入,QSAR 的研究正向三维发展,先后提出位穴模型、比较分子场方法等,不仅取得了令人欣慰的成果,而且开辟了更为广阔的应用前景。

QSAR 的研究同时也促进了分子结构的研究,先后引入了很多新的结构参数。如拓扑结构指数,包括 Hosoya 的 Z 指数(1971)、Kier 分子连接性指数 χ(1976)、Balaban 的 J 指数(1979),Simon、Crippen(1980 年)等人又引入了一系列三维结构参数,这些结构参数大大丰富和促进了 QSAR 的发展。

鉴于环境污染物的多样性和复杂性,1977 年在 Win Olsor 大湖水质国际会议和加拿大在"大湖水质协议"中也要求发展和应用 QSAR 方法。1978 年美国采用 QSAR 方法估计化学品的热力学性质及毒性分类。1983 年 8 月,在加拿大 Mc-Master 大学召开了"QSAR 在环境毒理学中的应用"研讨会,并出版了论文集。1986 年美国 EPA 出版的"Research outlook"中提出应该利用 QSAR 方法预测环境化学物质的特性及其活性。近几年来,随着平衡分配法在有机污染物环境行为研究中的突出应用,环境化学和毒理学领域 QSAR 的研究非

常活跃,Mackay 及其同事依此建立了颇有影响的泛逸度模型,QSAR 被有效地应用于沉积物质基准的研究中。

1.1.3 定量构效关系研究现状及分析

选择和设计合适的分子结构描述参数、研究采用合适的技术和方法建立 QSAR 模型以及开发快速生物活性检测体系和技术是目前 QSAR 研究的三大热点。采用有效的算法建立 QSAR 模型是 QSAR 研究的核心步骤。自 Hansch 于 1964 年构建了定量的线性自由能关系模型形成 QSAR 学科以来,经过许多研究者的努力,目前已经有多种 QSAR 模型,不同的 QSAR 模型的效果是有区别的,而且适用于不同的情况。

1.1.3.1 传统的数值模型研究

在过去的 QSAR 研究中,人们首先想到的是利用回归的方法来达到建立结构与活性的关系模型,能达到这一目的的回归方法有 3 种:

(1)传统的多元线性回归分析法(Multivariate Linear Regression,简称 MLR);
(2)主成分回归分析(Principal Component Regression,简称 PCR);
(3)偏微分最小二乘法(Partial Least Squares Regression,简称 PLS)。

QSAR 研究在刚刚起步时应用的是多元线性回归法,由于多元线性回归法能给出明确的数学表达式,因此,它在定量构效关系中的应用非常广泛。

何艺兵等人应用一级反应动力学模型研究水生生物中毒机理,推导出毒性与结构的相关方程,把该方程应用到取代芳烃化合物定量结构与活性关系的建立,取得了很好的结果。王连生等人采用多元逐步回归方法,在芳烃类有机物结构与活性相关的模式参数研究中,通过参数相关分析,从多个信息参数中筛选出 7 种典型分子表征参数,从理论上表述了有机物生物活性效应取决于有机物与生物靶分子的结合量和反应过程中靶分子含量。郑红等人系统地综述了电子参数 σ 在构造多元线性回归 QSAR 模型中的应用,把电子参数引入到定量构效关系中,使得 QSAR 方程相关系数精确度明显提高。靳立军等人研究的取代苯甲醛衍生物对大型蚤的 48 h 急性毒性,采用多元线性回归方法建立了 QSAR 模型,得出取代苯甲醛衍生物对大型蚤的急性毒性是一种反应性毒性机制,毒性大小主要取决于苯环上取代基的 Hammett 电效应常数的大小的结论。

虽然多元线性回归分析方法在 QSAR 模型构建中贡献很大,并对结构与毒性间的毒理学解释提供了方便。但它构建 QSAR 模型时也存在一些问题,其主要缺点是受结构变量集的维数限制。分子结构参数很多,况且还在不断增加,选用不同的结构变量集,则可以建立多种不同的构效关系,这给科学的解释回归结果带来相当大的困难,也给最终的构效关系表达式带来混乱。针对多元线性回归法的问题,研究工作者采用主成分回归分析法和偏微分最小二乘法来克服维数限制。这两种方法都先将变量数目经计算机彻底简化,两者相比,主成分分析法得到的解更有普遍性;偏微分最小二乘法运算较快,在实际应用中更受欢迎。

总的来说,这些 QSAR 模型预报能力较差。Benigni 等人于 1989 年建立的致变活性 QSAR 模型(REPAD)能以 90% 的正确率将致癌剂和非致癌剂区别开,但用它预测另一组化合物的正确率只有 60%。Hileman 等人对以回归为基础的不同 QSAR 模型进行比较研究表明,它们预测啮齿类动物致癌活性的最高正确率仅为 60%~65%。

传统的数值分析法建立的 QSAR 模型缺乏预测能力的原因主要有两点：

(1)某些对化合物活性有明显激活或抑活效应的特殊子结构或分子片段很难用数值表达，在上述方法中只能忽略；

(2)化合物的构效关系一般是非线性的，而且有些结构变量彼此相关。

1.1.3.2　人工神经网络模型研究

以第二代专家系统著称的人工神经网络于 1990 年给 QSAR 研究带来定量模型化思想上的重大变革，1990 年数学家证明了带有 S 形变换的多层前馈神经网络能够相当近似多维空间的任何实型连续函数，也就是说，它有较强的模拟多元非线性体系的能力。人工神经网络大多是通过例子学习，不断修正连接权值，产生判别函数，利用判别函数对学习集进行分类和预测。由于人工神经网络的模拟和预测能力都很强，因此，人工神经网络算法更适宜构造结构与活性之间的关系，近年来，它在定量构效关系的研究中得到了广泛应用。

Villemin 等人运用误差反向传播(BP)算法的多层人工神经网络构造多环芳烃化合物结构与致癌性的关系模型，该模型把此类化合物分为两大类，即活性和非活性；模型的总预测精度达 86%。Vracko 等人利用与几何的和电子的结构有关的描述符作为结构参数来构建结构与致癌能力人工神经网络 QSAR 模型，去掉异常值后，获得预测相关系数 $R = 0.83$。Gini 等人改进了含氮芳香化合物致癌性预测的 BP 算法的人工神经网络模型，输入参数是选择不同类型的分子描述符，输出参数是 TD_{50}，即给出表达致癌性的连续数字参数，依据主成分分析减少输入参数的个数，构建人工神经网络模型。在研究中使用了 104 个分子，获得相关系数 $R^2 = 0.69$，剔除 12 个异常值后，$R^2 = 0.82$。Gini 等人在混合系统内耦合专家系统和人工神经网络，该方法能够利用每个方法的优点。在构建 QSAR 模型中，除应用 BP 算法人工神经网络外，近年来 RBF 等其他算法的人工神经网络也在 QSAR 中得到了很好的应用。

在 QSAR 构建中，应用较多的结构参数是分子描述符。在构建网络前必须首先计算所要预测化合物的分子描述符，为了克服这一问题，Igor 研究了一个神经装置以表达有机化合物结构与活性间的关系，这个神经装置构建成类似生物视觉系统，并有软件支持。该方法事先没有分子描述符的计算，它的解释和预测能力相当甚至超过使用分子描述符的 QSAR 模型。

通过前面的讨论，我们知道，利用人工神经网络构建 QSAR 模型更能反应结构与活性之间的非线性关系。但采用人工神经网络 QSAR 模型比采用多元线性回归 QSAR 模型究竟好多少？关于这个问题，国内外仍有很多学者在进行研究。

王桂莲等人应用人工神经元网络进行了对多氯酚的定量构效关系研究，为了研究多氯酚结构－毒性关系，作者归纳出全部 19 种多氯酚的 3 个活性参数：对细菌(TL81)毒性(Y1)，对比目鱼毒性(Y2)，对大型水蚤毒性(Y3)；选用的 4 个结构参数为：辛醇－水分配系数($\lg K_{OW}$)，离解常数(K_a)，一阶分子连接性指数(I)，分子自由表面(S)；先对其中 12 种多氯酚的结构－活性数据进行神经网络非线性关联，再用所得到的神经网络模型预测其余 7 种多氯酚的毒性。为了比较，作者还采用多元线性回归法建立多氯酚的结构－毒性关系方程式，并进行毒性预测。经对计算值与实验值的比较表明，人工神经网络法的相关系数约为 0.99，多元线性回归法的相关系数约为 0.92，前者的百分误差也明显小于后者。可见,人工神经网络模型在模拟和预测多氯酚的结构-毒性关系上都优于多元线性回归分析。

Tabak 等人应用 BP 算法研究有机物的结构与降解性能关系,在"学习集"中计算结果与实验结果符合得很好,正确率超过 90%,预测集中正确率也超过 90%。Aoyama 等人研究了 16 个解裂霉素抗癌药物的构效关系,人工神经网络算法的分类与预测结果均优于自适应最小二乘法(ALS);另对 29 个芳基丙烯酰哌嗪类抗高血压活性化合物分类,正确率为 90%(优于 ALS 的 62%～76%),经随机抽样训练神经网络得到的分类正确率为 90%,预测正确率为 75%。

石乐明等人采用 BP 人工神经网络对 97 种磺酰脲类、SUH-除草剂的两类(活与非)生物活性进行分类,发现并剔除奇异样本,分类正确率为 100% 和预测正确率为 82%。孙立贤等人运用基于误差反向传播的三层人工神经元网络来研究酚类化合物的结构-活性关系,所得结果优于逐步回归法,运用全部 8 个变量的人工神经元网络所得的正确率为 100%,而用逐步回归法选得重要变量组合为($^0\chi^v, ^4\chi^v, ^5\chi^v, \lg K_{OW}$),由此建立的相关方程表达式,其正确率只有 83.87%。沈洲等人运用人工神经网络研究含硫芳香族化合物对发光菌的毒性构效关系,并与多元线性回归方法相比较,得出多元线性回归方法的学习训练均方差为 0.012 1,预测均方差为 0.016 8;而人工神经网络算法的训练均方差为 0.002 1,预测均方差为 0.009 2;结果表明人工神经网络明显优于多元线性回归方法。

张爱茜等人研究采用误差反向传递人工神经网络预测有机化合物生物降解性能,并同运用多元线性回归预测结果相比较,结果表明,人工神经网络对这类复杂问题有极高的求解能力,预测的均方误差为 0.001 02,远低于多元线性回归方法模拟的预测误差 0.015 91。孙唏等人运用三层误差反向传播网络对 51 种胺类有机物进行了结构-毒性关系的研究,结果表明,神经网络对急性毒性 LD_{50} 具有良好预测效果,大大优于多元线性回归分析和判别分析。郭明等人直接应用化合物的分子结构式产生的结构描述参量,研究了 45 个酚类化合物的麻醉毒性和分子结构之间的相关性,用多元线性回归分析和神经网络法建立了相应的数学模型,并用其预测了 5 个酚类化合物的麻醉毒性。结果表明,用神经网络所得的结果优于多元线性回归分析结果。

虽然人工神经网络模型具有非线性交换、自适应能力、自组织特性、较好的容错性、外推性等优点,并且在各个领域已经得到了广泛的应用,但目前仍然存在如下一些问题。

1. 收敛速度问题

目标函数下降速度很慢,通常需数千步或更多次迭代。其原因很多,如常用的传递函数——Sigmoid 函数本身存在无穷多次导数,而多次情况下只用了一次导数,致使收敛速度很慢。另外,网络的隐含层及隐含层节点数目的选择尚无理论上的指导,仅凭经验选取,众多研究仅采用三层网络。

2. 局部最优解问题

网络在学习过程中各梯度分量值趋小,停留在某一"平台"上,目标函数不再下降,达不到预定的值,学习无法继续下去。

3. 学习、预测效果问题

有时网络学习效果不理想,有时学习效果理想而预测效果不理想。其影响因素很多,其中网络结构参数与学习参数的选择、样本选择及其数量为主要因素。

除以上问题外,人工神经网络模型不像传统的数值算法那样给出明确的构效关系表达式,目前的人工神经网络模型仍属于黑箱系统,即输入输出关系不明确;并且它与传统的数值算法一样,不便考虑难以数值化的化合物特殊子结构。

1.1.3.3 分子结构参数研究

分子结构参数的选择与确定,是 QSAR 研究中非常重要的环节。目前,主要有三种结构参数,即理化参数、拓扑指数和量子化学参数。

经典的 QSAR 研究主要采用理化参数来表达分子的结构信息,以分子式为基础,根据实验测得的经验参数与相应的性质如药效、污染物的生态毒性等建立定量关系式。例如,以 Hansch 方法为代表的线性自由能关系法就属于这一种,该方法是用一些取代基的理化参数如分配系数 $\lg K_{OW}$、Hammett 的 σ 电子参数、摩尔折射 MR 或立体参数 E_s 与分子的生物活性进行回归分析建立 QSAR 模型,这种方法在实际应用中已有较大的进展,也确实解决了一些实际问题。但该方法的缺点是所用的参数大多是由实验测定的,一方面是过程比较繁杂,另一方面由于分子本身的复杂性和周围环境的影响,使实验值存在一定的误差,因此,采用该方法所作的预测的可靠性还有待提高。

采用量子力学的方法对分子进行精确计算,以了解分子的全部信息,这是了解分子活性本质的好方法。但该方法计算繁琐复杂,并非具有普通基础的人能掌握的,而薛定谔(Schrodinger)方程的近似计算又会失去许多信息,使该方法受到很大的限制,因此迄今为止,该法尚未获得广泛推广。

分子连接性方法是由 Kier 和 Hall 等人根据拓扑理论,在 Randic 的分子分枝指数基础上提出和发展起来的一种新方法。该方法能根据分子结构式的直观概念对分子结构作定量描述,使分子间的结构差异实现定量化。例如,正丁烷和异丁烷在结构上存在着差异,但正丁烷与异丁烷的差异程度比起正戊烷和异戊烷的差异是大还是小呢?仅根据化学键的直观概念不能回答这个问题,而借助分子连接性指数就能解决这个问题,以此为基础就能建立分子结构和相应性质的定量关系式。

分子连接性方法不需测定所研究分子的实验参数,也不需要解复杂的薛定谔方程,只需直接根据分子的拓扑结构,就能把理化性质或生物学性质(活性)的加和性和构成性以分子连接性函数的方式译制出来。利用这种函数式,一方面可预测一些分子的未知性质;另一方面,可根据需要设计具有一定性质或活性的分子。前者可用来在化学或环境科学研究领域中评价和预测化合物的反应性和污染物的生态毒性,后者则可在药物设计或合成方面具有指导作用。

分子连接性方法由于具有方便、简单、所用指数不依赖于实验等优点,同时用分子连接性函数预测的某些理化性质其误差接近于实验误差,因此,在创建后的十多年时间内,已在多种研究领域中得到广泛的应用,大量的研究成果也反过来进一步验证了分子连接性方法的应用价值和预测能力;同时,作为一种新方法,也得到了发展和完善,指数的含意也越来越明确,特别是在用电子数和轨道数方面定义连接性指数,使从分子拓扑和电子信息角度上解释分子连接性指数成为可能,也丰富了连接性指数的结构意义,为在非统计学角度上分析和解释模型函数打下了基础。Kier 和 Hall 作为该方法的创始人,在应用推广方面也做了大量的工作,为该方法的完善做出了重大的贡献。以分子连接性指数为代表的分子拓扑指数的引入,为 QSAR 研究注入了新的活力,成为 QSAR 结构信息参数的研究热点。

1.1.3.4 生物毒性测定技术研究

由于对化学品需求的不断增加,大量有毒化学品被释放到环境中,使自然生态环境面临巨大的威胁。迅速而简便地检测和筛选环境中众多的外来化学品,尤其是检测有毒化学品的环境毒理效应显得越来越重要。有毒化学品对生物的毒理作用主要取决于有毒化学品的毒性程度和暴露水平。目前,化学检测的手段虽然已能精确地测定化学物质,甚至是痕量的浓度,但化学物质对生物的毒性作用只能通过生物测试的手段来获得。传统的毒性试验通常采用单一物种进行实验。但进入环境的化学品数量越来越多,这种方法不能满足快速检测的需要,发展快速、简便、灵敏和低廉的微生物检测技术无疑具有重要意义。因此,生物毒性测定技术越来越受到人们的重视。

微生物接触有毒化学品后,可造成细胞内蛋白质变性、遗传物质破坏或细胞膜破裂导致胞内物质外漏,从而对微生物造成毒性危害。用适当的指标把这些危害效应反映出来,就可以对有毒化学品的毒性程度和浓度大小做出评价。根据微生物毒性试验测定的指标和在环境监测中的应用,毒性检测一般可以分为如下三大类型:细菌发光检测;细菌生长抑制、呼吸代谢速率或菌落数检测;生态效应检测。目前应用较多的生物毒性试验是前两种类型。

1. 有机物对发光细菌毒性的检测

早在 1889 年就有人证实毒物能降低发光菌的发光强度,1966 年发光细菌首次被用于检测空气样品中的毒物。1978 年美国 Backman 仪器公司研制成功一种生物发光光度计(或称生物毒性测定仪),商标名称为"Microtox",所用菌剂为明亮发光杆菌(Photobacterium Phosphoreum)NRRLB – 1177 菌株的冻干粉。仪器与冻干粉均轻便可携,检测费用低廉,方法简便快速,因此,该仪器的问世推动了各国环境工作者利用发光菌进行毒性检测这一领域的研究。

在我国,自从 1981 年 Tchan 来华介绍发光细菌生物测定技术以来,对该项技术的研究和应用有了长足进展。先后研制出第一代 GDJ – 2 型(中科院南京土壤所研制)和第二代 LB 系统(类似 Microtox,华东师大和南京无线电仪器厂合制)生物发光计(或称毒性测定仪),中科院南京土壤所和华东师大均研制出明亮发光杆菌的冻干粉,用于测定。二代仪器的制造和应用研究先后于 1984 年和 1986 年通过鉴定,并已应用于水、土壤(LB 系统还能用于大气)环境生物毒性的监测。顾宗濂等利用国产 GDJ – 2 型生物发光计测定了 6 种重金属离子毒性和 8 种重金属离子混合液毒性,还测定了各类排污厂排放废水的毒性,证明了发光菌发光强度同重金属离子浓度呈显著负相关。Kenneth 等人研究发光菌对水和土壤的酸或非酸提取液中生物体有害物质的检测,研究表明,不用酸处理的金属比用酸处理的金属有更强的结合力。

对有机化学品进行发光菌毒性检测的目的之一是建立 QSAR 模型,进而预测有机化学品的毒性。由于目前评价有机化学品的毒性经常采用对鱼的毒性(LC_{50})测定方法,所以有必要建立有机化学品对发光菌的毒性(EC_{50})和对鱼的毒性(LC_{50})的相关性(这方面工作国内外均有报道)。赵元慧等人应用 Free-wilson 法和分子连接性法研究了 46 种取代芳烃对发光菌的毒性 EC_{50},建立结构和活性相关方程,并讨论了 EC_{50} 和 LC_{50} 的相关性。袁东星等人应用发光菌测定了 13 种氯代芳烃和 27 种硝基芳烃的毒性,比较了 17 种硝基芳烃对发光菌的 15 min EC_{50} 值与文献中对黑呆头鱼(Fathead Minnow)的 LC_{50} 值之间的相关性。于红霞等人运用 QSAR 方法比较了取代苯类化合物的毒性,并且用发光菌毒性试验替代水生生物——鱼的毒性试验,建立了一系列模型,并运用这些模型预测了同类化合物的毒性,预测结果与实验结果吻合较好。Imdorato 采用 Microtox 仪筛选常规生物检测未发生急性毒性化学品,建立了细菌发光检测的 EC_{50} 同鱼类毒性试验的 LC_{50} 之间的相互关系。

虽然近年来国内外利用发光菌替代鱼来作为生物毒性检测的研究工作很多,但总的来看,仍然局限于辛醇-水分配系数等物理化学参数,仍没有摆脱仅依靠物理化学参数与活性之间建立 QSAR 模型。这无疑会使已建立的 EC_{50} 与 LC_{50} 的相关方程局限在某类有机化合物的评价上,影响 QSAR 的发展。拓扑指数能很好地表征化合物的结构特征,并且关于建立 LC_{50} 与拓扑指数之间的定量构效关系的报道有很多;但有关利用发光菌毒性检测有机毒化学品,建立 EC_{50} 与拓扑指数之间的构效关系的报道较少。

由于发光菌被激活之后,它的发光强度会随时间的变化而改变,因此,该方法存在细菌发光强度本底差异较大,检测期间发光自然变化幅度较宽的问题,影响方法的重现性。国内外有些学者为改善该方法的重现性做了一些探索性研究。袁东星等人引入近十几年发展十分迅速的流动注射分析体系,建立了发光菌的流动注射分析体系,该方法稳定、快速、简便、重现性高。黄正等人将细胞固化技术、生物传感器技术与发光菌毒性测试技术有机结合起来,建立了一种细菌发光传感器,确定了固定化菌膜的发光强度及稳定时间,并运用该系统检测了 3 种重金属离子和 3 种有机化合物的急性毒性,得出该细菌发光传感器对急性毒性测定有较高的灵敏度和稳定性。Bundy 等人利用微生物传感器进行生态毒理学评价研究也取得了一定效果。

尽管发光菌毒性测试在世界各国得到了广泛研究和应用,但它仍然存在以下几方面不足:①发光不太稳定,因时间、温度、菌量等的改变而变化,室温每改变 1 ℃,发光强度将改变 10%。②重现性欠佳,根据顾宗濂文献报道,3 个人用同种仪器测同样的 6 种毒物,其中仅 2 人测得的 2 种毒物的 EC_{50} 值相近;引用 Backman 公司的报道:30 个五氯酚钠平行样品测定结果表明,5 min 读数的 EC_{50} 值范围在 0.38~0.57 mol/L;15 min 读数的 EC_{50} 范围在 0.28~0.43 mol/L,可见重现性均不够理想。③不能测定处于原有 pH 值下的样品,须将样品的 pH 值调至中性后才能测定,这势必影响实际样品毒性的准确表达。

2. 有机物对酵母菌毒性的检测

有机污染物对于原核生物(细菌、藻类)的毒性数据已有大量的报道,然而有机污染物对环境中另外重要的一大类微生物——真核微生物的毒性数据却显得相对缺乏,这主要原因是在水相中很多化合物溶解度不大,达不到相应的抑制浓度,因而,以往在研究有机污染物对真核微生物的毒性影响时,一般只测定如酸类、胺类等在水中溶解度大的污染物的毒性。Liu 报道了一种无毒的样品载体(有机溶剂),从而使各种难溶有机污染物对真核微生物毒性的测定成为可能。传统的酵母菌的毒性测定方法为酵母菌在液体培养液中的生长抑制实验(EC_{50}),这种方法操作繁琐。目前有利用有机化学品对酵母菌的最小产生抑菌圈浓度(C_{miz})来评价有机物的毒性并收到了良好效果的报道,该方法具有简便、所需样品少、重复性好等优点。随着科技的发展,评价有机化学品毒性的方法也在发展,在定量结构-活性关系(QSAR)研究中,国外学者引入了胶束电动色谱来评价有机化学品的生物活性。

1.1.4 定量构效关系在环境科学研究中的应用

1.1.4.1 有机污染物理化参数的 QSAR 研究与预测

有机污染物的物理化学性质参数主要有水溶解度 S_{aq}、蒸气压 p^0、熔点 m_p、沸点 b_p 和亨利常数 H 等,这些性质直接影响污染物的环境行为。表 1.1 列出预测物理化学参数的代表性的 QSAR 方法。

表 1.1 预测有机物物理化学参数的 QSAR 方法

理化参数	QSAR	适用范围
水溶解度(S_{aq})	Irmann 法	烃和氯代烃
	$\lg S_{aq} = 11.26\ ^1\chi - 8.463\ ^1\chi^v - 9.417$	醇
蒸气压(p^0)	Antorine 法	10^{-3} kPa $< p^0 <$ 101 kPa
	改进的 Watson 相关法	10^{-7} kPa $< p^0 <$ 101 kPa
沸点(b_p)	Meissner 法	含 N,O,S,X 有机物
	Lyderson-Forman-Thordos 法	含 N,O,X 有机物
	Miller 法	大多数有机物
	Ogata-Tschida 法	RX 型有机物
	Somayajulu-Palit 法	含不超过一个功能团的有机物
	Kinney 法	脂肪烃及其衍生物
	Stiel-Thodos 法	饱和脂肪烃

Murray 考察了 138 种化合物(其中包括 49 种醇、12 种醚、16 种酮、9 种羧酸、25 种酯和 27 种胺)的 $\lg K_{OW}$ 与分子连接性指数 χ 之间的关系,获得如下 QSAR 方程,即

$$\lg K_{OW} = 1.48 + 0.95\ ^1\chi^v \quad (n = 138, r = 0.986, S = 0.152)$$

其中 $^1\chi^v$ 为一阶价分子连接性指数。

除从结构来预测有机物的物理化学性质外,已报道的物理化学性质之间相互关系也有很多关系式,如 Yalkowsky 等人(1979)所发现的关系式为

$$\lg S_{aq} = -0.88\lg K_{OW} - 0.01 m_p - 0.012 \quad (n = 32, r^2 = 0.979)$$

王连生等人(1990)所发现的关系式为

$$\lg S_{aq} = 0.011\ 2 b_p - 0.007\ 22 m_p - 0.846 \quad (n = 21\ r^2 = 0.974)$$

$$\lg p^0 = -0.023\ 5 b_p - 0.010\ 3 m_p + 5.005 \quad (n = 14, r^2 = 0.984)$$

1.1.4.2 有机污染物环境化学行为的 QSAR 研究与预测

有机污染物常见的环境化学参数有沉积物(或土壤)吸附系数 K、生物富集倍数 K_{BCF} 和生物降解速率 K_{BDR} 等。

1. 沉积物(或土壤)吸附系数 K

Giles 等人发现有机物在固体(沉积物或土壤)上的吸附等温线有 4 类:Langmuir 型(L)、协同吸附型(S)、线性吸附型(C)和强亲和吸附型(H)。其中以 C 型最为重要和有意义,因为大多数有机物的吸附常常是疏水线性吸附,即便是其他吸附类型占主导,由于天然环境中有机污染物浓度很低,其吸附等温线在低浓度区段也是近似线性。

因此,可定义如下的沉积物(土壤)吸附系数 K,即

$$K = \frac{平衡时固相中的浓度}{水相中的浓度}$$

K 实质上也是一种分配系数。

Koch 等人(1988)所发现的关系式为
$$\lg K = 0.07\, MR - 0.268 \quad (n = 15, r = 0.993, S = 0.025)$$

在实际应用中,常采用有机碳吸附系数 K_{OC},即
$$K_{OC} = \frac{\text{平衡时吸附在有机碳上的浓度}}{\text{水相中的浓度}}$$

大量研究表明,当颗粒物中有机碳质量分数 $w_{OC} > 0.5\%$ 时,有机碳是颗粒物中有机物惟一重要的吸附相,即
$$K = w_{OC} \cdot K_{OC}$$

表 1.2 列出有关 K_{OC} 的 QSAR 模型。

表 1.2 关于 K_{OC} 的 QSAR 模型

	QSAR 模型	化合物数目 (n)	相关系数 (r^2)	适用范围
基于 K_{OW}	$\lg K_{OC} = 0.937 \lg K_{OW} - 0.006$	19	0.95	PAH,二硝基苯胺,除莠剂
	$\lg K_{OC} = 1.001 \lg K_{OW} - 0.21$	10	1.00	PAH,三硝基苯胺,除莠剂
	$\lg K_{OC} = 1.029 \lg K_{OW} - 0.18$	13	0.91	农药,除莠剂,熏蒸剂
基于 S_{aq}	$\lg K_{OC} = 0.55 \lg S_{aq} + 3.64$	106	0.74	农药
	$\lg K_{OC} = 0.54 \lg S_{aq} + 0.44$	10	0.94	PAH
	$\lg K_{OC} = 0.557 \lg S_{aq} + 4.227$	15	0.99	卤代烃

尽管各种模型有差别,但由表 1.2 可见,在不太精确的前提下则有
$$K_{OC} = K_{OW}$$

对沉积物(土壤)有机物吸附系数的另一种描述是有机质吸附系数 K_{OM}。与 K_{OC} 类似地有
$$K = w_{OM} K_{OM}$$

式中,w_{OM} 是有机质质量分数。Sablijic 等人研究了 K_{OM} 与分子拓扑指数的关系,得出的关系式为

$$\lg K_{OM} = 0.63\,^1\chi - 0.10 \quad (n = 8(\text{PAH}), r^2 = 0.972, S = 0.202)$$
$$\lg K_{OM} = 0.53\,^1\chi + 0.42 \quad (n = 37(\text{卤代烃和 PCB}), r^2 = 0.952, S = 0.300)$$
$$\lg K_{OM} = 0.53\,^1\chi + 0.43 \quad (n = 72(\text{各类型有机物}), r^2 = 0.950, S = 0.282)$$

2. 生物富集系数 K_{BCF}

在讨论生物对有机物的摄取和富集时,常常会用到三个极易混淆的概念:生物富集、生物放大和生物积累。生物富集(bioconcentration)一般是指生物从生物相中对有机物的吸收;生物放大(biomagnification)是指生物通过食物和食物链对有机物的吸收;而生物积累(bioaccumulation)则是对生物富集和生物放大的统称。一般来讲,生物富集可视为一个趋于平衡的过程,而生物放大则是一个非平衡的动力学过程。对于低营养级的水生生物,由于生物放大效应不显著,可用生物富集系数 K_{BCF} 来描述有机物在生物体内的积累,K_{BCF} 定义为

$$K_{BCF} = \frac{\text{平衡时水生生物体内有机物含量}}{\text{水中有机物浓度}}$$

K_{BCF} 的实验测定有流动试验法 BCF(f)和模拟生态系统法 BCM(t),相应地也有两种 QSAR 模型(表 1.3)。

表 1.3 关于 BCF 的 QSAR 模型

	QSAR 模型	化合物数目(n)	相关系数(r^2)	有机物	水生生物
BCF(f)	$\lg K_{BCF} = 0.76 \lg K_{OW} - 0.23$	84	0.823	大多数有机物	小鲤鱼等鱼类
	$\lg K_{BCF} = 0.85 \lg K_{OW} - 0.70$	55	0.897	PCB,DDT	鱼类
	$\lg K_{BCF} = 0.935 \lg K_{OW} - 1.493$	26	0.757	大多数有机物	鱼类
	$\lg K_{BCF} = 0.752 \lg K_{OW} - 0.436$	7	0.85	PAH	水蚤
	$\lg K_{BCF} = -2.13 + 2.12\,{}^2\chi^v - 0.16({}^2\chi^v)^2$	84	0.966	PCB	鱼类
BCF(t)	$\lg K_{BCF} = 0.411\pi + 1.458$	7	0.733	苯及其衍生物	
	$\lg K_{BCF} = 0.631 \lg K_{OW} + 0.139$	4	0.848	吩噻嗪	
	$\lg K_{BCF} = -0.428 \lg S_{aq} + 2.558$	19	0.658	苯衍生物,农药	
	$\lg K_{BCF} = -1.76 \lg S_{aq} + 5.99$	11	0.757	DDT类,林丹	

3. 生物降解速率 K_{BDR}

生物降解是有机物分解的最重要的环境过程之一,尤其是微生物对有机物的降解。Hamaker 认为微生物降解反应服从 n 级反应动力学,即

$$-\frac{d[c]}{dt} = K_{BDR} \cdot [c]^n$$

式中,n 为反应级数,K_{BDR} 是生物降解速率。

由于生物降解的复杂性及环境条件对它的影响,目前关于 K_{BDR} 的 QSAR 模型研究较少。但至少已发现 K_{BDR} 同化合物的结构有很大关系,Laman 等人提出了关于 K_{BDR} 与有机物取代基、饱和度及支链之间的定性法则。戴树桂等人近年来在该领域开展了系统的研究工作,他们以 $Y(CO_2$ 生成量,mmol)作为活性评价指标,建立了 Y 与分子连接性指数相关的 QSAR 方程,即

$$Y = 52.597 - 4.108\,{}^3\chi_P^v - 21.093\,{}^3\chi_P^v + 13.798\,{}^4\chi_{PC}^v \quad (n=26, r=0.923, S=2.666)$$

顾夏声等人研究了杂环化合物的好氧生物降解性能与其化学结构间的关系,建立的 QSAR 方程为

$$K = -2.471\,7\,{}^1\chi^v + 4.948\,5\,E_{HOMO} + 57.938 \quad (n=12, r=0.986, S=1.110\,9)$$

式中,K 为生物降解速率常数,E_{HOMO} 为分子最高占据轨道能。

1.1.4.3 有机污染物生物毒性的 QSAR 研究与预测

有机污染物的生物毒性是环境化学和环境毒理学中 QSAR 研究的最活跃的领域。生物

毒性包括急性毒性和慢性毒性。其主要毒性参数有：LC_{50}（半数致死浓度）、EC_{50}（半数影响浓度）、NOEC（无显著影响浓度）、MATC（最大可接受浓度）、MIC（最小抑制生长浓度）等。

有关有机污染物生物毒性的 QSAR 研究将在 2.3 节中进行详细讨论，这里仅对多环芳烃（PAH）致癌活性的 QSAR 研究作简单介绍。

最近几十年对 PAH 的致癌活性研究表明，PAH 的分子结构直接决定了其致癌活性，并先后提出了致癌活性与结构关系的 K 区理论、湾区理论和双区理论。

1. K 区理论

1955 年，Pullman 等人提出 PAH 致癌活性的 K 区理论，认为 PAH 分子中存在 K 区和 L 区两个活性区域，K 区在致癌过程中起主要作用，而 L 区则起负作用。K 区越活泼，L 区越不活泼的 PAH 致癌性越强。他们以复合定域能 LE 作为定量参数，满足 $LE_{K区} < 3.31\beta$，而且 $LE_{L区} \geq 5.66\beta$ 的 PAH 具有致癌性（β 为共振积分单位，kJ/mol）。K 区理论是关于 PAH 结构－致癌性的第一个较为成功的 QSAR 模型，但由于未能充分考虑 PAH 在生物体内的代谢过程，因而不具有普遍的预言能力。

2. 湾区理论

Jerina 等人为克服 K 区理论的不足，在 PAH 在生物体内代谢实验的基础上提出了 PAH 致癌活性的湾区理论，认为 PAH 具有致癌性是因为分子中存在"湾区"，"湾区正碳离子"与生物大分子 DNA 的作用导致基因突变而形成癌症。湾区理论未能给出定量的 QSAR 模型，而以湾区正碳离子的离域能 ΔE 和 β 碳上的 π 电荷密度 θ_b 定性判别其致癌活性。ΔE 越大，θ_b 越小，则致癌活性越强。

3. 双区理论

在 K 区理论和湾区理论的基础上，戴乾圜等人（1979）通过对大量 PAH 化合物的考察，提出了 PAH 致癌活性的双区理论，认为 PAH 分子具有致癌活性的充要条件是分子内存在两个亲电活性区域，两亲电中心的距离在 $0.28 \sim 0.30$ nm 之间（正好接近 DNA 双螺旋结构的互补碱基之间两个新核中心的距离），并给出了 PAH 致癌活性的定量计算公式

$$\lg K = 4.751 \Delta E_1 \Delta E_2^3 - 0.512 n \Delta E_2^{-3}$$

式中，ΔE_1、ΔE_2 分别为两活性中心相应的正碳离子的离域能，n 为脱毒区总数，指数 K 越大，致癌性越强。

在 PAH 结构－致癌活性研究的三种理论中，目前以双区理论影响最大，并越来越被实验所证实。

1.1.4.4 QSAR 研究的不足与展望

QSAR 学科发展有其自己的历史和社会背景，它在环境化学中已得到广泛应用，前景是充满希望的。研究结果表明，QSAR 方法在早期预警系统的建立、环境化学品的评价与管理及在优先级概念上的排队等方面，有较好的应用前景，取得了一定的社会与经济效益。QSAR 方法与生态系统模型、与环境质量评价模型相结合，将进一步扩展其在污染源识别、迁移、转化和归宿研究的应用效果。大型 QSAR 程序包的开发、与大型数据库的彼此渗透，以及将人工智能引入 QSAR 研究，是近期内 QSAR 研究的趋势；量子化学与 QSAR 方法结合，有利于把研究推向分子层次，更利于支持毒理性研究。带有浓厚环境化学特色的结构编码和数学模型的出现，也是可期待的。在应用中，可赋予 QSAR 更强的生命力。

目前，QSAR 研究呈现出如下特点：

(1)综合性。QSAR 的研究越来越多地借助于数学、化学、生物学等学科的理论和方法。

(2)理论性。主要是量子化学、量子生物学的原理应用于 QSAR 方程。

(3)程序化。即专家系统和数据库的开发与研制。

由于 QSAR 方法不是反应历程研究,在一定程度上限制了该方法向分子水平的深入发展。分子连接指数仅由图形拓扑特征推演而来,却与微生物毒性、生物吸收、生物降解和生物积累等皆有良好相互关系。这一相关性的物理化学含义至今令人难解。

目前,QSAR 在环境化学中应用仅限于分子结构提取,即判定某种或某类环境化学品是否需要优先测试。它能筛选择优,但决不能代替实验。在 QSAR 研究中,应十分注意机理性研究的实验材料,若样本数据集合各点或某类中毒机理不同时,就不能用模式识别作为同一类处理,否则就容易出现假象或错误。

分子结构参数选用的好坏是 QSAR 成功与否的关键,现有的结构参数不是十分完善或无法足以说明描述所有问题;特别是由于环境化学体系十分复杂,尚需发展意义更为深刻的结构参数。

在 QSAR 研究中还应注意,如果分析了一组已知的化合物(训练集)的生物活性,并建立了 QSAR 方程,那么就可以正确地预测不包括在训练集中的未知生物活性概率。但是当未知化合物的取代值在训练集的范围内时,则其活性预测效果可能较好;而当未知化合物的取代值超出了训练集的范围时,则其生物活性预测效果就可能差些。

一般说来,造成 QSAR 预测失败的因素主要是:①预测是基于拙劣设计的系列或无效的或含义不明确的回归方程;②它所依据的推断超出了原来取代基系列的物理性质范围;③生物学试验的条件不同。

综上所述,一个好的 QSAR 研究应考虑下列情况:①所利用的数据库的数据要准确、可信;②参数的最佳选择与组合;③对于大量数据处理和统计,应有效地利用计算机手段,尽可能地利用现有的计算机程序。

1.2 定量构效关系的概念模式及研究方法

QSAR 的概念模式如图 1.1 所示。

由 QSAR 的概念模式可见,其研究程序包括以下 5 个主要步骤:

(1)选择合适的待试数据资料,建立待试数据库。要求数据准确、可靠。

(2)从数据库中选择合适的分子结构参数及欲研究的活性参数。

(3)选择合适的方法建立结构参数与活性参数间的定量关系模型。

(4)模型检验。选择更好的结构参数或建模方法,使模型最优化;同时需给出模型的约束条件和误差范围。

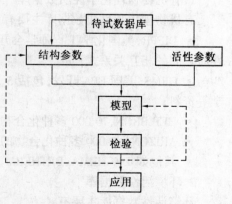

图 1.1 QSAR 的概念模式

(5) 实际应用。预测、预报新化合物的活性。

1.2.1 结构参数的选择

分子结构信息参数的选择与确定是 QSAR 研究中非常重要的环节。目前,主要有三种结构信息参数,即理化参数、拓扑指数和量子化学参数。

经典的 QSAR 研究主要采用理化参数来表达分子的结构信息,以分子式为基础,根据实验测得的经验参数与相应的性质如药效、污染物的生物毒性等建立定量关系式。这种方法在实际应用中已有较大的进展,也确实解决了一些实际问题。但该方法的缺点是所用的参数大多是由实验测定的,存在一定的误差,因此,用该方法所作的预测是不尽可靠的。

另一种方法是用量子化学的方法对分子进行精确计算,以了解分子的全部信息,这是了解分子活性本质的好方法。但该方法计算繁琐复杂,并非具有普通基础的人能掌握,而薛定谔(Schrodinger)方程的近似计算又会失去许多信息,使该方法受到很大的限制,因此迄今该法尚未获重大进展。

以分子连接性指数为代表的拓扑指数的引入,为 QSAR 研究注入了新的活力,成为 QSAR 结构信息参数的研究热点。分子连接性方法由于具有方便、简单、所用指数并非依赖于实验等优点,同时用分子连接性函数预测的某些理化性质其误差接近于实验误差,因此,在创建后的十多年时间内,已在多种研究领域中得到广泛的应用。本书将在随后有关章节对分子连接性指数等分子拓扑指数及相关的分子拓扑学基础进行详细讨论。

有关定量构效关系研究中的分子结构参数将在第 1.3 节作详细介绍。

1.2.2 活性参数的获得

QSAR 研究的实质是从已知的大量待试数据中提取有关的结构-活性关系的信息,发现规律,从而应用于预测、预报未知化合物的活性。因此,必须有足够量的和可靠的待试数据。待试数据的可靠性与大样本量是 QSAR 的前提。其获得途径大致有三种,即权威数据库、经典文献以及研究者本人规范、可信的实验资料。

1.2.2.1 权威数据库

1. 有机物物理化学性质数据库

有机物理化学性质数据库主要有:

• DIPPR,美国化学工程师学会开发,包括 1 000 多种化合物 26 个物理性质的数据及性质之间的相互关系式;

• GEMS,美国 EPA 开发,包括 S_{aq}、$\lg K_{OW}$、b_p、ρ 等物理化学参数及其他气象学、生态学等资料;

• HEILBRON,70 000 多种化合物的 m_p、b_p 和 pK_a;

• ARIZONA,3 000 多种化合物的 S_{aq};

• 其他如 DECHEMA、DETHERM、CHETAH、PPDS、ECDIN 等。

2. 环境活性数据库

环境活性数据库主要有:

• IRPTC,联合国环境规划署机构数据库;

- ECDIN,欧共体联合研究中心开发,从1973年起收集化合物的各类理化参数、毒性参数、环境浓度等资料;
- RRTECS,美国国家职业病和健康研究所开发,包括82 000多种化合物的急性毒性、致癌、致突变性等资料;
- Hazardous Substances Databank,包括6 500多种化合物的138种毒性和环境行为数据。

1.2.2.2 经典文献资料

如CA收录的可信度高的文献资料,再如Hansch等人(1979年)发表的各种取代基的π值资料等。

1.2.2.3 研究者本人规范、可信的实验资料

实验数据是最可靠的数据资料,但必须注意实验条件、技术以及数据处理的规范化和准确性。

1.2.3 定量构效关系模型

自Hansch于1964年构建了定量的线性自由能关系模型形成QSAR学科以来,经过许多研究者努力,当前已有多种QSAR模型,大致可分为两种:数值模型和推理模型(即专家系统模型)。本书主要讨论数值模型。目前比较普遍使用的QSAR数值模型有:Hansch线性自由能关系模型(LFER),Kamlet线性溶剂化能相关模型(LSER),Free-Wilson取代基贡献模型,以及辛醇-水分配系数法和分子连接性法等。

1.2.3.1 Hansch线性自由能关系模型(LFER)

Hansch从取代基与活性关系出发,建立了线性自由能关系(LFER)模型,该模型是目前最常用的定量构效关系模型。LFER模型的基本思想是认为药物分子的活性可由其物化参数来定量表达。Hansch法所用的物化参数具有明确的意义,且大多数具有加和性。Hansch法所用的参数有三类:疏水性参数(如$\lg K_{OW}$)、电性参数(如Hammett取代基常数σ)和立体性参数(如立体效应常数E_S)。LFER模型最初的形式为

$$\lg \frac{1}{C} = a\lg K_{OW} + b\sigma + cE_S + e$$

式中,K_{OW}为辛醇-水分配系数;σ为Hammett取代基常数($\sigma = \lg K_X - \lg K_H$,$K_H$和$K_X$分别为有机物结构中H被X取代前后分子的水解速率常数),E_S为立体效应常数($E_S = \lg K_X - \lg K_H$)。可采用多元线性回归分析法拟合方程,以确定系数a、b、c和e。

在某些情况下,许多类型化合物的生物活性和$\lg K_{OW}$之间并不服从线性关系。根据经验,Hansch等将其拟合成抛物线方程式,即

$$\lg \frac{1}{C} = a\lg K_{OW} + b(\lg K_{OW})^2 + cE_S + \rho\sigma + d$$

目前,已有大量的关于活性与$\lg K_{OW}$呈抛物线关系的报道。

Hansch模型的缺点是要求被研究的分子所显示的活性具有相同的作用机理,因此,Hansch分析法只能适用于同系物。其他缺点还包括统计真实性问题,参数值必须具有适当的范围等。目前Hansch模型已在QSAR分析中得到了广泛的应用,由于应用的广泛性,使之几乎成为QSAR的象征。

1.2.3.2　Kamlet 线性溶剂化能相关模型(LSER)

LSER 模型最早是由 Kamlet 等人提出的,他们认为化合物的性质及毒性与溶质、溶剂反应有关,分子的特征可以用 4 个参数来描述,称为溶剂化色散参数(Solvatochromic Parameters),它们是:V 表示溶质的分子体积;π 表示分子的极性;α 表示质子给予体的能力;β 表示质子接受体的能力。Kamlet 回归分析了 32 种化合物的 4 种参数与 Goldorfe 鱼毒性数据,得到了较好的结果,并推出如下公式成立,即

$$\lg LC_{50} = 3.19 - 3.29 V/100 - 1.14\pi - 1.52\alpha + 4.60\beta \quad (n = 32, r = 0.983, S = 0.19)$$

LSER 模型的局限性是化合物的上述 4 种参数难以获得。V 可以用结构参数及键长、键角通过计算得到,也可以用 McGowan 法进行估算,其他参数可用紫外及可见光谱测得,也可用与其他参数相关得到。

1.2.3.3　Free-Wilson 取代基贡献模型

1964 年,Free 和 Wilson 建立了 QSAR 的取代基贡献模型,其基本假设为:分子中任一位置上所存在的某个取代基始终以等量改变相对活性的对数值,数学表达式为

$$\lg \frac{1}{C} = A + \sum^{i} \sum^{j} G_{ij} X_{ij}$$

式中,A 为基准化合物的理论活性对数值;G_{ij} 是第 j 取代位置上取代基第 i 位置上的基因活性贡献;X_{ij} 是指示变量,用以表示取代基第 i 位置上在第 j 位置上的有无,若第 i 位置上有取代基则 X_{ij} 取 1.0,若第 i 位置上无取代基时 X_{ij} 取 0.0,用多元线性回归分析法将数据拟合成上述方程式加以计算。从这个模型无疑可以看出,任一特定取代基的活性贡献大小取决于它在分子中的不同位置。

Hall 等人采用 Free-Wilson 法对 65 个取代苯的呆鲦鱼(Fathead Minnow)的毒性数据进行回归分析,得到较好的结果($r = 0.92, S = 0.31$)。

Free-Wilson 法未假定任何模型参数,仅以物理性质作为决定生物活性的关联因素,因而所得结果提供信息不多。由于该法是建立在对已知活性有机物回归分析基础上,对于不属于该系列的化合物用处不大,无法预测新化合物的毒性。

Hansch 分析法和 Free-Wilson 分析法都是应用回归分析确定对总活性的贡献。事实上,Free-Wilson 活性贡献的表达与 Hansch 取代常数的表达相互之间是有关系的,两种方法的应用前提均为结构相关的分子。

1.2.3.4　辛醇-水分配系数法

在毒理学研究中,辛醇-水分配系数(K_{OW})是最普通的理化参数,随着 K_{OW} 值的增大,毒性增强,当 K_{OW} 值增加到一定值时,低水溶性的化合物随 K_{OW} 值增大,毒性减弱,因此,通常用 $(\lg K_{OW})^2$ 项对低水溶性化合物的毒性进行修正,即

$$\lg \frac{1}{LC_{50}} = a \lg K_{OW} - b (\lg K_{OW})^2 + c$$

$\lg K_{OW}$ 与毒性数据具有较高的相关性已被许多学者所证实,对不同种类化合物的毒性数据进行回归分析,可得到较好的相关性,如 Blum 对甲烷菌毒性数据回归分析得到:$n = 57, S = 0.51, r^2 = 0.85$;异氧生物:$n = 53, S = 0.39, r^2 = 0.82$;发光菌:$n = 71, S = 0.80, r^2 = 0.68$。

辛醇-水分配系数模型实际上是 Hansch 线性自由能关系(LFER)模型的一种特殊情况。

1.2.3.5 分子连接性法

分子连接性法是根据分子中各个骨架原子相连接来描述的结构性质,不是理化参数。分子连接性指数有零阶项($^0\chi$)、一阶项($^1\chi$)等等,根据分子结构式和原子的类型,可以计算各阶项值。因为分子连接性指数是由分子结构式算得,所以,可以预测结构的变化对毒性的影响。

分子连接性指数与有机物的毒性数据有较好的相关性(已有许多文献报道)。Schulth 等人研究了一系列含氮杂环分子对淡水纤毛虫(ciliate)的毒性,下面的相关方程成功地解释了这组数据的规律,即

$$\lg \frac{1}{C} = 0.911\,^1\chi^v - 2.969 \quad (r = 0.962, S = 0.27, n = 24)$$

式中,C 是以 mol 为单位的抑制浓度。根据 $\lg \frac{1}{C}$ 与 $^1\chi^v$ 指数的关系,可找出一些对毒性有影响的结构特征。

1.2.4 定量构效关系模型的求解方法

回归分析、判别分析、因子分析、模式识别、主成分分析和聚类分析等多元统计分析方法可用于有机化合物的 QSAR 研究,用来建立 QSAR 模型。

目前最普遍使用的 QSAR 分析方法有如下几种:

(1) 直观型 即对结构-活性关系进行似真推理(Plausible reasoning)。该方法是通过列表、作图等技术,并采用逻辑推理法来反映结构性质与生物活性的关系,其缺点是当有几种参数都与生物活性相关时就难于区分。

(2) 回归分析 该方法是对一组数据进行最小二乘拟合处理并建立函数关系的过程。当有几种性质可能对活性有贡献时,可用多元回归分析来处理。拟合函数的统计评价也是这种分析方法的一部分。该方法包括常用的 Free-Wilson 方法和 Hansch 分析法等。

在 Hansch 方程中,应用回归分析可建立参数 a、b、c、d 和 ρ 值的方程,即

$$\lg \frac{1}{C} = a \lg K_{OW} - b(\lg K_{OW})^2 + cE_S + \rho\sigma + d$$

在典型的回归分析中,物理化学性质的每种组合都应加以研究。对每种组合,可计算每个系数和总方程的统计意义。只有每一项都有意义的方程才能进一步加以研究。数据拟合后所得方程的好坏可用两种统计量来判断:R^2 和 S。R^2 是方程方差在数据方差中所占的份数,$R^2 = 1$ 表示数据对方程完全适合;而 $R^2 = 0.50$ 表示数据中只有 50% 的方差可用方程解释。补充统计量 S,是观察值与方程预测值的标准偏差。如果方程的 S 值较实际测定的标准偏差小,表明数据拟合得较理想。

(3) 聚类分析、主成分分析、非线性变换和因子分析 这些方法可根据结构、生物性质、取代基及物理化学性质对化合物进行分组,并研究它们之间的关系。

(4) 判别分析和模式识别 当生物活性可定性分成活泼和不活泼时,判别分析可评价哪一种理化性质的组合能更有效地使化合物分类。建立的判别方程可用来预测新化合物属于哪一类。判别分析是一种扩展的回归分析。模式识别最初曾被用于根据质谱数据判断化合物的结构种类,近来越来越多地被应用于 QSAR 分析,它是以建立能区分活性种类的判别函数为目的。

(5) 逻辑推理分析　这种方法与判别分析法有联系,但该方法中的信息表达和处理对研究者来说更常见。

(6) 化合物作用机理模型化　该方法包括应用计算机建立化合物-受体相互作用、迁移、代谢和其他作用过程的模型。

在众多的 QSAR 方法中,根据其特点,可归结为 QSAR 分析的数学处理方法和选择表达结构特征的方法。以上述特点为基础进行分类,将这些方法列于表 1.4 中,栏中有"√"标记的,表示该方法已经在文献中出现过。

表 1.4　QSAR 分析方法分类

化合物表达式	QSAR 分析方法					
	似真推理	回归分析	聚类分析	判别分析	逻辑分析	作用机理模型化
取代常数	√	√	√	√	√	
结构碎片	√	√	√	√	√	
拓扑表达式	√	√	√	√		√
量子化学特性	√	√				√
立体结构	√	√	√	√		√
实验特征	√	√	√	√		√

表 1.4 反映了各种方法之间的相互关系:表中相邻的各栏所包含的方法都具有一定的联系,即使在表中两端的方法也具有一定的相似性。在某些情况下,几种方法之间没有严格的界限,例如,有的研究者通过量化计算来建立化合物的立体结构,而另一些人则应用结构碎片来建立,此外,一些方法可与另一些方法具有互补性。在实际使用中,要求对其方法进行精心的选择和设计,才能获得较理想的关系式。

除上述介绍的比较常用的 QSAR 模型的求解方法外,一种模拟人脑功能的信息加工处理系统——人工神经网络(ANN),其理论基础是神经网络的数学模型,可以用来处理因果关系不甚明确,推理规则不确定的复杂非线性问题。人工神经网络对于处理非线性的 QSAR 体系,尤其对于致突变、致癌性这样的问题,克服了传统的 QSAN 方法的局限而具有一定优越性。目前,运用较广的神经网络模型是以反向传播算法为基础的多层网络。

1.2.5　定量构效关系模型的检验、优化和误差估计

1.2.5.1　QSAR 模型的检验和优化

以适当的参数和合适的方法建立起了 QSAR 模型,并不就是研究的终结。模型建立以后必须进行检验。检验包括:①相关显著性检验,在多大的置信水平上显著相关;②给出方法误差 E_M;③给出适用范围。

方法误差 E_M 定义为未参加建模化合物的活性估算值和实测值的平均相对误差,其计算式为

$$E_M = \frac{1}{n}\sum_i \frac{C_{估} - C_{实}}{C_{估}}$$

研究者在报道一个新的 QSAR 模型时,最好同时报道其方法误差 E_M。

对于相关显著性不高或 E_M 太大的模型必须进行优化。优化的方法包括:①选择更合适的建模参数;②选择更佳的建模方法。优化以后必须重新进行检验(图 1.1)。

1.2.5.2 QSAR 模型的预测误差估计

应用建立起来的模型去预测未知化合物的活性时,其预测误差(应用误差)E_T 不仅包括模型本身的方法误差 E_M,还包括由于模型参数输入误差而产生的传递误差 E_p,即

$$E_T = \sqrt{E_M^2 + E_p^2}$$

在理想情况下,如果模型参数全部精确测定,则 $E_p = 0$,$E_T = E_M$。在实际情况下,E_p 一般不为 0,因此 $E_T > E_M$。

Lyman 给出了 E_p 的估计方法。记 QSAR 模型为 $f(x)$,模型参数 x 本身有误差 $x = x_0 \pm S_{x0}$,则传递误差 E_p 的估算式为

$$E_p = \sqrt{\frac{(C_1 - C_2)^2}{4}}$$

式中,$C_1 = f(x_0 - S_{x0})$,$C_2 = f(x_0 + S_{x0})$

例如,Kenaga 等人给出 QASR 模型

$$\lg K_{OC} = 0.544 \lg K_{OW} + 1.377 \quad (n = 45, r^2 = 0.74, E_M = 120\%)$$

下面,我们用此模型来预测化合物 $\mathrm{Br-\overset{\overset{H}{|}}{C}-\overset{\overset{F}{|}}{C}-F}$ 的 K_{OC} 时的预测误差。
$\mathrm{\quad\quad\quad\quad\quad\quad\quad\quad\quad\quad\quad\quad\ Cl\ \ F}$

由 Leo 等人的片段常数法估得该化合物的 $\lg K_{OW} = 2.46 \pm 0.14$,即 $x_0 = 2.46$,$S_0 = 0.14$。

由上述 QSAR 模型可估算其 K_{OC} 值为

$$\lg K_{OC} = 0.544 x_0 + 1.377 = 2.72$$
$$K_{OC} = 519$$

根据 Lyman 的估算方法

$$C_1 = f(x_0 - S_{x0}) = 10^{[0.544(2.46 - 0.14) + 1.377]} = 435.6$$
$$C_2 = f(x_0 + S_{x0}) = 10^{[0.544(2.46 + 0.14) + 1.377]} = 618.6$$

可以得出传递误差 E_p 为

$$E_p = \sqrt{\frac{(C_1 - C_2)^2}{4}} = 91.5$$

方法误差 E_M 为

$$E_M = 120\% K_{OC} = 623$$

于是,总误差 E_T 为

$$E_T = \sqrt{E_M^2 + E_p^2} = 630$$

所以,该化合物的 $K_{OC} = 519 \pm 630$。

1.3 定量构效关系研究中的分子结构参数

描述有机物分子结构方面的参数已经达 200 多个。一般可分为三类：间接结构参数（理化参数）、分子几何结构方面的特征参数（如分子拓扑指数）和电子构型方面的特征参数（如某些量子化学参数）。常用的间接结构参数是以代表物质结构的某种性质作为基础，从而间接地表示物质在该方面的结构特点。最经常采用的是辛醇-水分配系数，用以表示物质的极性或者憎水性。几何结构参数包括分子的长度、体积、表面积、价键角度、立体空间结构及分子拓扑指数等。分子的电子构型包括原子的种类、价键的类型、偶极矩、轨道构型、电子云密度、氢键、官能团及其他量子化学参数等。各种结构参数分别用于描述污染物在宏观、中观及微观层次上的分子结构，形成了基于经验的宏观性理论、基于污染物官能团性质的分子片理论、基于污染物几何构型的几何结构理论、基于有机物分子分枝图形的拓扑学理论、基于污染物分子的价键和电子跃迁的量子理论等等。各种污染物结构理论之间及其与传统的监测参数之间都具有内在的相互关系。

本节主要介绍有机分子的间接结构参数和量子化学参数。有关分子几何结构方面的特征参数（如分子连接性指数等分子拓扑指数）将在第 3 章详细介绍。

1.3.1 辛醇-水分配系数

在 20 世纪初，Meyer 和 Overton 发现有机物的油-水相分配系数能够比当时常用的水溶解度（S_{aq}）更好地表示有机物的生物活性，更好地预示有机物穿过生物膜的行为。自此以后，大量的研究成果都证明了物质的油-水相分配系数能够描述污染物在环境中的分布和迁移特性，能够描述污染物质在生物体内的富集和累积，以及污染物质分子本身的聚合和卷曲等特性，是目前应用最广的宏观特性参数之一。

辛醇-水被认为是测定污染物质相分配系数比较好的介质组合。一是因为辛醇分子本身含有一个极性羟基和一个非极性的脂肪烃链，二是因为绝大部分有机物质都溶解于辛醇。辛醇-水分配系数被定义为化合物在该两种介质处于平衡状态时在两相中的浓度的比值，处于水相中的浓度作为分母。辛醇与水相互也有一定的溶解度，并不是绝对的互不相溶，辛醇在平衡时含有 27% 的水分。研究表明，辛醇-水相分配系数的确比其他系统的相分配系数能够更好地与其生物活性相关联。

测定辛醇-水分配系数的方法有许多，传统上采用的是摇瓶法。摇瓶法是将被测物质直接加入到由辛醇和水组成的两相液体中，在恒定温度下，充分摇动混合，使之达到平衡状态，然后再进行分离，分别测定辛醇和水相中的被测物质的摩尔浓度，经过计算可以得到被测物质的分配系数，一般用 K_{OW} 或 P 表示，在实际应用中经常采用其对数形式 $\lg K_{OW}$ 或者 $\lg P$。典型污染物质的辛醇-水分配系数如表 1.5 所示。

根据化合物的辛醇-水分配系数，通过差分可以计算出相应的取代基团或者官能团的特征分配系数，用 π 表示为

$$\pi = \lg K_{OW,衍生物} - \lg K_{OW,母体}$$

表1.5 典型有机污染物质的辛醇-水分配系数

污染物名称	lg K_{OW}	污染物名称	lg K_{OW}
甲醇	-0.66	苯	1.95
乙醇	-0.32	苯酚	1.46
乙酸	-0.17	2-氯苯酚	2.17
丁二酸	-0.61	3-氯苯酚	2.50
乙醚	1.03	五氯苯酚	4.16
三氯甲烷	1.90	2,5-二氯联苯	5.16
四氯化碳	2.73	3,5-三氯联苯	5.37
甲胺	-0.57	六氯苯呋喃	8.00
DDT	5.98	萘	3.36
α-六六六	3.80	蒽	4.45
阿特拉津	2.35	菲	4.18
茚	2.85	芘	5.18
葡萄糖	0.41	1,4-二氯萘	4.66

苯环上的取代基,无论母体是苯、苯甲酸,或苯乙酸,π值通常总是相当恒定的,同时还要求这些母体不得有强亲水性基团直接与之相连。

对于酚类和苯胺类环上的取代基,采用第二套π值(Fujita等人将这类值取名为 π^- 值,1964)。在这种情况下,基团的疏水效应是该基团的固有疏水性加上它对母体以及母体对它的疏水性影响的总和。由此可预料到,对位取代的硝基,其π值与 π^- 值之间差值最大(+0.73对数单位)。硝基直接与羟基、氨基共轭从而降低了这些取代基与水相互作用的能力,对硝基取代可增加苯胺的 lg K_{OW} 值,但却降低苯的 lg K_{OW} 值。

苯氧乙酸和苄醇处于这两类母体分子之间。至于究竟使用哪类芳香π值,可根据如下情况来决定:即按照与水的可能相互作用来判断哪种母体分子最类似目的物。π值与 π^- 值见表1.6。

现以3-氯甲苯为例,计算它的 lg K_{OW} 值,即

$$\lg K_{OW,3-ClC_6H_4CH_3} = \lg K_{OW,C_6H_5CH_3} + \pi_{3-Cl} = 2.69 + 0.71 = 3.40$$

目前,辛醇-水分配系数的应用非常广泛。大量研究表明,辛醇-水分配系数小,则该物质在水中溶解度可能较大,此时物质由于极性较大而可能难于进入或者穿过类脂膜或者累积于脂肪中。如果辛醇-水分配系数较大,表明该物质脂溶性比较大,而水溶解性比较小,物质容易进入生物膜但可能不容易出来。因此,两种极端情况都可能导致污染物质的生物活性降低。相比较而言,处于中间数值范围的化合物的生物活性比较高。

表 1.6 芳环上取代基的 π 值和 π^- 值

基团	邻位 π	邻位 π^-	间位 π	间位 π^-	对位 π	对位 π^-
H	0.00	0.00	0.00	0.00	0.00	0.00
CH_3	0.84	0.49	0.52	0.50	0.60	0.48
C_2H_5	1.39		0.99		0.94	
C_6H_5			1.92	1.77	1.74	1.74
CF_3		1.34	1.10	1.49	1.04	1.05
OH	-0.41	-0.58	-0.50	-0.66	-0.61	-0.87
OCH_3	-0.33	-0.13	0.12	0.12	-0.03	-0.12
OC_6H_5	0.97	0.81	1.56	1.56	1.34	1.46
$OCOCH_3$	-0.58	-1.02	-0.60	-0.23	-0.58	-1.06
NH_2	-1.40	-0.84	-1.29	-1.29	-1.30	-1.42
$N(CH_3)_2$	0.16	-0.48	0.11	0.10	-0.08	-0.69
$NHCOCH_3$	-0.14	-0.74	-0.78	-0.73	-0.56	-1.21
NO_2			0.11	0.54	-0.28	0.45
CHO	-0.43	0.24		-0.08	-0.47	-0.06
$COCH_3$			-0.28	-0.07	-0.39	-0.11
CO_2CH_3			-0.40	0.43		0.50
$CONH_2$			-1.51	-0.57	-1.51	-0.88
SCH_3		0.30	0.64	0.55	0.87	0.32
SO_2CH_3			-1.25		-1.20	-1.02
SO_2NH_2			-2.10		-1.86	-1.50
CN		0.13	-0.31	0.24	-0.33	0.14
F	0.00	0.25	0.22	0.47	0.15	0.31
Cl	0.76	0.69	0.77	1.04	0.73	0.93
Br	0.84	0.89	0.96	1.17	1.19	1.13
I	0.93	1.19	1.18	1.47	1.43	1.45

来源：Norrington 等,1975.

1.3.2 Hammett 取代基常数

取代基(亦可称为官能团)是有机污染物分子上一些起着特殊作用的基团,对污染物质的性质和反应活性具有关键性的影响。取代基常数是 1935 年由 Hammett 从描述取代基对化学平衡和反应的影响而发展起来的。人们很早就认识到取代基对污染物质性质及其环境行为影响的规律性。例如,吸电性的取代基常常降低芳香烃的反应活性,而供电性的取代基常常能够增加芳香环的反应活性。不同类型的取代基，由于其吸引或者排斥电子云的能力不同，其对反应活性的影响程度各异。

Hammett 参数适用于芳香烃类型的污染物质。以苯甲酸作为基准物质，设苯甲酸的离解平衡常数为 K_H，含有取代基 X 的苯甲酸的离解平衡常数为 K_X，Hammett 参数定义为

$$\sigma = \lg K_X - \lg K_H$$

σ 为正值，说明取代基是吸电性的。例如，对位硝基（—NO_2）的 σ 为 0.78，而供电性的取代基的 σ 值为负值，例如，—CH_3，—NH_2 就属于供电性基团。这说明，σ 值与物质的某些基本结构特征（如反应中心的电子云密度等）相关联。当苯甲酸的羟基 O—H 键电子云密度减小时，苯甲酸离解程度就相应降低，离解平衡常数减小，σ 值增加，变为正值。典型取代基的 σ 值见表 1.7。

表 1.7 典型取代基（官能团）的 σ 值

官能团	间位 σ	对位 σ	官能团	间位 σ	对位 σ
Br	0.39	0.23	$SOCH_3$	0.52	0.49
Cl	0.37	0.23	SO_2CH_3	0.60	0.72
F	0.34	0.06	SCH_3	0.15	0.00
SF_3	0.70	0.80	C≡CH	0.21	
SF_5	0.61	0.68	$CH=CH_2$	0.06	−0.04
I	0.35	0.18	$COCH_3$	0.38	0.50
NO_2	0.71	0.78	$COOCH_3$	0.36	0.45
N_3	0.37	0.08	$NHCOCH_3$	0.21	0.00
H	0.00	0.00	$N(CH_3)_2$	−0.16	−0.83
OH	0.12	−0.37	环丙基	−0.07	−0.21
NH_2	−0.16	−0.66	$CH(CH_3)_2$	−0.04	−0.15
SO_2NH_2	0.53	0.60	$CH=C(CN)_2$	0.66	0.84
CF_3	0.43	0.54	$C(CH_3)_3$	−0.10	−0.20
OCF_3	0.38	0.35	C_6H_5	0.06	−0.01
SO_2CF_3	0.86	0.96	$N=NC_6H_5$	0.32	0.39
CN	0.56	0.66	OC_6H_5	0.25	−0.03
CHO	0.35	0.42	NHC_6H_5	−0.02	−0.56
$CONH_2$	0.28	0.36	COC_6H_5	0.34	0.43
CH_3	−0.07	−0.17	$CH_2C_6H_5$	−0.08	−0.09
$NHCONH_2$	−0.03	−0.24	$C≡CC_6H_5$	0.14	0.16
OCH_3	0.12	−0.27	$CH=CHC_6H_5$	0.03	−0.07

来源：Hansch and Leo, 1995.

Hammett 参数与反应速率系数的关系经常表示为

$$\lg k_X = \rho\sigma + \lg k_H$$

此方程称为 Hammett 方程,其中,k_X 是含有取代基的化合物的反应速率系数,而 k_H 是相应母体化合物的反应速率系数。

将苯甲酸于 25 ℃时在水中电离的 ρ 值规定为 1.00,因而可用这一反应确定新的取代基 σ 值,其他一些反应的 ρ 值见表 1.8。表的上半部分表示在芳环和反应中心之间的次甲基越多,ρ 值就越小(ρ 值衡量反应对取代基影响的敏感程度),这是可以理解的。—CH=CH—像—CH$_2$——一样传递电子。表的下半部分表明溶剂的极性变小,导致 ρ 值增大,这种容积效应尚未被人们充分认识。在同一系列中的 ρ 值并非总是恒定不变的。$\lg K_{OW}$ 对 σ 的斜率的变化意味着反应机制的变化或限速步骤的变化。

表 1.8 羧酸反应中,溶剂和侧链对 ρ 值的影响

底 物	溶 剂	温度/℃	ρ 值
酸的电离作用			
ArCOOH	水	25	1.00
ArCH$_2$COOH	水	25	0.49
ArCH=CHCOOH(反式)	水	25	0.47
ArSCH$_2$COOH	水	25	0.30
ArSO$_2$CH$_2$COOH	水	25	0.25
Ar(CH$_2$)$_2$COOH	水	25	0.21
酸与偶氮二苯甲烷的反应			
ArCOOH	叔丁醇	30	1.28
ArCOOH	异丙醇	30	1.07
ArCOOH	乙醇	30	0.94
ArCOOH	甲醇	30	0.88
ArCH=CHCOOH(反式)	乙醇	30	0.42
ArCH$_2$COOH	乙醇	30	0.40
ArOCH$_2$COOH	乙醇	30	0.25
Ar(CH$_2$)$_2$COOH	乙醇	30	0.22
p-ArC$_6$H$_4$COOH	乙醇	30	0.22

来源:Shorter,1973.

最初,Hammett 的官能团理论是用于芳香环上的反应,但后来的研究表明,当反应中心与共轭的芳香环隔离时,例如,X—C$_6$H$_4$CH$_2$Q,Q 是反应中心,该理论也同样适用。

目前,成千上万的化合物的 Hammett 系数已经被建立起来,Hammett 理论也经过了各种修改和扩展,但是,Hammett 系数仍然保留其最初的定义,这是因为直至目前,对于 Hammett 系数本身所包含的许多因素,包括氢键和极化效应等,仍然不能进行准确的定量。因此,传统的 Hammett 理论只适用于间位和对位取代,而不适用于邻位取代结构。因为在邻

位取代结构中,存在着显著的空间效应或者位阻效应。当反应中存在着氢键效应时,例如,对—OH 或者—NH$_2$,Hammett 理论的应用也可能产生明显的偏差。

Hammett 系数具有加和性。当苯环上有 2 个以上取代基,而且不存在相互作用时,取代基的 Hammett 系数可以简单地加和,以获得总的 Hammett 系数,例如,苯环 3 位上的—Cl 和 5 位上的—Cl。然而,当基团之间存在相互作用时,这种关系就不存在,例如,苯环 3 位上的—CH$_3$,5 位上的 N(CH$_3$)$_2$,加和值是 -0.9,而实测值是 -0.3。

因此,在利用 Hammett 理论研究不同类型的官能团对污染物质的性质和其环境行为的影响时,如果反应系数与官能团的 Hammett 系数成直线关系,可以断定不同类型官能团的影响程度或者从已经有的官能团的影响来预测未知官能团的影响。另一方面,如果直线关系不存在,说明存在着其他可能的新的反应机理或者多步骤反应中的控制性步骤已改变。

1.3.3 Taft 取代基常数

Hammett 参数只适用于含有不饱和价键的共轭分子,不适用于饱和价键的污染物分子。在饱和价键化合物中,取代基对于反应的影响主要是通过诱导效应来实现的。具体地说,诱导效应可以分为通过价键实现的静电诱导效应和通过相邻空间实现的空间诱导效应。但是,在实际应用中,很难将两者严格地分开。因此,Taft 以乙酸酯为基准物质定义了相应的系数来代表静电诱导效应,称为 Taft 系数,其关系式为

$$\sigma^* = \frac{1}{2.48}\left[\lg\left(\frac{k_X}{k_H}\right)_B - \lg\left(\frac{k_X}{k_H}\right)_A\right]$$

其中,k_X 是乙酸酯(X—H$_2$COOR,R 是甲基 Me 或乙基 Et)的水解速率常数,k_H 是乙酸的水解速率常数(X 为 H)。下标 A 和 B 分别代表酸性和碱性条件。如图 1.2 所示,在酸性条件下,比值 $(k_X/k_H)_A$ 主要取决于空间立体效应,而不是电子效应;在碱性条件下,同时存在空间效应和电子效应,主要是通过饱和价键传导的诱导效应。因此,两者相减,可以认为只剩下诱导效应。系数 1/2.48 仅仅是为了使 Taft 系数与 Hammett 系数具有相同的数量级。

A:酸性离解状态 B:碱性离解状态

图 1.2 乙酸酯的离解过程

考虑到价键的共轭效应和诱导效应在反应中的作用不同,有必要将两者区分开来,因此有

$$\sigma = \sigma_I + \sigma_R$$

其中,σ_I 和 σ_R 分别代表诱导效应和共轭效应。

Hammett 方程(包括 Taft 理论)已经被广泛用于化学和生物反应过程,有数千个成功的例子。目前,Hammett 方程所隐含的机理正在量子化学层次得到广泛的研究,向更深层次发展。

1.3.4 分子折射率

分子折射率(亦称为摩尔折射率,M_R)定义为

$$M_R = \frac{n^2-1}{n^2+2} \cdot \frac{M}{\rho}$$

其中,n 是折射指数,M 是相对分子质量,而 ρ 是物质密度。显然,分子折射率是一种综合性的参数,能够反映分子的电子特征和立体结构特征。因此,这一参数可以具体解释由折射率所建立的模型的具体机理和意义,例如,电子的作用和立体结构效应的关系等。分子折射率系数能够对分子体积从电子极性角度进行修正。

分子折射是化合物的一个加和性与构成性性质,很容易被确切地测定出来。常见的原子和基团的 M_R 值见表 1.9。

表 1.9 典型原子和基团的 M_R

元 素	M_R	元 素	M_R
C	2.42	N(脂肪伯胺)	2.31
H	1.03	N(脂肪仲胺)	2.47
O(醇)	1.52	N(脂肪叔胺)	2.81
O(酯)	1.64	N(芳香伯胺,即 $ArNH_2$)	3.24
O(脂肪醛、酮)	2.21	N(芳香仲胺,即 ArNHR)	3.69
O(苯甲醛)	3.37	N(芳香仲胺,即 ArNHAr)	5.23
O(脂肪-芳香醚,即 ROAr)	2.18	N(脂肪腈)	2.98
O(芳香醚,即 ArOAr)	2.84	N(芳香腈)	3.92
F(脂肪取代基)	1.05	N(脂肪肟)	3.93
F(芳香取代基)	0.92	N(酰伯胺)	2.65
Cl(脂肪取代基)	5.93	N(酰仲胺)	2.27
Cl(芳香取代基)	6.03	N(酰叔胺)	2.71
Br(脂肪取代基)	8.80	NO(硝酸酯,即 $RONO_2$)	7.59
Br(芳香取代基)	8.88	NO(亚硝酸酯,即 RONO)	7.21
I	13.90	NO_2(芳香硝基化合物)	7.30
S(脂肪硫醇)	7.74	SO(二烃基亚砜,即 RSOR')	8.53
S(芳香硫醇)	8.13	SO_3(磺酸烃酯中)	9.78
S(脂肪硫醚)	7.92	SO_3(亚硫酸二烃酯)	11.08
S(芳香硫醚)	9.45	SO_4(硫酸二烃酯中)	11.07
S(脂肪二硫化合物)	8.11	PO_4(磷酸三烃酯中)	10.64
N(羟胺)	2.48	结构单位:双键	1.73
N(肼)	2.47	结构单位:叁键	2.40

来源:Hansch 等,1973.

1.3.5 量子化学参数

量子化学参数能够描述分子微观的电子构型和空间形态方面的性质,包括形状、价键特征、电子活性、分子的各个层次级别的结构等。QSAR 研究中常用的量子化学参数如表 1.10 所示。

表 1.10 QSAR 中的量子化学参数

与电荷有关的参数	与能量有关的参数	与电荷、能量均有关的参数
原子电荷密度 ε	前线轨道能量 E_{HOMO}	亲核极化度 S_r
原子静电荷 q、Q^T	最低空轨道能量 E_{LUMO}	亲电极化度 S_r^E
原子静电荷 q^σ、q^π	分子轨道的特征值差异	前线极化度
前线轨道电子密度 HOMO	总反应能	分子静电场势
自由价	库仑反应能	

(1) 原子电荷或者电子云密度 电子云密度是原子之间静电力的源泉。电子云密度决定物质的性质和反应活性,因而经常被用做结构参数,用于表示分子之间的弱作用力。因此,分子的电子云分布是非常重要的。

(2) 分子轨道能量 电子在分子轨道上的能量分布能够指示其反应活性。最高占据轨道能量和最低空轨道能量是最经常使用的量子化学参数。分子最高占据轨道 HOMO 能量水平表示分子进一步放出电子的容易程度,而分子最低空轨道 LUMO 能量水平表示一个分子进一步接受电子的能力。两者都能够比较准确地描述分子局部之间的相互作用和分子的反应活性。根据前线轨道理论,反应过渡态的形成是由前线轨道之间的相互作用决定的。HOMO 和 LUMO 能量在自由基反应中尤其重要。两者的差值可以表示分子的稳定性,差值越大,分子越稳定。这个差值也可以表示分子激发所需要的最小能量。

(3) 前线轨道电子云密度 根据前线电子活性理论,电子云密度的大小可以反映各个原子发生反应的倾向性,电子云密度越大的位置与亲电化合物发生反应的可能性越高;而电子云密度越小的位置则与亲核化合物发生反应的可能性越高。在反应过程中,供体与受体之间反应部位的电子云密度往往是最大的,因此,用电子云密度可以表达反应的容易程度。

(4) 超级离域能量 离域能表示原子通过传递电子形成价键的稳定性,是指通过电子的共轭而使体系得以稳定的能量,又称为共轭能。因为共轭可以使电子分散,导致反应的活化能降低。离域能越大,反应越容易进行。离域能与 Hammett 常数存在着密切的关联关系。两者都是由电子云局部的密度和能量决定。

(5) 偶极矩(Dipole Moment) 偶极矩能够很好地表示电子移动的能力,与物质的亲水性和溶解度有密切的关系,经常被应用。偶极矩数值一般是经过测量得到的。为了得到偶极矩,一般需要测量介电常数(ε)、折射指数(n)和密度(ρ),然后通过 Debye 方程计算求得偶极矩(μ),即

$$\frac{\varepsilon - 1}{\varepsilon + 2} \cdot \frac{M}{\rho} = \frac{n^2 - 1}{n^2 + 2} \cdot \frac{M}{\rho} + \frac{4\pi N \mu^2}{9kT}$$

其中,k 是玻耳兹曼常数。偶极矩方面的数据可以从各种来源获得,也可以利用量子力学

分子轨道理论比较准确地计算分子的偶极矩。

经典的量子化学方程能够提供准确的描述,但是方程非常复杂,求解非常困难,费时费力。因此,目前应用的量子力学方法都在确保准确度的前提下,进行了尽可能合理的简化。大多数简化的方法都是基于分子轨道理论,采用半经验的量子化学方法,在计算程序和计算方法方面得到了简化,从而大大节省了计算时间。之所以称之为半经验方法,是由于有关原子和分子模型方面的部分数据来源于实验。目前,一个比较大众化的、相对比较精确和简单的量子化学计算工具是 MOPAC 软件包,其原理是半经验分子轨道方法,可以满足一般的计算要求。

量子化学参数具有明确的物理意义,以及比较客观、准确和形象等优点。例如,利用量子化学的方法能够研究污染物质与生物体内的受体的相互作用,能够从分子水平上详细地解析整个作用的过程,全面、准确地分析受体的电子结构。另一方面,污染物质在生物体内的转运过程也在很大程度上决定着污染物在受体分子周围的有效浓度,从而影响生物活性的强弱。目前,应用量子化学方法描述药物的转运过程尚存在一定的困难,因为量子化学方法通常应用于化学电子结构起主要作用或者排除了分子传质过程的情况。实际上,污染物质的传质过程也是与分子的电子结构相关联的。随着研究的深入,量子化学方法终将能够同时描述反应活性与传质活性。

1.3.6 分子拓扑指数

分子拓扑指数是采用分子拓扑学方法产生的拓扑图论参数,该参数从分子结构的直观概念出发,采用图论的方法以数量来表征分子结构,因此,不受经验和实验的限制,对所有化合物均可获得拓扑指数,而且算法一般比较简单,可以采用计算机的程序化设计对大批量数据处理,同时在定量构效关系研究中又可获得良好的结果。正是基于这些优点,分子拓扑指数研究近年来受到普遍关注并且迅速发展,成为定量构效关系研究中的一种重要方法。

在数百种拓扑指数中,分子连接性指数(MCI)在定量构效关系研究中有着重要影响,采用该指数建立了许多有意义的构效关系定量模型。但是一般 MCI 指数仅局限于描述化合物分子的立体结构,缺乏电子结构信息,而且不能区分空间构象,虽然对该指数进行了大量改进工作(多数集中在点价定义上),但要从根本上解决这些问题需要开发新的指数。

目前研究的大多数拓扑指数是全局分子描述符,即描述的是整个分子的信息,不利于分析局部基团对性质的贡献,而基于原子类型的拓扑指数——原子类型 E-性能指数、AI 指数等能够解决这些问题。自相关拓扑指数最初用于药理学研究中,经过改进后在结构-性质/活性定量关系研究中显示出巨大优势,而新近提出的点价自相关拓扑指数直接从分子结构获取指数,在对化合物的理化性质、生物活性、羟基自由基反应速率、生物降解性等定量构效关系研究中获得成功,有很好的应用前景。虽然拓扑指数种类繁多,但同时满足选择性和相关性的不多,真正在构效关系研究中常用的指数仅数十种。本书将在第 3 章对分子拓扑指数及研究方法进行系统介绍。

1.3.7 其他结构参数

1. 相对分子质量

相对分子质量是表示分子大小的最简单的方法,尤其对于同一系列的化合物,相对分子质量可以比较好地与化合物的其他性质定量地关联。

2. 分子体积

分子体积定义为相对分子质量与密度的比值,可以通过测量或者计算得到。例如,通过对分子每个原子的范德华体积进行加和,即可视为分子的体积。分子体积可以表征分子空间效应或者立体结构效应。

3. 表面积

分子表面积可以代表分子的大小或者空间结构形态。分子表面积可以通过测量得到,也可以通过计算每一个原子的表面积并进行加和得到,但是这个方法没有考虑到原子之间的重叠和结构的形态因素。目前,分子表面积可以通过专用的计算机软件计算得到。

4. 范德华半径

范德华半径可以表示原子的大小,或者官能团的大小。但是,范德华半径对于非球形的基团缺乏准确的含义。

5. 氢键

氢键是物质相互作用过程中非常重要的一个方面。氢键影响污染物质的许多性质,例如溶解度、相分配以及与受体结合等,一般可以采用氢键的数目或者电负性原子的孤电子对数目表示,或者采用物质释放氢原子或者物质接受氢原子的能力表示。

6. 核磁共振跃迁

质子的核磁共振跃迁与原子核周围的电子云状态密切相关。电子云降低对原子核的屏蔽程度,例如,吸电基团通过吸引电子从而可能降低屏蔽效应,导致共振信号向下跃迁。因此,核磁共振跃迁能够敏感地指示分子局部的电子效应,可以用于单个原子或者基团相互之间的作用分析。核磁共振跃迁已经用于各种研究。

7. 立体结构或者空间效应

污染物的立体结构或者空间效应具有非常重要的作用,是影响分子之间按电子效应进行反应的主要因素。空间效应对于化学络合或螯合、生物大分子活性、生物反应和环境毒理学尤其重要。空间效应是指分子立体结构导致对反应中心的屏蔽或者位阻效应,例如,屏蔽极性基团或者极性离解。立体结构还可能阻止分子通过细胞膜的通道,其大小和形状还可能极大地影响物质与酶反应中心的结合。

在上述讨论的各种分子结构参数之间是存在着相互关系的,例如,辛醇-水分配系数是一种间接表示污染物质结构特征的方式,其所代表的污染物质的"憎水性"实际上包含多种相互作用,包括偶极矩作用、氢键、位阻效应和熵变等。相分配系数非常成功地应用于污染物质的分布和迁移,尤其是在生物体系统中。Hammett系数虽然也是间接的方式,但是比相分配系数方法的意义更加明确,更多地应用于反应性系统中。尽管如此,这两种方式都是半经验性的,存在许多不确定性,尤其是对不经常遇到的过程中间产物,以及新合成的化学物质。相对而言,分子连接指数是一种具有明确的数字信息特征的指数,对任何类型的化合物,都可以从不同的层次和不同的侧面进行准确的定量描述。其他类型的参数一般都只是描述物质的特定的一个侧面,适用于特定的范围。这三种结构参数可以进行相互的定量关联。量子化学参数能够准确地表示分子以及分子之间的微观作用机理,而且现代计算机技术能够对复杂的量子化学作用过程进行快速的计算,使其得到日益广泛的应用。

在进行污染物质结构与活性相关联的过程中,经常采用对数形式。这是因为,对于化学平衡,存在关系式

$$\lg K = -\frac{\Delta G^0}{2.303RT}$$

其中,ΔG^0 是平衡反应的标准自由能的变化。对于化学反应的动力学过程,可以表示为

$$\lg K = \lg \frac{RT}{N_A h} - \frac{\Delta G}{2.303RT}$$

其中,ΔG 是反应前后自由能的变化。因此,在一定温度下,平衡常数 K 或者反应动力学常数 K 的对数之间的关系,实质上是自由能之间的关系。这类关系非常普遍,又非常重要,被经常采用。但是,也有许多关联方程,其等式两边并不是速率常数或者平衡常数的对数,即它们不属于线性自由能关系,也有一些本身就是非线性的关系。因此,在实际过程中应该根据实际情况进行仔细区分。

环境科学领域研究对象的特点之一是各种各样污染物质同时存在。因此,能够描述污染物质的某些共性的结构参数将是研究的发展方向。

第 2 章 环境科学研究中的定量构效关系

2.1 污染物化学降解过程的定量构效关系

环境污染物进入环境后,会与环境介质发生化学反应。一般可能发生的化学反应包括水解、电离、氧化、还原和光化学反应等。所有这些反应过程在很大程度上都是由分子结构所决定的。利用定量构效关系理论可以将化学反应系统化,有助于深入理解反应的本质,并定量掌握反应的速率及其对环境所造成的影响。

2.1.1 水解过程中的定量构效关系

水解是污染物进入水体环境中首先发生的反应之一。一些有机物例如卤代物、酯类、酰胺、氨基甲酸酯、环氧化合物、有机磷化合物和亚胺等很容易发生水解,而另外一些有机物,例如烷烃、烯烃、苯、联苯、稠环芳烃、醇、醚和酮等不容易水解。水解反应改变了污染物分子的极性和溶解度。

常见的水解反应式为

$$R\text{—}X + H_2O \longrightarrow R\text{—}OH + X^- + H^+$$

其中,X 代表极性基团。相应的反应动力学方程为

$$\frac{dC}{dT} = k_x C$$

式中,k_x 为水解反应速率常数。污染物质水解后,母体化合物原有的取代基被羟基所取代。此类化合物往往能够较大程度地改变污染物质的物理和化学性质,例如极性增加,溶解度提高,从而使其容易得到进一步的降解等。因此,污染物质水解能够在一定程度上改变污染物反应活性。

有机物水解反应一般是一级反应动力学,其反应速率常数与化合物分子结构的 QSAR 方程具有通用形式

$$\lg k_x = \lg k_0 + \rho \sigma + \delta E_S$$

式中,k_0 是没有取代基 X 的母体化合物的反应速率常数,σ 是 Hammett 或 Taft 常数,ρ 是关联系数,E_S 是分子空间效应常数,δ 为敏感系数。

例如,一般的羧酸酯类的水解反应的 QSAR 方程为

$$\lg k_x = 2.15\sigma + 0.958 E_S - 0.736$$

对于苯甲酸酯类,苯环以及苯环上的取代基能够直接影响水解过程,包括电子效应或者是空间位阻效应,其水解反应的 QSAR 方程为

$$\lg k_x = 4.59\sigma + 1.52 E_S + 1.02$$

比较以上两个方程可以看出,后者的两个系数明显增大,说明分子结构对含芳香环共轭结构影响更加显著。

2.1.2 电离过程中的定量构效关系

电离反应是极性污染物分子的一个基本反应。分子发生电离后,其反应活性产生显著变化。例如,苯酚类和有机胺容易发生电离,形成荷电离子,导致其化学反应机理、微生物降解机理和生物毒理学机理等都随之变化。电离表示了一个分子吸收或者释放电子或质子的难易程度,因此,电离常数经常被列为表征分子的基本物性数据。

对于复杂的分子,根据电离常数,也可以判断其在环境或者处理过程的基本特性。以偶氮染料为例。偶氮染料年产量占所有染料的 2/3,分子结构复杂,如图 2.1 所示,而且难于降解,水溶性大,稳定性高。偶氮染料的离解程度能够决定离子化程度、被吸附的可能性,以及迁移、反应动力学、生物有效性和络合等特性。每年都有大量新的染料被合成,利用基于分子结构的计算方法,可以直接获得所需要的数据。

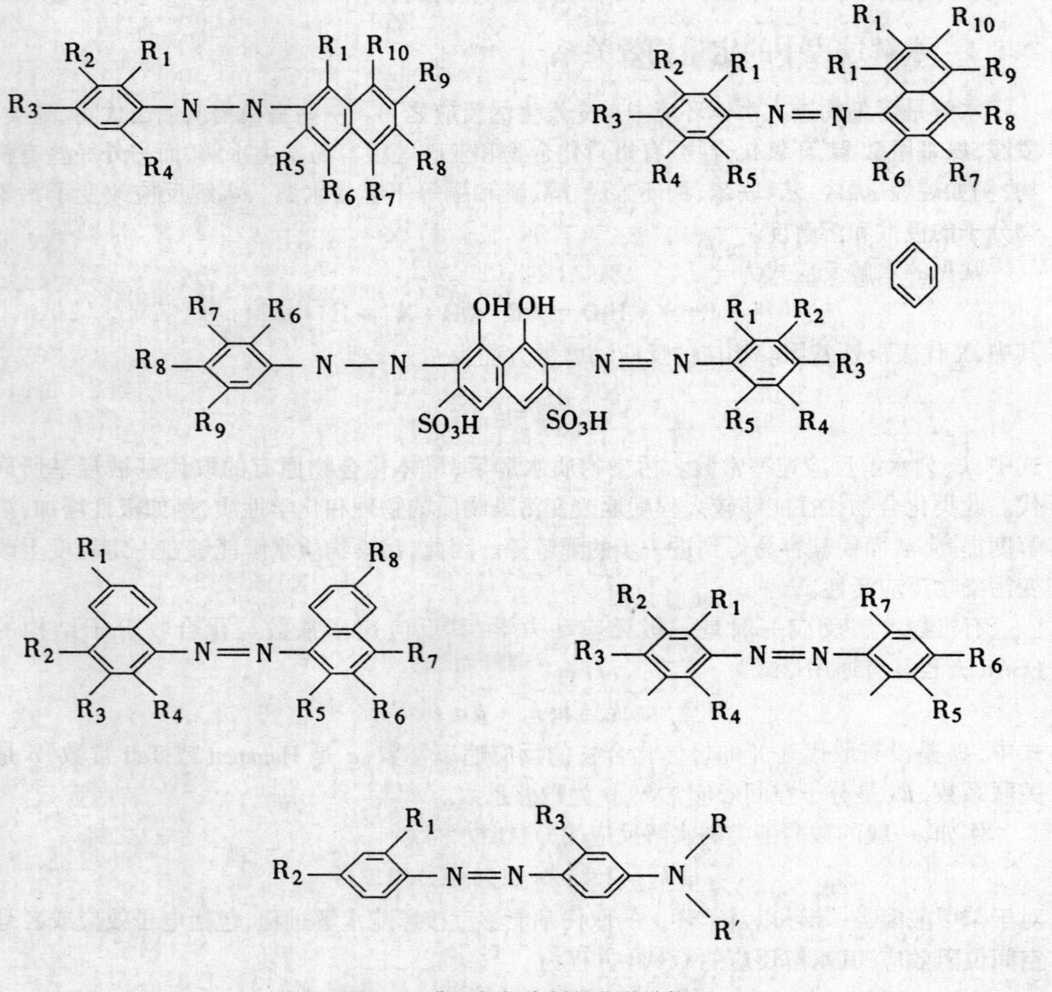

图 2.1 典型偶氮染料的化学结构

SPARC 专家系统已经被证明是计算污染物分子电离常数的准确方法。通过对 4 300 多种不同类型的化合物进行计算和比较,结果表明,其平均计算精度与实验精度相当。对某些物质,其计算精度甚至比实验精度还高。以偶氮染料为例,偶氮染料分子中常发生电离反应的中心部位和常见的分子取代基团见表 2.1 和表 2.2。

表 2.1 偶氮染料分子中常见的反应中心

取代基	$(pK_a)_c$	ρ_{ele}	ρ_{res}	X_e
CO_2H	3.75	1.000	-1.100	2.591
SO_3H	-0.5	0.890	-3.200	—
AsO_2H	6.99	0.618	0.000	2.210
PO_2H	2.96	0.403	0.000	2.792
BO_2H_2	8.26	0.798	-0.050	—
SeO_3H	4.64	0.714	-0.400	2.300
OH	14.3	2.260	18.65	2.512
SH	7.34	2.058	3.769	2.793
NR_2	9.83	3.282	19.328	2.422
环上 N	5.03	5.548	-6.204	—
=N	5.06	4.051	-6.236	—

来源:Hial et al., 1994.

表 2.2 偶氮染料分子上常见的取代基

取代基	F_μ	F_q	M_F	E_{res}	X_s
COOH	1.524	0.000	1.077	0.073	3.21
COO^-	0.900	-1.030	4.723	0.800	2.85
PO_2H_2	1.100	0.000	0.700	0.080	2.70
BO_2H_2	1.686	0.000	1.500	0.000	2.40
SO_3^-	5.037	-0.544	3.752	2.040	3.20
OH	1.448	0.000	-4.712	14.97	4.87
SH	5.476	0.000	-0.873	12.00	2.76
O^-	5.584	-3.064	-3.673	7.577	3.10
S^-	6.482	-2.882	-1.418	10.38	3.34
NR_2	1.060	0.000	-5.852	27.47	2.62
NR_2H^+	6.543	0.176	-1.272	15.00	3.80
CH_3	0.000	0.000	-1.912	0.129	2.30
NO_2	8.305	0.000	1.992	2.330	2.10
C≡N	7.056	0.000	1.445	2.418	3.09
OR	1.897	0.000	-2.985	5.637	2.99
SR	2.007	0.000	-0.830	3.094	2.80
Cl	3.924	0.000	0.000	4.928	3.12
Br	4.100	0.000	-0.050	3.012	3.46
I	4.070	0.000	-0.332	1.498	3.64
F	4.100	0.000	-0.834	0.800	3.75
环上 N	6.468	0.000	0.775	2.080	—
环上 N 带 H^+	6.520	3.156	4.200	9.007	3.80
SO_2	7.116	0.000	2.779	3.547	3.60
=N	6.068	0.000	2.101	0.098	—
$=NH^+$	0.600	1.000	8.800	4.600	—
=O	4.973	0.000	4.000	2.339	—
PO	3.910	1.000	0.000	0.800	—
AsO	2.910	0.000	0.000	0.600	—

来源:Hial et al., 1994.

偶氮染料分子的电离反应方程和电离常数表示为

$$P-AH \xrightleftharpoons{pK_a} P-A^- + H^+$$

$$pK_a = \lg[P-A^-] + \lg[H^+] - \lg[P-AH]pK$$

其中,AH 代表离解前的基团;而 P 代表分子的其他部分,可以视为影响酸性离解的一个扰动因子。因此,酸性离解常数可以表示为

$$pK_a = (pK_a)_c + \delta_p(pK_a)_c$$

其中,$(pK_a)_c$ 代表酸性基团本身的贡献,而 $\delta_p(pK_a)_c$ 代表分子其他部分的影响程度。分子主体对酸性离解的影响可以根据 P 与 C 之间具体的相互作用机理,分解为静电诱导效应、共振效应、氢键效应、空间效应以及溶剂化效应等,其关系为

$$\delta_p(pK_a) = \delta_{ele}pK_a + \delta_{res}pK_a + \delta_{sol}pK_a + \delta_{H-bond}pK_a + \cdots$$

式中,方程右边各项顺序代表的含义为:

(1) 静电相互作用($\delta_{ete}pK_a$),包括 σ 键诱导效应、空间场效应和色散作用。静电诱导效应是由于形成价键的原子的电子云密度不同而通过 σ 键传导的静电相互作用。原子的电负性越强,静电诱导作用越强。静电效应取决于反应中心与分子其他部分的电负性的差别和取代基团的数量。静电场空间效应是电荷之间的直接作用,或者偶极矩之间的相互作用。色散作用是由于 π 电子云的极化而诱导的电场与反应中心电荷之间的瞬间作用。

(2) 共轭效应($\delta_{res}pK_a$),与分子的共轭程度相关,可以根据分子轨道理论求得。

(3) 溶剂作用($\delta_{sol}pK_a$)。

(4) 氢键作用($\delta_{H-bond}pK_a$)等。

Hial 等人比较了 159 种染料化合物的酸性离解常数计算结果和实测结果(图 2.2)。结果表明,计算值与实测数值符合得很好,误差约为 0.62 pK_a 单位左右,相当于实验误差水平。

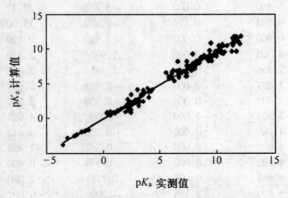

图 2.2 偶氮染料酸性离解常数计算值与实测值比较

偶氮染料的酸性离解常数与其在环境中状态关系密切。例如,分散染料的酸性离解常数往往比较低,说明该类染料比较容易被吸附。在发生生物或者化学反应后,偶氮染料分子的形态发生变化。原先不容易溶解的,可能随着极性增加,而变得容易溶解,并且使溶解后的迁移速度加快。

2.1.3 光化学反应中的定量构效关系

光化学反应是自然环境中每天都在发生的主要反应之一，对许多污染物的环境行为具有十分重要的影响。例如，大气光化学反应对大气环境中污染物的转化起着关键的作用，光化学反应对于天然水中化学物质的转化具有同样重要的作用。光化学反应可以直接方式进行，也可以间接方式进行。在直接光反应中，污染物质分子吸收太阳或者其他光源的光能，由基态转变为激发态，直接导致分子结构的一系列变化。在间接光反应中，是由某种对光敏感的物质吸收光能，然后再将光能传递给目标污染物分子，而自身恢复到原来的基态，接受能量的污染物分子发生化学反应。这种间接进行的反应也称为光敏化反应，传递能量的物质称为光敏剂。天然水中的腐殖质是常见的光敏剂。

光化学反应过程的速率与污染物质所吸收的光子数成正比，一般常用光子产率表征光化学反应速率，即

$$\Phi_{h\nu} = \frac{\text{进行光反应的物质的量}}{\text{被吸收的物质的量}}$$

污染物质自身的化学结构也在相当程度上决定了光化学反应发生的可能性。含有不饱和键或者苯环结构的物质对紫外及可见光的照射最敏感。污染物分子吸收光辐射而变成激发态，进而可能发生裂解反应，生成具有极高化学活性的自由基。自由基能够引发一系列的连锁反应。

在自然环境中，有机污染物的光化学反应主要发生在具有比较好的太阳辐射条件的大气圈中，在自然水体中也同样发生各种各样的光化学反应，在固体物质例如各种人工合成的聚合物，也能够发生光化学反应，加速其自然分解过程。各种人工聚合物对光最敏感的基团是过氧化氢官能团，容易吸收紫外辐射而发生裂变，并进一步引发其他反应。

2.1.3.1 卤代苯光解反应的 QSAR 分析

Peijnenburg 等人在实验中发现，间位取代的卤代苯污染物质在水中容易发生光解反应。该类污染物质分子首先吸收光能，然后在 C—X 键位置发生断裂，发生光引发的水解反应，如图 2.3 所示。

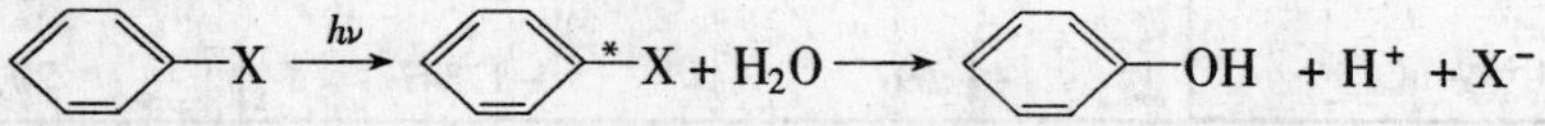

图 2.3 卤代苯的光解反应过程

结果表明，经过光致水解后，卤代苯转化为羟基衍生物。一般来说，羟基衍生物溶解度比较高，也容易降解，从而降低了该类污染物质在自然环境中的积累。

通过对实验数据进行多元回归分析，可以得到 QSAR 方程

$$\lg \Phi = -1.02\sigma_I + 0.30 E_S - 0.005 B_S - 0.4 \quad (n=23, r=0.941)$$

式中，σ_I 为诱导效应常数；E_S 为空间效应系数；B_S 为碳和卤原子形成的共价键的强度。由此方程可以看出，分子的电子特征和空间效应都对光解起着重要的作用。实验数据与模型计算数据对比列于表 2.3。

表 2.3 间位取代卤代苯的光解量子系数的实验值与计算值对比

化合物	lg Φ 实测值	lg Φ 计算值	相对误差/%
1,3-二溴苯	-1.203	-1.199	0.33
3-溴苯胺	-0.724	-0.708	2.21
3-氯苯胺	-0.714	-0.734	2.66
1,3-二氯苯	-1.224	-1.188	2.94
3-溴苯酚	-0.821	-0.864	5.24
3-碘甲苯	-0.673	-0.718	6.69
1,3,5-三溴苯	-2.040	-1.995	2.21
1,3,5-三氯苯	-1.994	-1.948	2.36
1-氯-3-碘苯	-1.071	-1.147	7.10
1-氯-3-溴苯	-1.243	-1.163	6.44
3-氟甲苯	-0.858	-0.770	10.25
3-氟苯酚	-0.809	-0.901	11.25
3-碘苯甲醚	-0.947	-0.828	12.56
3,5-二氯苯甲醚	-1.494	-1.628	8.97
3-溴苯基氰	-0.979	-1.128	15.22
3-碘苯胺	-0.845	-0.693	17.99
3-氯苯酚	-1.046	-0.889	15.01
3,5-二氯苯甲酸	-2.273	-2.106	7.35
3-碘苯酚	-1.017	-0.848	16.62
3,5-二氯苯酚	-1.398	-1.649	17.95
1-溴-3-氟苯	-0.768	-1.051	36.85
5-溴二甲苯	-0.727	-1.063	46.22
3-氯苯甲酸	-1.697	-1.347	20.68

来源:Stegeman et al., 1993.

2.1.3.2 多环芳烃光解反应的 QSAR 分析

多环芳烃化合物具有高度共轭的分子结构,容易发生光降解反应,也是其迁移和转化的一个重要途径。王连生等人利用分子前线轨道理论计算了 17 种典型多环芳烃的光解反应动力学速率常数,并与实验测定值进行了对比,如图 2.4 所示。

通过回归分析,可以得到 QSAR 方程

$$\lg k_{h\nu} = -32.738 + 9.770(E_{LUMO} - E_{HOMO}) - 0.715(E_{LUMO} - E_{HOMO})^2 \quad (n=17, r=0.909)$$

结果表明,多环芳烃的光解反应与其分子的最低空轨道能量(E_{LUMO})与最高占据轨道能量(E_{HOMO})的差值密切相关。许多研究表明,$E_{LUMO} - E_{HOMO}$ 也与多环芳烃分子的其他方面的活性密切相关。

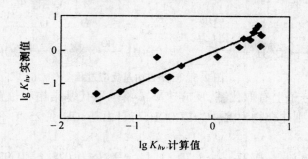

图 2.4 多环芳烃光解反应动力学速率常数计算值与实测值比较

2.1.4 高级氧化反应中的定量构效关系

高级氧化泛指利用强氧化剂分解去除有机污染物质的方法。高级氧化技术由于具有非常强的氧化能力和能够处理难降解有机污染物质而受到高度的重视。常用的氧化剂包括过氧化氢、臭氧、二氧化氯等,常用的催化剂是二氧化钛和亚铁盐,常用的光源是紫外光。氧化剂可以直接氧化去除污染物质,也能够生成氧化能力更强的羟基自由基执行实际的氧化反应。

2.1.4.1 羟基自由基氧化的 QSAR 分析

羟基自由基是高级氧化技术中最经常用到的氧化剂。羟基自由基不稳定,是通过各种氧化剂转化产生的,例如 Fenton 反应和光氧化等。Fenton 反应通过过氧化氢与亚铁离子在酸性条件下反应产生羟基自由基,反应为

$$H_2O_2 + Fe^{2+} \xrightarrow{k} Fe^{3+} + HO\cdot + HO^- \qquad k = 49.5(25\ ℃)$$

$$H_2O_2 + Fe(OH)_2 \xrightarrow{k'} Fe(OH)^+ + HO\cdot + HO^- \qquad k = 584(25\ ℃)$$

由以上反应可以看出,呈络合状态的亚铁离子能够比游离状态的离子更快地催化产生·OH 自由基,大约快 11 倍以上。这可能是由于络合中间体降低了铁离子表面电荷,减小了水化半径,有利于电子的传递,从而加速了反应的进行。在 pH 值为 3.5 左右时,体系中 Fe(OH)$_2$ 浓度达到峰值,这是 Fenton 反应最佳 pH 值条件。

在光辐射条件下,氧化剂能够直接吸收光能,而分解产生·OH 自由基,以过氧化氢为例,即

$$H_2O_2 \xrightarrow{h\nu} 2HO\cdot$$

光辐射能量也可以通过光敏剂或者光催化剂间接传递至过氧化氢分子,再分解产生·OH 自由基。由于催化剂能够有效地降低中间过渡态分子的能量,从而加快反应的进行。常用的催化剂是二氧化钛,而催化剂的再生往往是影响其实际应用的主要因素。

羟基自由基与化合物的反应属于亲电性质的反应,污染物分子电子云密度高,则有利于反应的进行。由于自由基·OH 活性很高,其与化合物例如芳烃反应的选择性不是很高。·OH 自由基与有机物反应的速率控制性步骤是反应的第一步,即羟基自由基加成。污染物分子的结构、电子云特征或者官能团特征会程度比较大地影响反应速率。以苯甲酸为例,见图 2.5。

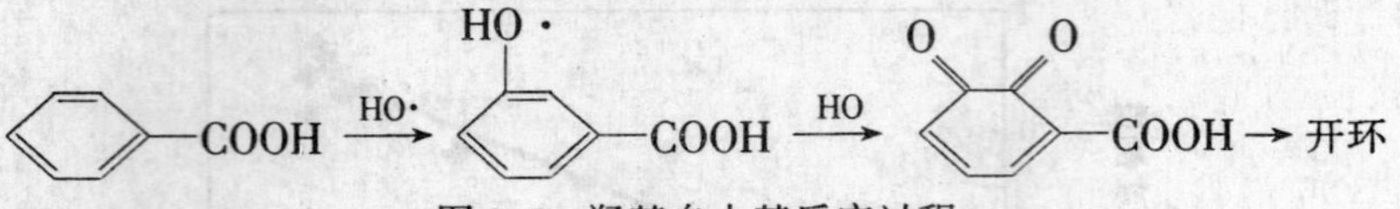

图 2.5 羟基自由基反应过程

如果苯甲酸分子上有取代基,反应速率 k 将与取代基结构和位置密切相关。例如,用 X 代表取代基,则化合物为 X—C_6H_4COOH,与自由基·OH 在 25 ℃下反应的 QSAR 方程为

$$\lg k = -0.27\sigma^+ - 8.70 \quad (n=9, S=0.028, r=0.989)$$

式中,σ^+ 为 Hammett 取代基常数。化合物为 X—C_6H_5,与自由基 HO·在 25 ℃下反应的 QSAR 方程为

$$\lg k = -0.21\sigma^+ - 8.58 \quad (n=12, S=0.067, r=0.936)$$

对于比较大的复杂分子,空间效应也是一个需要考虑的重要因素。在水介质中,由于水流对自由基的空间效应,自由基氧化反应过程的效率往往不如预期的那样高。

2.1.4.2 臭氧氧化的 QSAR 分析

臭氧是三个氧原子组成的分子,属强氧化剂。臭氧氧化是废水和饮用水处理中经常使用的一种方法,用于氧化难降解污染物质。臭氧可用于代替液氯消毒剂,避免产生氯代消毒副产物。臭氧氧化对于大气化学也是非常重要的。

臭氧氧化的途径包括臭氧直接氧化和自由基氧化(图 2.6)。

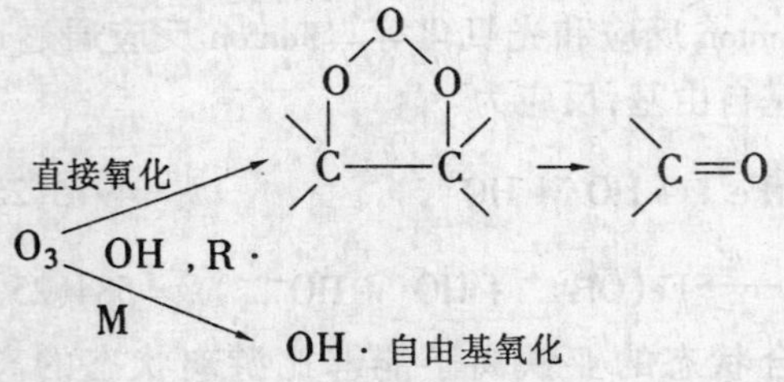

图 2.6 臭氧氧化途径示意图

在臭氧直接氧化过程中,臭氧分子直接加成在反应分子上,形成过渡性中间物质,然后再转化为反应产物。在自由基反应过程中,臭氧会在反应之前被分解,形成自由基,然后发生自由基氧化。一般水体在 pH 值为 7~8 的条件下,两种反应都是比较重要的,但是两种反应的机理和产物是不同的,影响的因素也不同。

臭氧氧化反应是亲电进攻机理。图 2.7 描述了取代苯臭氧氧化速率常数与 Hammett 取代基常数的对应关系。由此可以看出,苯环电子云密度越高,或者苯环与取代基共轭程度越高,反应越容易,反应速率常数可以相差几个数量级。

臭氧与有机物分子的反应,一般首先生成环氧化合物,然后再进行后续系列反应。对于环氧类型的中间化合物,不仅需要考虑电子效应,而且需要考虑空间位阻效应。例如,由于氯原子的吸电效应,氯代苯以及多氯联苯与臭氧的反应非常慢。在有些情况下,由于母体或者中间产物的位阻效应会导致本来容易进行的氧化反应难以进行,氧化速率明显降低。

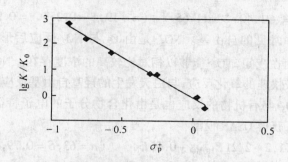

图 2.7 取代苯臭氧氧化速率常数与 Hammett 取代基常数的关系

2.1.5 大气自由基化学反应中的定量构效关系

自由基反应是大气化学的最主要特征之一。在大气环境中,光辐射与氮氧化物、氧、水分子和有机物等相互作用,形成各种各样的自由基,对大气污染物质的转化起着非常关键的作用。其中·OH 是最重要的自由基,其与有机物的反应是发生光化学烟雾的主要反应类型之一。自 1970 年代以来,已经对·OH 反应进行了大量的研究工作,涉及反应动力学、反应机理、反应产物,及其对大气质量的影响等。

羟基自由基(·OH)能够与空气中烷烃、烯烃和芳香烃等有机物进行氧化反应,是光化学烟雾形成的主要条件。·OH 与化合物反应分为四种主要类型:①脱氢反应;②不饱和键加成反应;③芳香环加成反应;④与杂原子氮、硫和磷的反应。反应的难易程度以及速率的快慢取决于化合物分子结构特征,例如最高占据轨道能量 E_{HOMO} 和最低空轨道能量 E_{LUMO}。由于羟基自由基反应属亲电性质,因此对反应物分子的最高占据轨道能量 E_{HOMO} 更敏感。Medven 等人通过对 57 种化合物与·OH 由由基反应进行多元逐步回归分析后得到 QSAR 方程

$$\lg k_{OH} = -6.01 + 0.48 E_{HOMO} + 0.26 D_{ip} + 0.101 \lg K_{OW} \quad (n = 57, R = 0.907, S = 0.125)$$

其中,D_{ip} 是分子的偶极矩,而 K_{OW} 是分子的辛醇 - 水分配系数。QSAR 模型计算值与实测值比较见图 2.8。

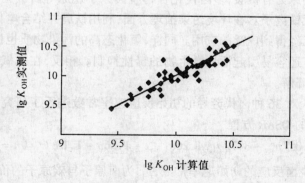

图 2.8 羟基自由基与有机物反应速率常数关联系数比较

对于单一系列的化合物,可以采用比较单纯的参数。Medven 等人以取代苯化合物 X—C_6H_5 为例,其与自由基·OH 反应可以用改进的取代基 Hammett 常数进行关联,获得 QSAR 方程

$$\lg k = -1.40\sigma^+ - 11.65 \quad (n=19, S=0.257, r=0.950)$$

$NO_3\cdot$ 也是大气中常见的自由基。$NO_3\cdot$ 是由 O_3 与 NO_2 反应后形成的。白天受光照时，$NO_3\cdot$ 容易分解，而在夜间，$NO_3\cdot$ 能够以相对比较高的浓度存在。$NO_3\cdot$ 能够与空气中微量的有机物发生比较快速的氧化反应，与白天发生的羟基自由基反应相对应。

与 $\cdot OH$ 类似，$NO_3\cdot$ 与有机物的反应也是由化合物分子的电子特征决定。Muller 等人考察了 63 种化合物，获得 QSAR 模型

$$\lg k_{NO_3} = 11.2 + 2.21 E_{HOMO} - 0.65 E_N \quad (n=63, S=0.79, r=0.84)$$

式中，E_N 为电负性，$E_N = -\dfrac{E_{HOMO} + E_{LUMO}}{2}$。

Sabljic 等人考察了自由基 $NO_3\cdot$ 与取代苯化合物 $X\text{—}C_6H_5$ 在空气中的反应，获得了反应速率常数的 QSAR 方程

$$\lg k = -5.92\sigma^+ - 17.5 \quad (n=11, S=0.909, r=0.914)$$

Sabljic 等人还考察了 $NO_3\cdot$ 自由基与 $HO\cdot$ 自由基反应动力学之间的定量关系，即

$$\lg k_{NO} = 18.86 - 3.05(-\lg k_{OH}) \quad (n=57, S=0.535, r=0.941)$$

由于自由基与有机物分子的反应非常复杂，定量测定反应动力学参数非常困难。因此，从化学结构方面，对自由基 $HO\cdot$ 与空气中有机物分子的反应进行定量关联建立 QSAR 方程是非常有用的。这种关联，对于利用先进的计算机技术和数据库，以及模拟复杂的大气反应的动态过程尤其有用。

2.1.6 还原反应中的定量构效关系

还原反应也是环境污染物质降解的一条重要途径，尤其是对于氧化态比较高的有机污染物，例如磺化物、硝基化合物、偶氮化合物和多卤代化合物等。此类污染物质，由于氧化态比较高，需要极强的氧化剂和比较长的反应时间，而且极难通过氧化途径得到降解。相反，在还原条件下，此类化合物比较容易被转化，进而再通过氧化途径得到进一步降解。例如，硝基化合物还原为有机胺，多卤代化合物脱卤原子还原等。常见的还原剂包括氢、硫化物、金属铁和亚铁离子。在环境污染治理方面，利用铁屑并结合电化学还原处理此类污染物质的技术，已经得到广泛的应用。同样，氧化态高的污染物质也极难通过生物氧化途径得到降解，而且还容易引起活性微生物的毒性抑制。相反，在厌氧条件下，通过厌氧微生物却能够得到降解。

Peijnenburg 等人对 36 种卤代芳烃的初始反应速率常数进行了研究，获得了还原脱卤反应与分子结构间的 QSAR 方程

$$\lg k_{initial} = -0.057 p_{BS} + 3.72\sigma_{I,O} 1.26\sigma_{I,M,P} - 1.26\sigma - 1.18 \quad (n=36, r=0.97)$$

其中，$k_{initial}$ 为还原脱卤反应的初始速率常数，p_{BS} 为卤原子与碳原子的价键强度，σ 是芳烃的 Hammett 取代基常数，$\sigma_{I,O}$ 为邻位取代基的诱导效应系数，$\sigma_{I,m,P}$ 为间位和对位取代基的诱导系数。由以上 QSAR 关系式可以发现，电子传递效应在脱卤还原过程中起着支配性的作用。尤其是邻位取代的静电诱导效应的相对影响更加显著，几乎是间位和对位取代基效应的 3 倍。卤代芳香烃还原脱卤的初始反应常数计算值与实测值比较见图 2.9。

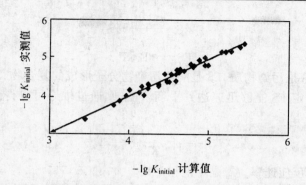

图 2.9　卤代芳烃脱卤反应速率常数计算值与实测值比较

2.2　污染物生物降解过程的定量构效关系

　　生物降解是污染物质处理工程系统中最主要的工艺技术,应用最为广泛。生物降解是污染物质在自然环境中转化为简单的有机和无机化合物的主要途径,是影响污染物质在自然环境中的归宿的最主要因素。因此,污染物质的生物可降解性是确定污染物质处理的难易程度和其在自然界中的行为的一个重要指标。

　　一般将生物可降解性分为两类,即初级降解和最终降解。初级降解指污染物质初步转化为某种中间物质。其降解产物可以用合适的分析方法进行识别和定量,降解过程一般用速率常数或者半衰期常数等表示。最终降解或者总降解指污染物质被转化为简单的分子,例如,二氧化碳和水等。降解程度通常以 CO_2 生成量、溶解性有机碳(DOC)的去除或者 BOD 的降低等表示。

　　有多种方法可以用来测定最终降解过程速率,主要包括传统的密封瓶法(BOD 测定),改进的 OECD 筛选实验,改选的 AFNOR 实验(法国标准联合协会)、ISO 法(国际标准化协会),改进的 MITI 法(日本国际贸易与工业部)等等。所有的这些方法都可以在 28 天之内完成。筛选实验并不能直接指示其在处理系统或者自然环境中的实际过程。但是,实验结果可以表明该污染物质是否能够得到降解,以确定是否需要进一步的实验。最终降解过程速率方法一般用以判定生物降解是否可行。

　　生物可降解性实验的数据受各种因素的影响,包括受试微生物的性质和数量、培养过程和适应实验以及受试物质浓度等,而且,生物可降解性实验费时耗力。因此,根据污染物质的结构对其可降解性进行定量分析是一种非常有价值的途径,称为结构 - 生物可降解性模型,即 QSBR(Quantitative Structure-Biodegradability Relationship)。这方面模型的目标是确定反应机理、反应位置、速率限制性步骤等。但是,由于过程的复杂性,目前的模型离这一目标尚比较远。

　　由于污染物质的生物降解都是由各种活性酶执行的,因此,从污染物质与酶的生化反应着手,容易理解其间存在的定量结构与可降解性的关系。

　　酶是高度专一的生物催化剂。每一种酶只能与特定结构的污染物质分子进行反应。这是因为,酶的活性中心具有高度空间构象特征,与污染物质的反应需要以精确的空间嵌入模式进行。活性酶与污染物质的一般反应遵循 Michaelis-Menten 反应模式,即

$$E + S \underset{k_{-1}}{\overset{k_1}{\rightleftharpoons}} ES$$

$$ES \xrightarrow{k_2} E + P$$

其中,E 是活性酶,S 是污染物质,ES 是酶与污染物分子形成的复合物,P 是污染物被降解后生成的产物。假定 ES 能够迅速达到平衡浓度,则通过推导可以得到 Michaelis-Menten 动力学方程

$$v = v_{\max} \frac{[S]}{K_m + [S]}$$

式中,$v_{\max}$是最大比反应速率,K_m是半饱和常数。

污染物质与活性酶的反应相对来说已经算是比较简单的了,即使如此,反应也至少包括一个可逆步骤和一个不可逆步骤。这使得酶与污染物质反应之间的定量结构关系复杂化了。在实际应用中,通常采用$v_{\max}$和K_m作为参数。

由此可见,生物降解过程比化学降解过程要复杂得多。一个最简单的微生物细胞也包括至少几千个生物化学反应。生物降解过程同时包括各种相关的传质步骤和反应步骤。因此,生物降解反应速率常数包含更大的不确定性。尽管如此,许多研究证明,生物降解活性与污染物质结构之间确实存在着简单明了的关系。这些简单的关系意味着在生物降解过程中,存在着一些具有共同特征的关键步骤,或者称为速率控制性步骤。这些控制性步骤一般是跨越膜的传质过程和围绕关键酶的反应过程。前者与污染物质的憎水性有关,而后者与污染物质与关键酶的反应特性有关。

污染物质在细胞内的传质主要和其与类脂的亲和性有关,降解反应主要与物质分子的轨道电子特性有关。因此,生物降解的活性可能是其亲脂性与电子效应的加和。理论上,其他因素,包括立体效应等可以被添加在基本模型上,形成更复杂的模型。另一方面,模型也可以进一步简化,例如,如果酶反应不是控制性步骤,模型就可以简化为仅仅与憎水性(K_{OW})有关。如果酶是控制性步骤,应用 QSBR 或 QSAR 模型则可以识别污染物质结构与活性酶活性部位的关系,包括形状、电子特性和憎水特性等。

在研究生物可降解性时,常采用的生物降解过程参数包括生物降解速率系数(K_b),二级速率系数(R_c),12 天后的降解百分率,理论需氧量(ThOD)变化,生物降解速率 v,5 天生化需氧量(BOD_5)变化,生物降解半数时间(T_{50}),最终好氧降解时间等。经常采用的关联结构参数包括相对分子质量,pK_a,Hammett 取代基常数,碱性离解常数 K_{OH},lg K_{OW},停留时间,憎水性常数 π,范德华半径(van der Waals radius),有效分子表面积,原子电荷,红外谱峰频率和强度,以及分子连接指数等等。其中,碱性离解常数 K_{OH},Hammett 取代基常数,辛醇 – 水分配系数 K_{OW},憎水性常数 π,范德华半径,有效分子表面积等测量很困难;相对地,红外谱峰频率和强度测量比较容易和快速;pK_a 现在已经不需要测量,有足够完善的软件进行高精度的计算;分子连接性指数也只需要计算。

目前,分子连接性指数被美国国家环保局认为是最好的关联结构参数之一。许多研究表明,分子连接性指数对结构的各种变化都比较敏感,对各种行为能够提供相当好的关联,并能够提供结构方面的分析和机理解析。

2.2.1 污染物分子结构 – 生物可降解性定量关系模型

在建立生物可降解性与分子结构的定量关系过程中,一方面,需要仔细识别生物可降

解数据；另一方面，需要仔细选择相关的结构参数，并注意其所代表的结构含义。

生物可降解性的数据，根据不同需要有不同的侧重点。在生物降解过程中，起始速率数据容易迅速测定，能够表明生物降解过程启动的信息，但是，所获得的速率数据并不能适用于降解的全过程。因此，仅仅观察某一种污染物本身消失的速率，而不是跟踪降解反应的全过程是不全面的。经常存在一些因素的影响，例如中间产物的毒性，可能导致对微生物的抑制，而使降解过程停留在某一个阶段。中间产物的毒性是一个经常遇到的问题。所以，初级生物可降解性只能表达污染物的初期降解特征，即微生物开始降解污染物的过程而不是污染物被完全降解的全过程。

从环境角度而言，完全降解是最理想的，可以由生化需氧量、CO_2 生成量或者溶解性有机碳的降低速率等表示。污染物完全降解时间也长短不一，从 5 至 42 天，一般采用 5 天的生化需氧量(BOD_5)。当然，BOD_5 只能是一个初步筛选手段。BOD_5 低并不意味着污染物不能在更长的时间内被降解。

生物可降解性方面的数据的重要性是因地而异的。其结果本身受许多因素的影响，包括污染物的浓度、微生物的种类和数量、微生物的驯化，以及实验的程序等。

Monod 降解方程经常被用来表示生物可降解过程，可为表示

$$-\frac{dS}{dt} = kX \frac{S}{K+S}$$

这个方程只适用于微生物平衡生长和没有毒性抑制存在的情形。

在降解过程中，生物量如果因毒性抑制而下降，可以假定一级方式，则有

$$\frac{dX}{dt} = k_i X$$

式中，k_i 是毒性抑制系数。

在实际过程中，经常出现的情况是在起始阶段，降解反应遵循 Monod 模式，但是，稍后即偏离了该降解模式，或者反应被停留在某一个阶段。因此，在测定污染物质的生物可降解性时，了解相关的过程特点是非常重要的。应该将理论预测的结果与实验结果进行对比，如果实验数据与计算结果不相符合，则应该找出偏差的原因，包括毒性抑制的动力学原理、滞后原因等。微生物活性的滞后可能是由于酶的诱导(adaptation)或者生物量繁殖时间(acclimation)等造成的。

另一方面，必须注意污染物质结构参数的多样性。每一种参数所代表的分子结构侧面是不同的。例如，Hammett 取代基常数增加，亲电性增加，对于苯酚和苯胺就增加了其降解的难度。实际上，在芳香环降解过程中，反应不仅与取代基的亲电性有关，而且与取代基的立体效应关系也非常密切。在关联立体结构效应时，范德华半径效果更好。分子连接性指数也是相当好的参数，能够代表污染物质结构的复杂性、支链特征、电子特征和立体效应等。例如，$^0\chi$ 和 $^1\chi$ 分子连接性指数代表了相对分子质量，$^2\chi$ 连接指数代表了分子大小和支链特征，$^3\chi$ 指数表达了烷烃的密度并反映了其柔软程度，$^3\chi_c$、$^4\chi_c$、$^4\chi_{pc}$ 表示了支链程度并能够很好地与生物可降解性相关联。分子连接性指数的缺点是计算相对复杂，尤其是对于比较复杂的污染物质，需编写程序在计算机上完成。

2.2.1.1 分子片结构模型

分子片结构模型将污染物质根据其结构特点分解为取代基和分子片段，每一个取代

基和分子片段都对应着分子性质的某一个方面,同时对分子的生物可降解性具有特定的贡献率。根据这种原理,成千上万的物质可以分解成为各种特定的取代基或分子片段的组合。因此,对于一个化合物,其生物可降解特性可以根据其含有的取代基和分子片的分别贡献率而计算出来,即

$$\lg k = \sum_{i=1}^{N} n_i \alpha_i$$

其中,k 是生物降解一级反应速率常数,n_i 是污染物质含有的取代基或分子片的数目,α_i 是取代基团或分子片段对生物可降解性的贡献率。表 2.4 列出了几种典型取代基和分子片的生物可降解性贡献率。

表 2.4 典型取代基和分子片的生物可降解性贡献率

取代基	贡献率(α_i)	取代基	贡献率(α_i)	取代基	贡献率(α_i)
CH_3-	-1.3667	—COOH	-1.3133	—CH=(芳环)	-0.5016
CH_2-	-0.0438	—CO	-0.5073	=C=(芳环)	1.0659
OH—	-1.7088	—NH_2	-1.4654		

来源:Desai et al, 1990

尽管这种方法的思路比较简捷,但是其离实际应用还有一定的距离。显然,为了达到实用的目的,这种方法需要针对各种类型的污染物质和各种类型的微生物建立庞大的数据库,仔细鉴别各种类型的取代基和分子片的贡献率。而且取代基之间、分子片之间的相互作用必须得到相关的量化考虑,难度是比较大的。

2.2.1.2 综合模型

Okey 和 Stensel 利用分子连接性指数通过对 124 种不同类型的污染物质的生物降解数据进行关联分析,得到一个综合性的 QSAR 模型

$$\lg k = -0.130(^0\chi^v) - 0.881(^5\chi_c) + 2.185(^6\chi_{ch}^v) + 0.029(OH) + 0.221(COOH) - 0.388(NH_2) - 0.273(NO_2) - 0.369(SO_x) - 0.172(HAL) + 0.311(HET) + 0.190(AROM) + 0.137(ALIF) \quad (n=124, r=0.851, S=0.227)$$

其中,k 是降解速率常数,即单位质量的生物量(MLSS)在单位时间内降解 COD 的速率,单位为 mg/(g·h)。模型含有不同类型的官能团,包括—OH、—COOH、—NH_2、—NO_2 和—SO_x,HAL 代表卤原子、HET 代表杂原子,而 AROM 代表芳香烃,ALIF 代表脂肪烃。

从以上 QSAR 模型方程可以发现,污染物质的生物可降解性随着 $^0\chi^v$ 和 $^5\chi_c$ 的增加而下降,随着 $^6\chi_{ch}^v$ 的增加而提高。根据分子连接性指数所代表的分子结构的意义,$^0\chi^v$ 描述了分子的尺寸和电荷的大小,$^5\chi_c$ 描述了分子结构的复杂程度,而 $^6\chi_{ch}^v$ 描述了分子链的长度尺寸。同时,$^0\chi^v$ 和 $^6\chi_{ch}^v$ 也包含了分子的电子特征,包括饱和键 σ 电子、不饱和键 π 电子,以及孤对电子,$^5\chi_c$ 也包括了分子结构的立体空间效应方面的因素。

该模型描述了生物可降解性与取代基类型之间的定量关系,—OH 和—COOH 有利于生物可降解性,而—NH_2、—NO_2、—SOX、卤素原子和其他杂原子等不利于生物可降解性。对于芳香烃,AROM = 1;对于脂肪烃,ALIF = 1;而对于含有脂肪烃取代基的芳香烃,则同时取 AROM = 1,ALIF = 1。

2.2.2 有机污染物好氧生物降解中的定量构效关系

在好氧微生物细胞内,多环芳烃降解的第一步往往是由加氧酶启动的,例如单氧酶和双氧酶。细菌遇到芳香烃时,一般分泌双氧酶。双氧酶能够将一个氧分子结合进入芳烃分子中,生成二氧化合物中间体,再进而氧化为顺式-二醇中间体,继而转化为二羟基化合物。多数真菌和哺乳动物等能够分泌单氧酶。单氧酶将单氧原子结合进入芳烃,生成环氧化合物中间体(亲电性的环氧化物容易与 DNA 中亲核位置相结合,产生肿瘤抑制)。然后,是水分子的加成,生成反式-二醇和酚类。

PAH 降解的控制性步骤是环的初始氧化,此后的氧化反应过程进行得比较快,基本上没有中间产物的积累。因此,实际观察到的中间产物只是有限的几种,包括邻苯二酚类和羧酸类。

微生物降解芳香烃一般包括如图 2.10 所示的几个步骤,最终将其转化为细胞蛋白质,或者二氧化碳和水。

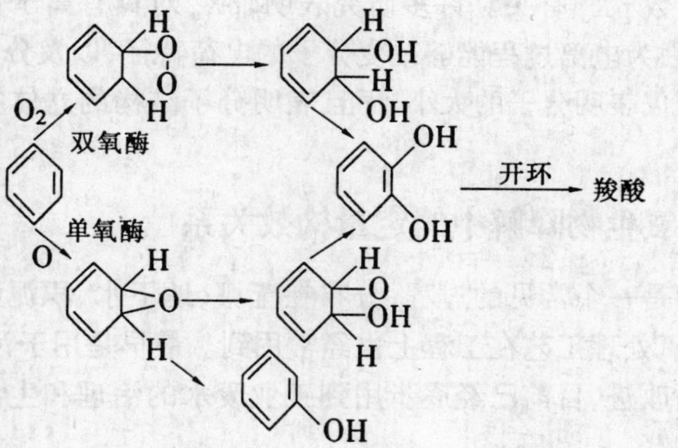

图 2.10 芳香烃化合物好氧生物降解途径示意图

研究证明,经过诱导的微生物能够大幅度提高其降解速率。Herbes 和 Schwall 发现,经过诱导适应的微生物,其降解速率是诱导前的 3 000～725 000 倍。取代基例如羧基、羟基和甲基能够提高生物可降解性,相反,硝基、胺基、氰基和卤原子等将抑制生物可降解性。

芳香烃可以作为碳源和能量来源被降解,或者通过共降解途径得到降解。对于大分子量的 PAH,即 4 个环以上的难降解的 PAH,共降解是一个主要的途径。研究发现,将难降解的 PAH 置于纯培养基中的降解速率比在混合培养基中的相应降解速率低。

能够以 PAH 为碳和能量惟一来源的微生物有气单胞菌、产碱菌、芽孢杆菌、拜叶林克氏菌、氰基细菌、棒状杆菌、黄杆菌、微球菌、分枝杆菌、诺卡氏菌、假单胞菌、球形红假单胞菌和弧菌。

由于微生物降解芳香烃中的关键酶通常是双氧酶或者单氧酶,其反应的特征是类似的,是进行分子结构与可降解性关联的基础之一。以苯酚和苯胺为例,其微生物降解过程的初始速率常数与结构之间具有内在的定量关系,Damborsky 和 Schultz 建立了 QSAR 关系式

$$\lg k = 0.314\,76 \mathrm{p}K_a - 11.233 r_w - 12.738$$

式中，pK_a 是电离平衡常数的负对数，r_w 是污染物分子的范德华半径。方程计算结果与实测结果的比较示于图 2.11。

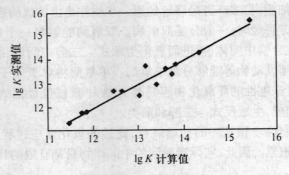

图 2.11 苯酚苯胺生物可降解性计算与实验结果比较

结果表明，苯酚和苯胺的生物可降解性与表示分子体积的范德华半径 r_w 有关，与表示分子电子特性的电离常数 pK_a 有关。许多研究表明，pK_a 对具有离子化特性的有机物的可降解性影响比较大，因为电离过程能够改变分子的电荷特征，以及分子与活性酶的作用过程等。范德华半径不仅表明分子的大小，而且表明分子结构的立体空间结构因素的影响。

2.2.3 有机污染物厌氧生物降解中的定量构效关系

厌氧过程在自然界中是一个常见的过程，分布在土壤、地下水、积泥和水体中。由于成本低廉和管理简单，厌氧处理工艺在工程上也经常用到。最早是用于污泥的厌氧处理。随着厌氧工艺技术的不断改进，目前已经逐步用到工业废水的治理和生活污水的处理等领域。

厌氧生物处理过程与污染物质的结构也存在着密切的关系。但是，有关厌氧过程与污染物质结构的研究却比较少。许多污染物质能够在厌氧过程中得到更好地降解，例如多氯联苯（PCBs）和多氯苯酚。有些污染物质只能在厌氧过程中得到降解，例如四氯乙烯。Klopman 等人利用分子片模型技术和代谢途径识别相结合，从有限的实验数据中由计算机自动统计识别一个分子在厌氧过程中最重要的分子片段。研究表明，连接芳环的羟基[HO—C=]在厌氧过程中最容易被攻击。大多数芳香烃都是先经过羟基化，然后再进行后续反应。影响厌氧生物降解性的分子片包括 HO—CH_2—、—CH=CH—CH=CH—CH、多卤代物、甲氧基—OCH_3、-COOH 和醛 OHC-CH-。研究也表明，氯原子连接双键的结构和连续 5 个碳原子相连接的结构将明显降低该类物质的厌氧生物可降解性。

在厌氧生物降解过程中，芳烃化合物对乙酸产甲烷菌具有抑制作用。抑制作用最强的化合物是五氯苯酚，0.03 mmol/L 就引起抑制作用；抑制作用最弱的是苯甲酸。对于单取代苯，其抑制作用的递增顺序为

$$COOH < SO_3H < H < OH < CH_3 < CHO < OCH_3 < Cl$$

Sierra - Alvarez 等人考察了苯环上不同类型取代基对厌氧细菌的抑制作用，结果见图 2.12。

此外，增加烷基取代基的长度或者氯取代基的数目等，都会增加抑制作用。但是，在

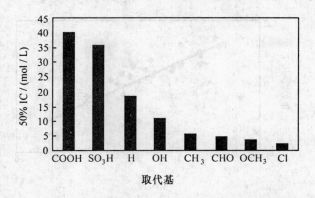

图 2.12 苯环上不同类型取代基对厌氧细菌抑制作用比较

烷基取代基侧链上增加一个极性基团将降低此化合物的抑制作用。这说明,烷基取代链具有重要的作用。苯环上增加一个羟基会增加其毒性,但是,增加两个或者两个以上的羟基,其毒性反而降低。

苯类衍生物的毒性抑制作用与化合物的辛醇-水分配系数 $\lg K_{OW}$ 有着很好的相关性,尤其是在同系列之内,见表 2.5 和图 2.13。直线的斜率说明毒性作用对 $\lg K_{OW}$ 的响应敏感程度,而截距说明了该系列化合物的内在固有的毒性。相反,有些化合物的毒性与 $\lg K_{OW}$ 预测值偏离比较大,可能说明相分配因素以外的因素或者作用机理在起着控制性作用。

表 2.5 苯衍生物对乙酸产甲烷细菌的 50% 抑制浓度 (IC)

序号	化合物	50%IC	$\lg P$	序号	化合物	50%IC	$\lg P$
1	苯	18.91	1.95	18	2-氯苯酚	3.19	2.17
2	4-甲基苯甲醛	4.25	1.98	19	2,4-二氯代苯酚	0.49	3.15
3	苯甲醛	5.03	1.48	20	2,4,6-三氯代苯酚	0.59	3.38
4	甲氧基苯	4.61	2.11	21	3-氯-5-甲氧基苯酚	0.41	NA
5	2-甲基苯甲醚	2.74	2.61	22	五氯苯酚	0.03	5.01
6	1,3,5-三甲氧基苯	1.58	NA	23	1,2-二羟基苯	16.47	1.01
7	4-羟基邻二苯乙烯	0.33	4.31	24	2-甲氧基苯酚	9.39	1.48
8	甲基苯	6.76	2.69	25	苯酚	11.69	1.46
9	乙基苯	4.95	3.15	26	4-甲基苯酚	5.26	1.94
10	1,2-二甲基苯	4.23	3.15	27	4-乙基苯酚	2.13	2.66
11	1,3,5-三甲基苯	2.59	3.42	28	2-苯基乙醇	46.53	NA
12	烯丙基苯	2.13	3.23	29	苯基甲醇	31.74	1.10
13	n-丙基苯	1.66	3.68	30	苯甲酸	NT	1.87
14	苯乙烯	0.09	3.00	31	3-苯基丙酸	NT	NA
15	氯代苯	3.38	2.84	32	苯基乙酸	5.27	1.41
16	1,2-二氯代苯	1.22	3.53	33	4-羟基苯磺酸	NT	NA
17	1,2,4-三氯代苯	0.52	4.26	34	苯磺酸	36.86	-2.25

来源:Sierra-Alvarez and Lettinga,1991.

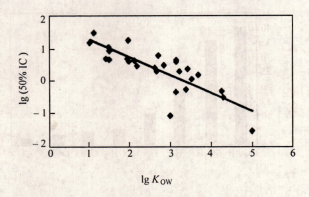

图 2.13　污染物质的厌氧生物降解毒性与对应 $\lg K_{OW}$ 参数的关系

2.3　环境毒理学中的定量构效关系

污染物质对自然环境系统和人类社会的影响是通过毒理学效应表现出来的,是环境毒理学的主要内容。例如,污染物质的致癌性和致突变性很早就被观察到了。据记载,早在 1775 年,英国的一个外科医生就提出烟道物质与 Scrotum 癌有关。1932 年 Cook 分离出能够致癌的煤焦油并证实了其致癌性。1940 年,法国的 Pullmans 和 Daudels 将结构－活性理论用于致癌物质的研究。日常生活与环境毒理学密切相关,例如,明火烤肉中产生较多的焦油物质,具有较高的致突变活性,而微波炉产生的致突变物质较少。

环境毒理学正以惊人的速度发展着,其内容涉及污染物的分布、迁移和转化及其对整个生态系统的毒理作用等,深刻地影响着经济、社会以及个人的生活方式。环境毒理学分为狭义环境毒理学和广义环境毒理学。

狭义环境毒理学是指污染物质对单个生物体或者局部生态系统的毒理影响。常见的毒理学症状,从响应时间上分为急性毒性和慢性毒性等,从影响后果方面分为遗传毒性、免疫毒性、细胞毒性、生化毒性、形态组织病变和行为变异等。急性毒性响应是指在短时间,例如数分钟或者数天内,污染物质与生物体一次或者多次接触后产生的响应。慢性毒性响应是指在较长的时间,一般数个星期内,生物体表现出来的毒性症状,往往持续比较长的时间。两者之间的区别并不是非常严格的。

毒理学响应是个动态反应过程,在不同的阶段可能呈现不同的症状。毒理学响应经常是几种症状同时出现。例如,对于高等动物在临床方面表现为压抑、没有食欲、体重下降等,在病理学方面表现为血液转氨酶升高、血红素下降等,在遗传方面表现为基因 DNA 或者 RNA 发生变化,在免疫方面表现为功能受到抑制或缺损,在生物化学方面表现为细胞色素 P－450 改变,在生理学方面表现为呼吸速率改变,而在形态学方面表现为肝细胞坏死等等。一种污染物质可能引起几种症状或者几种器官的质变。有些毒性物质会引发全身性的响应,例如乙烯甘醇经过代谢会导致全身性的酸毒症。有些响应属于二级响应,即器官结构或者功能上的改变是由另外不同器官的直接毒理响应所引起。毒理学响应的后果取决于许多因素。最终的后果经常取决于被损坏器官在结构和功能方面的"修复"程度。

广义毒理学是指宏观的环境系统对污染物质的毒理性响应。例如,臭氧洞的形成涉及相关化学物质的生产、消耗、释放、迁移、转化,对高空大气环境以及对人类健康的影响等。因此,广义环境毒理学已经远远超出了传统的关于单个生物体的毒理范围,已经将人类相关的生态系统包括进来。在环境毒理学中,不仅需要考虑污染物质在生物体内的代谢,而且需要考虑环境因素例如阳光、氧气以及各种微生物等对物质转化的作用。

由于涉及的范围如此之广,使得环境科学工作者,无论是从经济方面,还是从精力方面在短时间内不可能对环境毒理学进行全面的研究。在有些方面甚至是不可能进行直接研究的,例如,对于一日三餐中的农药或其他致突变物,在动物身上已经被证明是毒性的,但是不可能在人体上做实验。在这方面,污染物质的结构-毒理活性理论(QSAR)模型是一种有效的工具,可以帮助进行毒理性质的预测和外推。

分子结构对于生物活性影响的顺序为:首先是分子的吸收,其次为分配,再其次为与蛋白质键合,代谢归宿,最后才与受体结合。每一步均与作用双方的特征结构密切相关。每一个中间步骤均有可能成为决定性步骤,对响应的大小发挥决定性的作用。

2.3.1 污染物质富集和累积过程中的定量构效关系

生物富集和生物积累是污染物质进入鱼、动物和植物等生物体内的主要途径,是进一步产生毒理学效应的前提。不同类型的污染物质,不同类型的生物,其生物富集和生物积累具有不同的特征。

生物富集指污染物质通过非饮食途径得到积累。通常用生物富集因子表示,$K_{\text{BCF ORGN}}$(kg/kg 或 m³/kg)代表污染物质在环境介质的稳定浓度与其在生物体内质量浓度的比值,即

$$K_{\text{BCF ORG}} = \frac{C_{\text{ORGN}}}{C_{\text{M}}}$$

式中,C_{ORGN}是生物体中所含有污染物质的质量浓度,即每千克生物体内污染物质的质量,单位为 kg/kg。C_{M}是污染物质在环境介质例如水或者空气中的质量浓度,即每千克介质中污染物质的质量,单位为 kg/kg;或者每立方米介质中污染物质的质量,单位为 kg/m³。

鱼对污染物质的富集和浓缩主要是通过鱼鳃,而食物摄取相对不重要。鱼类的富集因子一般在 $1 \sim (1 \times 10^6)$ g/g 之间,而且研究发现鱼的种类、暴露水平或者暴露时间对此影响并不大。植物对污染物质的富集也很重要,与污染物质在土壤或空气中质量浓度相关。从土壤到植物的富集因子通常用 Bv 表示。

生物积累是指污染物质通过各种途径,包括摄食、呼吸和身体接触,在生物体内得到积累。因此,生物累积在鱼和动物体内可能达到毒性水平。尤其憎水性污染物在摄食者的脂肪组织内可能通过逐渐累积而达到相当高的质量浓度。生物积累因子 K_{BAF}(kg/kg 或者 m³/kg)的定义与生物富集因子类似。生物传递因子 K_{TF}(d/kg 动物产品)是指动物产品(例如奶或肉)中该污染物质的浓度与每天所消费食物中含有的该物质的量的比值。

辛醇-水分配系数(K_{OW})被广泛认为是鱼类脂肪-水系统的替代参数。因为,辛醇与脂肪有着类似的 C:H:O 比例,而且污染物质在辛醇和脂肪中的行为非常类似。大多数憎水性污染物质能与辛醇形成理想的溶液。因此,污染物质在脂肪-水系统的相分配系数与其在辛醇-水分配系数是相关的,即

$$K_{\text{BCF LIP}} = A' K_{\text{OW}}$$

憎水性污染物质在鱼类体内的生物富集主要是在脂肪系统内,因为生物富集的作用

大小与鱼所含有的脂肪数量相关。但是,有些鱼类的生物富集因子与鱼类体内的脂肪量的关系确实不大,说明其他的因素也可能会起着控制性作用。为了简单起见,假定生物富集主要是由脂肪量决定,则

$$\lg K_{BCF\ ORGN} \approx \lg L + \lg K_{BCF\ LIP}$$

式中,L 是生物体内脂肪所占的比例。考虑到 $K_{BCF\ LIP}$ 与 K_{OW} 相关,则

$$\lg K_{BCF\ ORGN} = A + B\lg K_{OW}$$

式中,A 和 B 是系数。A 主要代表生物体内的脂肪所占的比例。当污染物质主要富集在脂肪中时,$B = 1$;当污染物质主要富集在脂肪以外的组织中时,B 就不再等于 1。这个关系式适用于 $\lg K_{OW} < 6$ 的范围。当 $\lg K_{OW} > 6$ 时,两者的关系就不再是线性的,尤其是针对氯代芳香类化合物。

2.3.1.1 鱼类生物富集的 QSAR 分析

研究水生生态系统生物富集最经常采用的生物体是鱼类。世界各地的环境工作者提出了各种各样的 QSAR 模型。应用比较广泛的是由 Mackay 和 Sabljic 分别提出的两种 QSAR 模型。

1982 年,Mackay 提出了鱼类富集因子与辛醇 – 水分配系数的 QSAR 方程

$$\lg K_{BCF\ fish} = -1.32 + \lg K_{OW}$$

这个关系式适用于多种憎水性脂肪类化合物和芳香类化合物以及农药等。针对不同类型的鱼,相应的富集因子对数一般在 2.94 ~ 4.23 范围之间。

Sabljic 在 1987 年提出了鱼类富集因子与分子连接性指数的 QSAR 模型

$$\lg K_{BCF\ fish} = -2.131 + 2.124^2\chi^v - 0.160(^2\chi^v)^2$$

式中,$K_{BCF\ fish}$ 是生物富集因子,g/g;$^2\chi^v$ 是二级价键连接指数。这个关系式适用于氯代苯、对氯联苯、氯代烃、烷基苯、多环芳烃、取代苯酚、苯胺、羧基苯和硝基芳烃等有机污染物。实际测定的 $K_{BCF\ fish}$ 范围在 1.78 ~ 2.95 之间。

上述模型方法只适用于非极性化合物。对于极性化合物,由于渗透阻力相对比较大,主动传输和其他过程可能会影响或者控制生物富集过程,导致生物富集因子的预测偏差。有些化合物在富集过程中发生转化,变为水溶性的化合物,也导致富集因子预测的重大偏差。

当食物中的污染物浓度比较高时,生物体内的污染物富集水平也相应比较高,尤其较高层的摄食者,其体内的富集水平会更高,高于模型的预测水平。例如,Oliver 和 Niimi 在安大略湖发现鱼体内的多氯联苯水平比正常生物富集水平高一个数量级。在海水中,由于盐析作用,以上模型的预测通常稍微偏低。

上述模型也不适用于微型动物,这是由于其本身形体小,相对地,比表面积大,吸附的作用占的比例比较高。某些生物的蛋白质含量高,例如蚯蚓的蛋白质含量是其脂肪含量的 10 倍以上,也影响模型的预测结果。

2.3.1.2 牛肉和奶制品生物富集的 QSAR 分析

哺乳动物对污染物的生物富集主要是通过食物和土壤的摄取。非极性污染物主要被富集在肥肉和奶制品的类脂体中。牛肉和奶制品中的污染物浓度可以通过传递因子进行估算预测,即

$$C_{prd} = K_{TF\ prd}(C_{feed}Q_{feed} + C_W Q_W + C_S Q_S)$$

式中,C_{prd} 是食品中污染物浓度(mg/kg);$K_{TF\ prd}$ 是牛类制品传递因子(d/kg);C_{feed} 是牛饲料中污染物浓度(mg/kg);Q_{feed} 是牛消费饲料的速率(kg/d);C_W 是饮用水中污染物的浓

度(mg/L);Q_w是牛每天的饮水量(L/d);C_S是土壤中污染物的浓度(mg/kg);Q_S是牛消费土壤的质量(kg/d)。

传递因子的计算公式是

$$K_{TF\,prd} = \frac{F \cdot K_{BCF\,fat}}{Q_f}$$

式中,$K_{TF\,prd}$是牛肉或奶制品的传递因子(d/kg);$K_{BCF\,fat}$为牛脂肪生物富集因子(kg/kg);F是脂肪在牛制品中所占的比例;Q_f是牛消耗的饲料数量(kg/d)。

Travis 和 Ams 提出了牛肉和奶制品有关的传递因子与辛醇-水分配系数的 QSAR 模型。

对于牛肉
$$\lg K_{TF\,beef} = -7.6 + \lg K_{OW}$$

式中,$K_{TF\,beef}$是饲料转化牛肉的传递因子(d/kg)。模型假定牛肉含有 25% 脂肪,肉牛饲料消费率是 8kg/d。

对于奶制品
$$\lg K_{TF\,milk} = -8.1 + \lg K_{OW}$$

式中,$K_{TF\,milk}$是饲料转化奶制品的传递因子(d/kg)。模型假定牛奶含有 3.68% 脂肪,奶牛饲料消费率是 16 kg/d。

以上两个模型预测结果的不确定性相当大,相差可能在 1~2 个数量级。因为,哺乳动物对污染物的生物积累取决于动物种类、饮食、季节和气候,而且一年之中也并不均匀。

2.3.1.3 植物和蔬菜生物富集的 QSAR 分析

植物和蔬菜对污染物的吸收途径主要是通过根系吸收、空气湿式或者干式沉降,以及叶部吸收。蔬菜中污染物浓度可以表示为

$$C_{veg} = B_v F_{dw} C_{as}$$

式中,C_{veg}是蔬菜中污染物浓度(mg/kg 蔬菜湿重);B_v是土壤至蔬菜的生物富集因子,即每千克干重蔬菜中干重根部土壤含量,单位为 kg/kg;F_{dw}是蔬菜干重,一般约为 0.15 g/g;C_{as}是根部土壤中污染物的浓度(mg/kg)。

Baes 提出了蔬菜富集因子 B_v 与土壤-水相分配系数的 QSAR 关系式

$$\lg B_v = 1.54 - 1.18 \lg K_d$$

式中,B_v是土壤至蔬菜的生物富集因子,即每千克干重植物地上部分中干重根部土壤含量,单位为 kg/kg;K_d是土壤-水相分配系数(L/kg)。这个关系式适用于芳香烃、卤代芳香烃、硝基苯、氯代苯酚、杀草剂和苯羧酸等有机污染物。

Paterson 等人研究了植物叶子从空气中吸收富集污染物的过程,提出 QSAR 关系式

$$K_{BCF\,LEAF} = 0.19 + 0.7 K_{AW} + 0.05 K_{OA}$$

式中,$K_{BCF\,LEAF}$是植物生物富集因子[(g/m³ 干叶)/(g/m³ 空气)];K_{AW}是空气-水相分配系数;K_{OA}是己醇-空气相分配系数($K_{OA} = K_{OW}/K_{AW}$,其中 K_{OW} 是辛醇-水分配系数)。

研究表明,预测植物的生物富集因子是很困难的。因为,很难区分主动富集和被动富集过程。污染物质在一种植物中是主动富集的过程,而在另一种植物中可能就是被动富集的过程。污染物质在植物中不同部分的分布也是不同的,它取决于污染物质的性质、不同植物组织的性质以及生长阶段等。

2.3.2 有机污染物生物毒性的定量构效关系

有机污染物的生物毒性是环境化学和环境毒性学中 QSAR 研究的最活跃领域。生物毒性的主要参数有:LC_{50}(半数致死浓度)、EC_{50}(半数影响浓度)、NOEC(无显著影响浓

度)、MATC(最大可接受浓度)、MIC(最小抑制生长浓度)等。

根据有机毒物的反应性和致毒机理,一般可将有机物分成 4 种类型:相对惰性、较强反应性、反应性及其他类型有机物。

2.3.2.1 相对惰性有机物的 QSAR 模型

相对惰性有机物包括醇、酮、酯、非反应性卤代烃等。这类化合物对生物的毒性较低,通常表现为不同程度的致麻醉性能。这类化合物的典型 QSAR 模型示于表 2.6 中。由表可见,不同化合物、不同生物,其 QSAR 模型具有通式

$$\lg \frac{1}{C} = a\lg K_{OW} + b$$

表 2.6 相对惰性有机物生物毒性的 QSAR 模型

生物毒性参数	有机物	QSAR 模型	n	r^2
对 guppy 的 14 日 LC_{50}	卤代烃、醇、醚、酯	$\lg \frac{1}{C} = 0.87\lg K_{OW} + 1.1$	50	0.97
对 daphnia magna 的 48 h LC_{50}	卤代烃、醇、酯、酮、芳烃	$\lg \frac{1}{C} = 0.9\lg K_{OW} + 1.3$	19	0.98
对 fathead minnow 的 32 日 MATC	氯代烃、酯、酮、芳烃	$\lg \frac{1}{C} = 0.89\lg K_{OW} + 2.2$	10	0.93
对鱼类的慢性毒性	氯代苯	$\lg \frac{1}{C} = 0.99\lg K_{OW} + 1.8$	12	0.79
对 daphnia magna 生长的 NOEC	氯代烃、烃、醇、芳烃	$\lg \frac{1}{C} = 0.95\lg K_{OW} + 2.0$	10	0.95

研究表明,对这类化合物来说,疏水性是决定其生物效应的惟一重要的结构性质,系数 a 大约在 0.8~1.0 之间,系数 b 则反应了不同物种的敏感性。事实上,致麻醉性是几乎所有有机物的最起码的生物效应,因此,这类有机物的 QSAR 模型反映了有机物生物效应的基线水平。

2.3.2.2 较强反应性有机物的 QSAR 模型

较强反应性有机物包括酚、芳胺和硝基芳香化合物等。它们的反应性较强,对生物的影响较大,在其致毒中,由于分子中含有强的吸电子基因,因此电性作用不可忽视。由表 2.7 可看出,在这类有机物的 QSAR 模型中,除包括疏水参数 K_{OW}、π 外,一般都含有电性参数,如 σ、pK_a 等。

此类化合物的另一特点是易以离子形式存在。由于离子型有机物难以进入脂肪相,因而它们的生物效应受介质 pH 值的显著影响(表 2.8),一般在酸性介质中,它们的毒性高于在碱性介质中。

表 2.7 较强反应性有机物生物毒性的 QSAR 模型

生物毒性参数	有机物	QSAR 模型	n	r^2
对 guppy 的 96 h LC_{50}	取代酚	$\lg \frac{1}{C} = 0.50\pi + 0.45F + 0.64R + 3.7$	14	0.96
对 guppy 的 14 d LC_{50}	氯酚	$\lg \frac{1}{C} = 1.1\lg K_{OW} + 0.35pK_a - 1.4$	11	0.96
对 terhymena 的 48/60 h EC_{50}	单烷基酚、卤代酚	$\lg \frac{1}{C} = 0.80\lg K_{OW} + 1.2\sigma + 1.4$	27	0.90
对 guppy 的 14 d LC_{50}	氯胺	$\lg \frac{1}{C} = 0.92\lg K_{OW} + 2.3$	11	0.89
对 guppy 和 fathead minnow 的 L_{C50}	芳胺和硝基芳烃	$\lg \frac{1}{C} = 1.21\sigma^- + 3.6$	33	0.90

表 2.8 pH 值对酚类 LC_{50} 的影响

化合物	pH = 6		pH = 8	
	非离子型含量/%	$LC_{50}/(\mu mol \cdot L^{-1})$	非离子型含量/%	$LC_{50}/(\mu mol \cdot L^{-1})$
4-氯苯酚($pK_a=9.37$)	>99	60	96	71
五氯苯酚($pK_a=4.96$)	5	0.44	<0.1	3.4

2.3.2.3 反应性有机物的 QSAR 模型

反应性有机物包括反应性烷基卤、环氧化合物和醛等,它们能与蛋白质、DNA 等的亲核基团 NH_2、OH、SH 等发生反应,因而其毒性更大。在它们的 QSAR 模型(表 2.9)中,除疏水性参数 K_{OW} 外,它们与生物分子的反应速度常数的贡献也很大。

表 2.9 反应性有机物生物毒性的 QSAR 模型

生物毒性参数	有机物	QSAR 模型	n	r^2
对 guppy 的 14 d LC_{50}	反应性烷基卤	$\lg \frac{1}{C} = -1.3\lg(1.604 + K_{nbp}^{-1}) + 10.4$	15	0.88
对 guppy 的 14 d LC_{50}	环氧化物	$\lg \frac{1}{C} = 0.39\lg K_{OW} + 3.0\lg K_{nbp} + 3.8$	12	0.89
对 guppy 的 14 d LC_{50}	醛	$\lg \frac{1}{C} = 0.36\lg K_{OW} - 0.08\lg K_{cyst} + 3.7$	14	0.86

注:K_{nbp} 是有机物与 4-硝基苯并吡啶的一级反应速率常数。
K_{cyst} 是有机物与半肽氨酸的二级反应速率常数。

2.3.2.4 其他类型有机物的 QSAR 模型

关于有机磷、有机锡、吡啶、氮杂环化合物等其他类型有机物的 QSAR 研究也有很多报道。表 2.10 中列出部分这样的 QSAR 研究。

表 2.10 其他类型有机物生物毒性的 QSAR 研究

有机物	生物毒性参数	QSAR 模型参数
有机磷化合物	对 guppy 的 LC_{50}	K_{OW}, K_{nbp}, σ
有机锡化合物	对 daphnia magna 的 LC_{50}	K_{OW}, pK_a, X
吡啶	对 tetrahymena 生长的 EC_{50}	K_{OW}, X, MR,氢键指数
氮杂环	对 tetrahymena 生长的 EC_{50}	K_{OW}, X
杂类	对鱼的 LC_{50}	K_{OW}, S_{aq}

2.3.3 污染物质毒性学效应的定量构效关系

2.3.3.1 单一酶毒性的 QSAR 分析

在反应性毒性效应中,最简单的是对单一酶的毒性抑制。例如,常见的多基质单氧酶(PSMO:Polysubstrate monooxygenase)。这种酶存在于多种高等生物中,用于防卫和处置进入生物体内的具有脂溶性的、非营养有机物质。在反应中,酶攻击 C—H 键,将其转化为相应的醇类,使之形成水溶性的代谢物质而被利用或者被排泄出体外。但是,有些有机污染物质可能会与蛋白质或者核酸或者类脂形成共价键化合物,或者在氧化过程中形成过氧化物而损坏 PSMO。

通常这种酶以比较低的水平存在于体内。但是,当有机物质一旦进入体内,会在数分钟之内迅速诱导产生大量的酶。同时,已有的酶的活性也会大幅度提高。而且,这种酶的专一性并不像一般的酶那样强,能够与各种各样的形状与结构的化合物反应,通过反应将C—H键氧化。在氧化过程中,有时会产生一些中间产物。产物不是相应的醇类,而可能是不稳定的自由基。由于脂肪捕获自由基的能力比较弱,自由基就会迅速扩散开来,这种自由基可能进攻各种细胞或者DNA,引发连锁反应,导致各种遗传性的和结构性的疾病,包括癌症、溃疡、肝硬变和气肿等。

在理论上,利用QSAR模型能够从化合物的结构特点方面,识别和预测相关的疾病。这种预测模型强烈地依赖于氧化反应机理,尤其是自由基的产生和释放。Hollebone等人的研究表明,反应过程主要与分子中最弱的C—H价键和其中碳原子上的电荷密度密切相关(见表2.11及图2.14)。

表2.11 污染物质价键强度和对PSMO酶的相对反应活性

化合物	缩写	最弱C—H强度/(kJ·mol^{-1})	相对活性
苯	BEN	422.23	0.91
六甲基乙烷	HME	411.10	0.94
环己烷	CY	408.53	0.955
1,3,5-三氯苯	135-TCB	403.87	0.975
六六六	LIN	402.02	0.99
1,1,1-三氯乙烷	TCE	391.19	1.05

来源:Hollebone et al., 1995

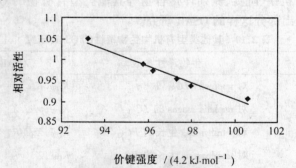

图2.14 价键强度对化合物与酶反应活性的影响

2.3.3.2 哺乳动物综合毒性的QSAR分析

了解污染物质对哺乳动物毒理学效应是非常重要的。新的化学物质、医疗药品,甚至化妆品和香水等在进入市场之前,都需要利用哺乳动物进行毒理学实验。哺乳动物的毒理过程是非常复杂的,涉及代谢、累积和排泄等多种因素。因此,QSAR关联中多采用几种结构参数。例如,Cronin等人提出的有机胺对小鼠口服毒性的QSAR方程

$$\lg \frac{1}{LC_{50}} = 1.061 \lg K_{OW} - 0.21 (\lg K_{OW})^2 - 0.305 E_{LUMO} - 0.038 V_m$$

$$(n = 29, r = 0.949, S = 0.108)$$

式中,E_{LUMO}是最低占据轨道的能量,V_m是分子体积。从这个模型可以看出,污染物的憎水特性,即辛醇-水分配系数,在表征污染物对哺乳动物的毒性特征方面仍然起着主要的

作用,其次是污染物的轨道电子特征,以及污染物的空间体积特征。一般的趋势是 $\lg K_{OW}$ 增加,毒性降低。对于一些特异性的物质,电子效应可能成为最主要的结构因素。总之,由于哺乳动物的复杂性,以及缺乏相容性好的数据,迄今所获得的有关 QSAR 模型的实用性都不尽如人意。

2.3.3.3 遗传毒性的 QSAR 分析

遗传毒性作用过程比一般的生物毒性更加复杂,包含了污染物质的渗透、生物活性激活、代谢、与 DNA 的相互作用以及 DNA 本身的修复过程等,是多步骤的不可逆过程。

目前,最广泛采用的实验方法是利用鼠伤寒沙门氏菌的组氨酸营养缺陷型作为实验菌株。这种菌株缺少合成组氨酸的基因,只能在含有组氨酸的培养基上才能生长。但是,致突变污染物质能够改变该类菌株的基因,导致其产生回复突变,使其重新成为具有自我合成组氨酸能力的菌株,在没有组氨酸的培养基中也能够生长,形成肉眼可见的菌落。通过统计计算发生回变的菌落数,就可以判断受试物质的致突变活性的高低。致突变活性的大小采用回变率表示,即

$$回变率 = \frac{受试样品的回变菌落数}{对照的自发回变菌落数}$$

一般认为,回变菌落数超过自发回变菌落数的 2 倍,且具有线性的剂量 – 反应关系,就认为致突变实验呈阳性,受试物质具有致突变活性。

这个实验方法最早是由 Ames 等人共同发展起来的,所以又经常称为 Ames 实验。基本实验菌株有 TA97、TA98、TA100 和 TA102。在环境检测领域经常采用的菌株是 TA98 和 TA100,其中 TA98 能够检测导致 DNA 移码的致突变物质,而 TA100 能够检测导致 DNA 的碱基对置换的致突变物质。

Ames 实验的一个显著的优点是测试时间短,快速,成本低,能够对大量的污染物质进行系统的实验。另一个优点是不需要对混合污染物质进行分离,可以检测多种污染物质混合后的致突变活性。目前,Ames 实验已经取得了大量的数据,形成了比较完整的数据库。研究证明,污染物的 Ames 致突变实验结果与其动物的致癌性具有比较好的相关性(约为 83%)。Ames 实验在环境毒理学检测中发挥了重要的作用。例如,利用 Ames 实验,首先检测出染发剂中经常使用的苯二胺具有致突变性;Ames 实验还证明吸烟者的尿中含有致突变物质,而非吸烟者的尿中则没有。有意思的是,大多数治疗癌症的药物都具有致突变活性和致癌性,药物的效率取决于其破坏癌细胞 DNA 的能力,Ames 实验还证明饮用水氯消毒过程中产生的副产物例如三氯甲烷和氯乙酸等具有显著的致突变活性。

由于具有比较完整的数据,相关的 QSAR 模型研究得也比较多,而且在此基础上还发展了综合性的专家系统。在模型研究中,最常用的参数是辛醇 – 水分配系数。因为,Ames 实验毒理学响应也取决于污染物质穿透细胞膜的能力、传质的能力和与蛋白质结合的能力等。如果相分配系数太小,虽然水溶性好,但脂溶性差,可能无法穿过生物膜;如果相分配系数太大,虽然污染物穿过生物膜能力提高,但是可能大部分被溶解于脂肪中,无法达到作用部位而无法产生毒性。因此,相分配系数适中的污染物质的毒性最强。最常用的电子参数包括 Hammett 取代基常数、分子轨道电子的能量、价键离解能量等。位阻效应对于毒理学效应是非常重要的。常用的表示位阻效应的参数是 Taft 取代基常数、分子折射率(M_R)、范德华体积和分子等张比容等。

Debnath 等人考察了 188 种芳香烃化合物与 TA98 菌株的致突变性 α_{TA98},得到的 QSAR

方程式为

$$\lg \alpha_{TA98} = 0.58\lg K_{OW} - 2.35\lg(\beta 10^{\lg K_{OW}} + 1) - 1.32 E_{LUMO} + 1.91 I_1 - 3.91$$
$$(n = 188, r = 0.872, S = 0.995, \lg \beta = 5.26)$$

式中，I_1 是苯环数目指示参数，对于三个以上共轭的苯环，$I_1 = 1$，而对一个或者两个苯环，$I_1 = 0$。

由此可见，污染物质的致突变性与分子的憎水性和电子特性相关。致突变活性与污染物质的疏水性（$\lg K_{OW}$）具有密切的关系。这可能是由于以下三个原因：①与污染物质向活性部位的传质扩散步骤相关；②与污染物质与DNA的反应前的吸附连接步骤相关；③与污染物质需要代谢激活有关。但是，与以上因素相关的憎水性在污染物质的致突变活性的机理方面尚不清楚。有些研究也表明，对于直接致突变物质，不需要通过代谢激活，其与污染物质的憎水性质没有相关性。

在电子特征方面，致突变活性与污染物质的最低空轨道的能量的相关性最普遍。因此，致突变活性与污染物质与DNA的亲电性反应相关联。许多研究发现，致突变、致畸和致癌物质大多比非致突变物质具有比较低的最低空轨道能量。而且，在还原性代谢过程中，污染物质例如硝基类芳香烃，比较容易被激活，使之由非活性物质转化为活性物质。具有比较低的最低空轨道能量的物质容易发生还原代谢反应。很多研究表明，电子效应在致突变活性中起着重要的作用，因此，在选择参数时应该注重如何表示分子的电子结构特征。这也说明，致突变活性是反应性的毒性。

例如，对于喹啉类化合物，其TA100菌株的致突变活性（α_{TA100}）与分子的电子亲和性或者最低空轨道能量具有良好的相关性，即

$$\ln \alpha_{TA100} = -14.23 E_{LUMO} - 13.39 \quad (n = 19, r = 0.958, S = 1.309)$$

硝基可能在体内经过还原变为毒性更大的羟基胺。其氮原子的LUMO能量与TA98和TA100的致突变活性的对数具有良好的相关性。

但是，也有许多研究表明，致突变活性与轨道电子能量关系不显著，这也说明实际发生的过程中可能存在着抵消电子效应的步骤或者因素，具体机理尚待深入研究。

2.3.4 芳香烃类有机物毒理学效应的定量构效关系

芳香烃是最早被发现的环境致癌物，也是数量最多的一类致癌物质，占已经发现的总共1 000多种致癌物的1/3左右。多环芳烃是在环境中分布最广的一类致癌物质，分布在空气、土壤、水体，以及动植物体中，来源于现代工业生产和日常生活中。多环芳烃是与人类日常生活最密切的环境致癌物质，吸烟、烧火做饭、饮食煎炸熏烤等都会产生和释放多环芳烃化合物。

多环芳烃是苯环形成的共轭体系，导致整个分子的能量处于最稳定态。虽然已经确定大多数多环芳烃具有致癌性且进行了大量的研究，但其致癌机理仍然并不清楚。目前，普遍认为，多环芳烃不是直接与生物分子进行化学反应。在反应之前，经过代谢，转变为极性或者活性更大的代谢中间产物，与生物体内的大分子通过共价结合，形成DNA的配合物。因此，为了将多环芳烃结构与其活性进行关联，需要准确掌握生物分子例如多聚物、蛋白质及活性酶配合物（反应效应）的结构和位置。

对于单环芳香烃化合物，可以利用传统的Hammett取代基常数描述单取代芳烃的电

子特性，$\lg K_{OW}$ 适用于描述非专一性的毒性效应，而分子轨道理论，尤其最低空轨道与最高占据轨道能量的差值 $E_{LUMO} - E_{HOMO}$ 适用于描述化合物毒性。研究表明，$E_{LUMO} - E_{HOMO}$ 越小，苯酚毒性越大，即电子越容易跃迁进入空轨道，化合物毒性越大。苯酚类对小鼠的毒性，以半致死浓度表示，即

$$\lg \frac{1}{C} = 0.25 \lg K_{OW} + 2.5(E_{LUMO} - E_{HOMO}) + 26.58 \qquad (n=26, r=0.950, S=0.176)$$

除了代谢激活之外，光照也可能激活多环芳烃化合物的活性。在光照条件下，有些多环芳烃，例如蒽，其毒性成倍增加。多环芳烃分子能够吸收光子的能量，转变为激发态，并将激发态的能量传递给氧分子，产生高活性的超级氧化物自由基或者单氧原子，导致细胞死亡。因此，芳香烃的光致毒性与其对光线的吸收及其结构活性相关。Mekenyan 等人研究认为，芳香烃的光致毒性与化合物的 $E_{LUMO} - E_{HOMO}$ 差值相关性最好，以对水蚤（Daphnia magna）的毒性为例，其关系式为

$$\lg \frac{1}{ALT_{50}} = 2.473 + 0.687(E_{LUMO} - E_{HOMO}) \qquad (n=15, r=0.825, s=0.20)$$

Veith 等人研究发现，在 $E_{LUMO} - E_{HOMO}$ 为 6.7~7.5 eV 时，芳香烃经过光照容易导致毒性增加；烷基和羟基未改变 $E_{LUMO} - E_{HOMO}$ 差值，因而对光致毒性影响并不显著；相对地，硝基、烯烃基团和氯原子等，由于与芳环电子相互作用，导致 $E_{LUMO} - E_{HOMO}$ 差值变化比较大，光致毒性得到强化和提高。

2.3.5 金属化合物毒理学效应的定量构效关系

相对于有机物，有关无机污染物的 QSAR 毒理学研究比较少。一方面是由于无机离子的数目比较少，参数选择比较困难；另一方面是由于有关无机离子方面的毒理学数据比较多，使用 QSAR 模型的紧迫性并不大。在已经进行的有限的 QSAR 研究中，无机离子的电子构型、离子势和氧化还原电位等经常被作为结构参数。金属离子及其化合物的毒理学已经得到广泛的研究。但是缺乏原理性的归纳。

一些金属离子是生命所必需的，但是另外一些金属离子是剧毒的，还有一些金属具有两面性，即在一定水平之内对生命是有利的，而超过限定水平就变得对生命有害了。在这种情况下，就需要维持一种平衡，以保证健康。

许多金属离子由于其本身的氧化还原或者络合性质而在生命系统发挥作用。然而，研究也发现，有些金属由于人类的活动的影响而正在生命体内积累，甚至达到了毒性水平。例如，铝在地壳中是富元素，构造地质结构。但是，铝对于哺乳动物是有毒的，其多样性的络合物代替了其他类似的铁和钙的化合物，这种替代性使得铝在比较低的浓度就能够产生严重的毒理学后果。尽管铝分布很广泛，但是，在自然环境中并没有被生命系统所利用。

一些低等的生命能够容忍比较高浓度的金属水平，因此，一些有毒的金属在低等生命体内得到积累，然后通过食物链对高等级生命产生毒性影响。铜和汞的毒性就是典型的例子。它们首先在鱼和其他水生动物中得到富集，然后被人类食用，导致严重的后果。

金属离子的毒性特征与金属离子的氧化还原性质相关，也与轨道能量和离子半径等相关，见表 2.12。

表 2.12 有关金属的毒性评价数据

金属/金属离子	E_{LUMO}/eV	E_{HOMO}/eV	E^0/eV	离子半径/$\times 10^{-10}$ m	鼠$-\lg T_{50}$	小鼠$-\lg T_{50}$
Al/Al^{3+}	6.01	−5.980	−1.66	0.45	2.98	2.16
Ti/Ti^{2+}	4.35	—	−1.63	0.60	3.13	—
Mg/Mg^{2+}	2.42	7.628	−2.36	0.65	2.31	1.53
Ca/Ca^{2+}	2.33	−6.115	−2.87	0.94	2.60	2.41
Fe/Fe^{3+}	2.22	−7.898	−0.04	0.53	3.64	2.39
Sr/Sr^{2+}	2.21	−5.680	−2.89	1.16	2.24	
Cr/Cr^{3+}	2.06	−6.768	−0.74	0.55	3.06	1.95
Ga/Ga^{3+}	1.45	—	−0.56	0.47	3.59	1.53
Li/Li$^+$	1.49	−5.379	−3.05	0.60	1.75	1.75
Ni/Ni^{2+}	1.29	−7.628	−0.23	0.68	3.80	2.56
Na/Na$^+$	0.00	−5.120	−2.71	0.98	2.66	2.32
Cu/Cu^{2+}	0.55	−7.721	0.34	0.92	3.70	2.70
Cd/Cd^{2+}	−2.04	—	−0.40	0.92	3.21	2.93
Ag/Ag$^+$	−2.82	—	0.80	0.67	3.53	3.51
Tl/Tl^{3+}	−3.37	—	0.90	0.91	4.00	3.91
Hg/Hg^{2+}	−4.64	—	0.62	0.93	4.31	3.69
Zn/Zn^{2+}	—	−9.411	−0.76	0.75	3.74	2.61
Pb/Pb^{2+}	—	−7.421	−0.13	1.18	3.40	3.76
Mn/Mn^{2+}	—	−7.421	−1.18	0.67	3.09	1.99
Sn/Sn^{2+}	—	−7.328	−0.14	1.22	3.71	3.30
K/K$^+$	—	−4.332	−2.92	1.38	3.08	2.55
Co/Co^{2+}	—	—	−0.28	0.65	3.39	2.56
In/In^{3+}	—	—	−0.34	0.80	3.80	1.59
As/AsO$_2^-$	—	—	−0.25	—	4.31	3.76
Sb/SbO$^+$	—	—	0.21	—	3.75	2.57
Y/Y^{3+}	—	—	−2.37	0.90	3.07	—
Nb/Nb^{3+}	—	—	−0.64	—	3.75	2.11
Ta/Ta^{3+}	—	—	−0.81	—	3.60	1.97
Sc/Sc^{3+}	—	—	−2.08	0.73	2.76	—
La/La^{3+}	4.51	—	−2.52	1.04	3.14	2.08
Be/Be^{2+}	3.75	−9.328	−1.85	0.27	3.82	2.92
Ba/Ba^{2+}	1.89	−5.203	−2.91	1.36	3.59	2.53
V/V^{2+}	—	—	−1.19	0.79	—	3.01
Te/Te^{4+}	—	—	0.53	0.97	—	3.11
Mo/Mo^{3+}	—	—	−0.20	—	2.90	2.65
W/W^{4+}	—	—	−0.09	—	—	3.44

来源:Lewis et al.,1999.

金属离子对小白鼠的毒性数据与相应的氧化还原电位的相关性见图2.15。

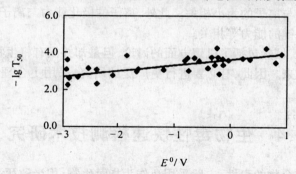

图2.15　金属离子毒性与其氧化还原电位的关系

利用多元回归分析发现,金属离子的毒性与其氧化还原电位密切相关,并得到具有代表性的方程,即

鼠　　　　$-\lg T_{50} = 0.41 E^0 + 3.72$　　　$(n=30, r=0.85, S=0.32)$

小鼠　　　$-\lg T_{50} = 0.35 E^0 + 2.88$　　　$(n=30, r=0.59, S=0.58)$

由此方程可以看到,对于鼠,金属离子的毒性与其氧化还原电位相关性达到0.85,而对于小鼠,金属离子的毒性与氧化还原电位的相关系数仅为0.59。这可能是由于在小鼠口服过程中,口服摄入吸收和传质过程对金属离子的毒性产生重要的影响。尽管有各种因素的影响,金属离子的毒性与氧化还原电位的相关直线的斜率总是在0.4附近。

从以上QSAR关联方程中可以看出,氧化还原电位越大,该金属离子的毒性越强。氧化还原电位大,说明该金属离子的电子亲和性比较高,在生物体内容易形成自由基,可能是导致其毒性高的机理之一。有证据表明,物质毒性与其在体内形成羟基自由基或者超氧化物自由基具有重要的关系,即

$$M^{n+} + O_2 \longrightarrow MO^{(n-1)+} + \cdot O$$

$$M^{n+} + H_2O \longrightarrow M^{(n-1)+} + \cdot OH + H^+$$

以上反应式也说明,毒性比较大的金属离子多数可能具有多种氧化价态。例如,Cr(VI)容易与细胞内的还原剂谷胱甘肽和抗坏血酸反应形成氧自由基,这种自由基容易导致DNA的损坏,并导致癌变。

对于小半径的金属离子,例如锂、铍和钡,其毒性与氧化还原电位的相关性比较差。但是,研究发现,该种金属离子的毒性与极化能力相关。极化能力用离子的半径及其静电势能的比值表示,即Q/r^2。用极化能力参数修正的QSAR方程式可以表示为

$$\lg \frac{1}{T_{50}} = 0.39 E^0 + 0.07 \frac{Q}{r^2} + 1.41 r + 2.22 \quad (n=27, r=0.87, S=0.31)$$

离子的极化能力代表了离子跨越细胞膜的传质能力。根据Nernst-Planck方程,离子跨越细胞膜的迁移传质过程的自由能与膜两边离子的浓度和电荷相关,即

$$\Delta G = RT\ln \frac{C_1}{C_2} + QF\Delta V$$

式中,R是气体常数,T是绝对温度,F是法拉第常数,ΔV是膜两边势能差。在生物系统中,离子的传输是特定蛋白质执行的,并能够与特定离子结合,通过离子通道加快其传输。

这些蛋白质只允许特定大小的离子通过,对于离子的传质起着控制性的作用。因此,主动传输的调控机理似乎与离子的大小相关。此外,离子的极化能力与离子的水合作用、离子的电负性及形成共价键的能力等相关。

以上的毒性分析,虽然包括了机理方面的讨论,但是却并没有将生物体必需的功能离子与毒性作用区别开来。因此,有必要进行更广泛的研究,采用更合理的参数,进行更科学的关联分析。

2.4 生物毒性快速检测技术研究

目前评价有机化合物的毒性,一般采用鱼作为指示生物,用半致死浓度(LC_{50})作为评价其毒性的指标。由于测定 LC_{50} 具有实验周期长,费用高,误差大等缺点,故寻找实验周期短,费用低,可操作性强的替代生物,已成为环境科学领域新的研究热点。酵母菌是一种单细胞真核微生物,与鱼或高等动物在亲缘关系上接近,培养测试方便,因而将酵母菌引入化合物毒性测试系统有潜在的应用前景。我们在以前工作的基础上,选择酿酒酵母菌作为指示生物,以有机化合物对酿酒酵母菌的最小抑制圈浓度(C_{miz})来指示生物毒性,同时还对 C_{miz} 与 LC_{50} 之间的相关关系进行了研究探讨。

采用酵母菌作为指示生物有很多优点:①实验方法容易掌握;②酵母菌具有足够短的生长时间;③酵母菌能在密闭体系中培养,因此,该方法可以检测挥发性物质;④酵母菌的细胞结构与高等微生物的细胞结构类似。

2.4.1 基本原理

酵母菌(Yeast)是一个通俗名称,一般具有以下五个特点:①个体一般以单细胞状态存在;②多数营出芽繁殖,也有的是裂殖;③能发酵糖类产能;④细胞壁常含甘露聚糖;⑤喜在含糖量较高、酸度较大的水生环境中生长。

酵母菌的种类很多,据 Kreger Van Rij(1982)的资料,当时已知的酵母有 56 属,500 多种。酵母菌是典型的真核微生物,其细胞直径一般比细菌粗 10 倍,例如,典型的酵母菌 S. cerevisiae 细胞的宽度为 $2.5 \sim 10~\mu m$,长度为 $4.5 \sim 21~\mu m$。酵母菌一般都是单细胞微生物,且细胞都是粗短的形状,在细胞间充满着毛细管水,故它们在固体培养基表面形成的菌落也与细胞相仿,一般都有湿润、较光滑、有一定的透明度、容易挑起、菌落质地均匀以及正反面和边缘、中央部位的颜色都很均一等特点。但由于酵母菌的细胞比细菌的大,具有细胞内颗粒较明显、细胞间隙含水量相对较少以及不能运动等特点,故反映在宏观上的表征菌落是较大、较厚、外观较稠和不透明的菌落。酵母菌菌落的颜色比较单调,多数都呈乳白色或矿烛色,少数为红色,个别为黑色。另外,凡不产生假菌丝的酵母菌,其菌落更为隆起,边缘十分圆整,而会产大量假菌丝的酵母,则菌落较平坦,表面和边缘较粗糙。

由于酵母菌这些特点,近年来,在生物毒性测定方面也得到了应用。酵母菌的细胞结构与高等生物相似,因此,对酵母菌的毒性更能反映有机污染物对高等真核生物的毒性,因而将酵母菌作为化合物的毒性测试系统有更大的优越性,然而,传统的测定对酵母菌的毒性方法为酵母菌在液体培养中的生长抑制实验(EC_{50}),这种方法操作繁琐,而且有很多的化合物由于在溶液中的溶解度不大而不能测定。而本方法简便、所需样品少、重复性好,值得推广。

2.4.2 有机化学品对酵母菌毒性的测定方法

2.4.2.1 试验生物
试验生物为酿酒酵母菌(Saccharomyces cerevisiae)。

2.4.2.2 培养基
土豆-葡萄糖培养基。由于酵母菌生长的最适宜的 pH 值为 3~6,而且 pH 值过低,琼脂不易凝结,因此,将培养基的 pH 值调至约为 5.5,固体培养基中加入 1.5% 的琼脂,108 ℃灭菌 30 min 之后,每个培养皿倒入约 20 ml 固体培养皿,冷却后,倒置放入 29 ℃培养箱中干燥 24 h。

2.4.2.3 毒性测定方法
在已灭菌的 125 ml 锥形瓶中,放有 50 ml 土豆-葡萄糖液体培养基,接入酵母菌种,于 29 ℃的恒温振荡器中振荡培养 24 h,取出,室温暗处放置 48 h,然后用新鲜的液体培养基将其稀释 3 倍,每个培养皿中加入 0.5 ml 上述培养液,涂布,干燥后以微量进样器在培养皿上以逆时针方向等距离加上 5.0 μl 空白溶剂对照及 5 个不同浓度的样品系列(在预实验中相邻浓度之间差值为浓度的 50%,判断最小抑制浓度时,相邻浓度之间差值不大于浓度的 10%)。5~10 min 后样品被吸收,倒置放置,放入 29 ℃培养箱中培养。24 h 后,在培养皿表面可以看到由浅到深以至透明的抑菌圈,以使抑菌圈中能分辨出单个菌落的最小样品浓度为酵母菌的最小产生清晰抑菌圈浓度 C_{miz},每个化合物重复 3 个培养皿。

2.4.3 实验条件的优化

2.4.3.1 微生物生长曲线的绘制

1.生长量的测定

测定生长量的方法很多,主要分直接法和间接法。直接法有测体积法和称干重法;间接法有比浊法和生理指标法(测含氮量和测含碳量)。本研究采用比浊法测定微生物生长量。

基本原理:细菌培养物在其生长过程中,由于原生质含量的增加,会引起培养物浑浊度的增高。

吸收曲线的绘制:采用 722 型分光光度计,比色皿为 1 cm,选择不同波长测定吸光度,绘制吸收曲线(图 2.16),根据曲线得到最大吸收波长为 382 nm。

2.生长曲线绘制

当把少量纯种单细胞微生物接种到恒容积的液体培养基中后,在适宜的温度及通气(厌氧菌则不能通气)等条件下,单细胞微生物的群体就会有规律地生长起来。以测得的浊度值为纵坐标,以培养时间为横坐标,可以画出一条有规律的曲线,这条曲线就是微生物的生长曲线(growth curve),见图 2.17。

根据微生物的生长速率常数(growth rate constant),即每小时的分裂代数(R)的不同,一般可把生长曲线粗略分为延滞期、指数期、稳定期和衰亡期等四个时期(图 2.17)。

延滞期又称停滞期、调整期或适应期,是指少量微生物接种到新培养液中后,在开始培养的一段时间内细胞数目不增加的时期;延滞期的长短主要跟接种龄、接种量和培养基

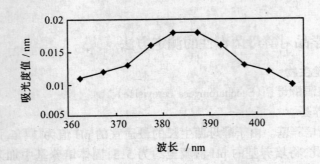

图 2.16 酵母菌培养液吸收曲线

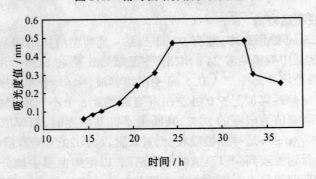

图 2.17 酵母菌生长曲线

成分有关。

指数期又称对数期,是指在生长曲线中,紧接着延滞期的一个细胞以几何级数速度分裂的一段时期;影响指数期微生物增代时间的因素主要有菌种、营养成分和营养物浓度;指数期的微生物因其整个群体的生理特性较一致、细胞成分平衡发展和生长速率恒定,故可作为代谢、生理等研究的良好材料,是增殖噬菌体的最适宜主菌龄,也是发酵生产中用做"种子"的最佳种龄。

稳定期又称恒定期或最高生长期,其特点是生长速率常数 R 等于 0,即处于新繁殖的细胞数与衰亡的细胞数相等,或正生长与负生长处于相等的动态平衡之中。在衰亡期中,个体死亡的速度超过新生的速度,整个群体就呈现出负生长(R 为负值)。由图 2.17 中可见,酵母菌培养 24 h 后,开始进入稳定生长期,因此,我们选择土豆 - 葡萄糖液体培养基接入酵母菌种后,于 29 ℃ 恒温振荡器中振荡培养 24 h。

2.4.3.2 有机溶剂的选择

选择有机溶剂必须满足两个条件——低挥发性和低粘度。根据以上原则,选择了乙醇、丙酮、二甲亚砜、甘油、乙酸乙脂、环己烷作为酵母菌毒性检测的有机溶剂。在酵母菌毒性检测实验中,一个好的溶剂必须满足既能溶解有机化学品又不会对酵母菌生长产生抑制。

1. 抑制试验

分别采用乙醇、丙酮、二甲亚砜、乙酸乙脂、环己烷五种溶剂进行酵母菌毒性试验,看是否它们对酵母菌有抑制作用。

从实验可以看到,乙醇、丙酮、乙酸乙脂在培养基表面迅速扩散,直径达 1～3 cm,仅二甲亚砜和环己烷在培养基表面维持一个均匀的直径为 5～8 mm 的点。待溶剂干燥后,在 29 ℃ 培养箱培养过夜,结果乙醇、丙酮、乙酸乙脂在培养基表面产生清晰抑菌圈,而二甲亚砜和环己烷仅产生一个模糊的抑菌圈(表 2.13)。

为了减小乙醇、丙酮、乙酸乙脂对酵母菌的毒性影响,分别采用乙醇－水、乙醇－甘油、丙酮－水、二甲亚砜－甘油、乙酸乙脂－甘油不同比例的混合体系进行实验,结果见表 2.14～2.18。从结果可以看出,它们在培养基表面产生清晰的抑菌圈并且直径仍然很大。虽然二甲亚砜和环己烷产生的抑菌圈较模糊,但它俩仍有抑菌圈,说明它们对酵母菌仍有毒性作用。为减小这种毒性影响,用甘油将二甲亚砜和环己烷的质量分数稀释成为 90%、80%、70%、60%、50% 并将 5 μl 加在已接种的培养表面,干燥后,于 29 ℃ 培养箱培养过夜。从实验现象得到环己烷与甘油是不互溶的,因此,甘油也就起不到减小环己烷对酵母菌的毒性,而二甲亚砜与甘油混合后,出现很好的结果(表 2.17)。从表 2.17 可知,甘油减小了二甲亚砜对酵母菌的毒性,质量分数为 70% 的二甲亚砜－甘油(70:30)溶剂在培养基表面不产生抑菌圈,表明二甲亚砜－甘油(70:30)对酵母菌是无毒的,实验结果与文献相符。

表 2.13 乙醇、丙酮、二甲亚砜、乙酸乙脂、环己烷对酵母菌的抑制作用

	乙醇	丙酮	二甲亚砜	乙酸乙脂	环己烷
抑菌圈直径/cm	1.2	1.4	0.6	1.2	0.8
抑菌圈效果	清晰	清晰	模糊	清晰	较模糊

表 2.14 乙醇与水的混合溶剂对酵母菌的抑制作用

乙醇:水(体积比)	9:1	8:2	7:3	6:4	5:5
抑菌圈直径/cm	1.2	1.2	1.2	1.2	1.2
抑菌圈效果	清晰	清晰	清晰	清晰	清晰

表 2.15 乙醇与甘油的混合溶剂对酵母菌的抑制作用

乙醇:甘油(体积比)	9:1	8:2	7:3	6:4	5:5
抑菌圈直径/cm	1	1	1	1	1
抑菌圈效果	清晰	清晰	清晰	清晰	清晰

表 2.16 丙酮与水的混合溶剂对酵母菌的抑制作用

丙酮:水	9:1	8:2	7:3	6:4	5:5
抑菌圈直径/cm	1.4	1.4	1.4	1.4	1.4
抑菌圈效果	清晰	清晰	清晰	清晰	清晰

表 2.17 二甲亚砜与甘油混合溶剂对酵母菌的抑制作用

二甲亚砜:甘油(体积比)	9:1	8:2	7:3	6:4	5:5
抑菌圈直径/cm	0.6	0.6	0.6	0.55	0.5
抑菌圈效果	较模糊	较模糊	模糊	模糊	模糊

表 2.18 乙酸乙脂与甘油混合溶剂对酵母菌的抑制作用

乙酸乙脂:甘油(体积比)	9:1	8:2	7:3	6:4	5:5
抑菌圈直径/cm	1.2	1.2	1.2	1.1	1.0
抑菌圈效果	清晰	清晰	清晰	清晰	清晰

在众多的有机溶剂中,由于油酸是油类、脂肪酸和油溶性物质的优良溶剂,经过混合实验证明,环己烷与油酸相互混溶,因此,选择环己烷与油酸不同比例进行酵母菌抑制试验,结果见表 2.19。从实验现象看到,体积混合比为 90:10、80:20、70:30 的圈内菌生长几乎与圈外菌一致,体积混合比为 60:40、50:50、40:60 的圈内菌比圈外菌生长还好,且其生长程度随着油酸浓度的增加而增强;模糊程度比菌在培养基上正常生长还大,由此说明,油酸对酵母菌生长起促进作用;50:50、40:60 这两种比例在观察实验结果时,溶剂还未干,因为油酸不挥发,浓度越大越不容易在培养基上干燥。经过进一步实验得到 90:10 的比例对酵母菌的抑制最小,效果最好,但抑菌圈直径较大(8 mm)。

表 2.19 环己烷与油酸的混合溶剂对酵母菌的抑制作用

环己烷:油酸(体积比)	9:1	8:2	7:3	6:4	5:5
抑菌圈直径/cm	1.4	1.4	1.2	1.1	0.85
抑菌圈效果	模糊	略微促进	略微促进	促进	促进

2. 溶解性试验

选择氯代苯、乙酸乙脂、对二甲苯、乙醚、丙酮、三氯甲烷、苯酚作为待测有机化学品进行溶解性试验。所选混合溶剂为二甲亚砜 – 甘油(70:30,质量比)和环己烷 – 油酸(90:10,体积比),试验结果见表 2.20 和表 2.21。

表 2.20 二甲亚砜 – 甘油对有机化学品的溶解性

有机化学品	氯代苯	乙酸乙脂	对二甲苯	乙醚	丙酮	三氯甲烷	苯酚
现象	无色	无色	无色	无色	无色	无色	无色
效果	混溶	混溶	混溶	混溶	混溶	混溶	混溶

表 2.21 环己烷与油酸对有机化学品的溶解性

有机化学品	氯代苯	乙酸乙脂	对二甲苯	乙醚	丙酮	三氯甲烷	苯酚
现象	浅黄色	浅黄色	浅黄色	浅黄色	浅黄色	浅黄色	浅黄色
效果	混溶	混溶	混溶	混溶	混溶	混溶	混溶

通过以上比较选择二甲亚砜 – 甘油(70:30,质量比)混合溶剂作为本次实验所选溶剂。

2.4.4 取代苯对酵母菌的最小抑制圈浓度 C_{miz} 的测定

选择 78 种取代苯类有机化学品进行生物毒性试验,包括 19 种卤代苯类、9 种苯甲酸类、17 种硝基苯类、16 种苯胺类、6 种苯腈类及 9 种苯酚类化合物,采用本研究建立的实验方法,考察它们对酵母菌的最小抑制圈浓度 C_{miz},结果见表 2.22。

表 2.22 取代苯类化合物的辛醇-水分配系数及其对酵母菌的毒性数据

化合物	lg K_{OW}	lg $(1/C_{miz})$	化合物	lg K_{OW}	lg $(1/C_{miz})$
氯苯	2.81	1.18	五氯苯酚	5.04	2.98
溴苯	2.99	1.40	2,4-二氯苯酚	2.90	2.43
1,2-二氯苯	3.55	1.96	2,4-二硝基苯酚	1.97	2.19
1,3-二氯苯	3.38	1.87	对硝基苯酚	1.92	1.24
1,4-二氯苯	3.59	1.96	邻甲基苯酚	1.37	1.38
1,3-二溴苯	4.09	2.32	邻氯苯酚	2.18	1.43
1,4-二溴苯	4.07	2.37	苯酚	1.46	0.86
对溴氯苯	3.82	2.08	对氯苯酚	2.39	1.63
1,2,3-三氯苯	4.20	2.41	2,6-二甲基苯酚	2.26	1.35
1,2,4-三氯苯	4.27	2.54	3,4-二氯苯胺	2.55	1.67
1,3,5-三氯苯	4.28	2.41	对溴苯胺	2.05	1.91
2,5-二氯甲苯	4.04	2.33	对氯苯胺	1.90	1.44
2,6-二氯甲苯	4.27	2.47	2,4-二氯苯胺	2.75	2.40
2,4,5-三氯甲苯	4.93	2.91	2,4,6-三溴苯胺	3.97	3.12
邻氯甲苯	3.28	1.85	2,4,6-三氯苯胺	3.04	1.91
对氯甲苯	3.30	1.80	对甲基苯胺	0.33	0.77
对二甲苯	3.30	1.74	对苯二胺	0.15	0.89
间二甲苯	3.30	1.70	邻氯对硝基苯胺	1.58	1.42
甲苯	2.65	1.10	对硝基苯胺	1.39	0.96
3,4-二氯硝基苯	3.29	2.20	间硝基苯胺	1.37	0.88
对硝基氯苯	2.58	1.65	邻硝基苯胺	1.37	1.08
邻硝基氯苯	2.58	1.65	二苯胺	3.92	2.49
间硝基氯苯	2.58	1.64	2,6-二氯苯胺	2.75	1.62
对硝基溴苯	2.73	2.13	3-氯-4-氟-苯胺	2.04	0.83
2,4-二硝基溴苯	2.70	2.47	3,4-二氯苯腈	2.98	2.16
2,4-二硝基氯苯	2.18	2.06	邻氯苯乙腈	1.97	1.56
硝基苯	1.86	1.01	对氯苯乙腈	1.97	1.44
2,4-二硝基甲苯	1.98	2.02	间氯苯乙腈	1.97	1.31
2,6-二硝基甲苯	2.28	1.61	对氯苯腈	2.24	1.33
对硝基甲苯	2.53	1.50	苯甲腈	1.26	0.92
间硝基甲苯	2.53	1.52	对氯苯甲酸	2.65	1.85
邻硝基甲苯	2.53	1.29	间溴苯甲酸	2.87	1.94
3-氯-4-氟-硝基苯	2.71	1.56	对氟苯甲酸	2.07	1.37
对二硝基苯	1.84	3.23	邻氨基苯甲酸	1.21	0.79
邻二硝基苯	1.84	1.41	间硝基苯甲酸	1.83	1.52
间二硝基苯	1.84	1.45	对溴苯甲酸	2.86	1.95
对氯苯甲醛	2.16	1.45	间氯苯甲酸	2.68	1.72
邻氯苯甲醛	2.16	1.67	对氨基苯甲酸	0.64	0.32
苯甲醛	1.43	0.75	间氨基苯甲酸	0.64	0.23

2.4.5 C_{miz}同LC_{50}的相关性研究

目前评价有机化学品的毒性一般采用鱼作为指示生物,测定当向一定数目的鱼群投放有机化学品后,鱼群死亡一半时的有机化学品的浓度值;用该浓度值作为评价有机化学品毒性的指标。但是,用鱼作为指示生物进行有机化学品毒性实验,不免有些浪费,况且鱼的生长较慢,这势必导致测定实验周期长、费用高,且具有一定误差。因此,寻找实验周期短、费用低的替代生物具有较大的实际意义。为解决以上问题,近几年,采用水蚤、发光菌、酵母菌作为指示生物进行有机化学品毒性实验的研究工作得到了发展。

鉴于目前评价有机化学品毒性的指标仍多采用LC_{50}(鱼的半数致死量)。我们所选择的发光菌或酵母菌作为指示生物测定出的有机化学品毒性数据与LC_{50}是否具有良好相关性,如果具有相关性,就可以用它们替代鱼作为指示生物进行有机化学品毒性的初步筛选,筛选出毒性较大的有机化学品再进一步作鱼的半数致死量的测定或采用一些高等生物作为指示生物对有机化学品进行进一步评价。这种方法将大大节省人力、物力、财力和时间。应用发光菌作为指示生物替代鱼进行有机化学品毒性评价的研究已有文献报道。本节主要讲述酵母菌作为指示生物同鱼作为指示生物进行有机化学品毒性评价之间的相关性。该研究工作目前尚未见国内外报道。

2.4.4.1 建模数据的选取

选择前面测定的取代苯类化合物对酵母菌的最小产生清晰抑菌圈浓度(C_{miz})和文献中取代苯类化合物对呆鲦鱼的毒性(LC_{50})。建模数据共6类28种化合物,其中卤代苯类化合物8种,甲基苯类化合物2种,硝基苯类化合物8种,苯酚类化合物6种,苯胺类化合物3种和1种苯甲醛类化合物。这些取代苯类化合物的理化参数及毒性数据汇总于表2.23。

表2.23 取代苯类化合物的理化参数和毒性数据

编号	化合物	lg K_{OW}	lg $(1/C_{miz})$	lg $(1/LC_{50})$
1	氯苯	2.81	1.18	3.77
2	溴苯	2.99	1.40	3.89
3	1,2-二氯苯	3.55	1.96	4.40
4	1,3-二氯苯	3.38	1.87	4.30
5	1,4-二氯苯	3.59	1.96	4.62
6	1,2,3-三氯苯	4.20	2.41	4.89
7	1,2,4-三氯苯	4.27	2.54	5.00
8	对氯甲苯	3.30	1.80	4.33
9	对二甲苯	3.30	1.74	4.21
10	甲苯	2.65	1.10	3.32
11	2,4-二硝基甲苯	1.98	2.02	3.75
12	2,6-二硝基甲苯	2.28	1.61	3.99
13	对硝基甲苯	2.53	1.50	3.76
14	间硝基甲苯	2.53	1.52	3.63

续表 2.23

编号	化合物	lg K_{OW}	lg $(1/C_{miz})$	lg $(1/LC_{50})$
15	邻硝基甲苯	2.53	1.29	3.57
16	对二硝基苯	1.84	3.23	5.22
17	邻二硝基苯	1.84	1.41	5.45
18	间二硝基苯	1.84	1.45	4.38
19	对氯苯甲醛	2.16	1.45	4.81
20	五氯苯酚	5.04	2.98	6.06
21	2,4-二氯苯酚	2.90	2.43	4.30
22	对硝基苯酚	1.92	1.24	3.36
23	邻甲基苯酚	1.37	1.38	3.77
24	邻氯苯酚	2.18	1.43	4.02
25	苯酚	1.46	0.86	3.51
26	3,4-二氯苯胺	2.55	1.67	4.33
27	对溴苯胺	2.05	1.91	3.56
28	邻氯对硝基苯胺	1.58	1.42	3.93

2.4.4.2 相关性方程的建立

为了找出 lg $(1/C_{miz})$ 与 lg $(1/LC_{50})$ 的相关性关系,我们根据表 2.23 作图,以 lg $(1/C_{miz})$ 为横坐标,以 lg $(1/LC_{50})$ 为纵坐标画出 lg $(1/C_{miz})$ 与 lg $(1/LC_{50})$ 的相关性图形 (图 2.18)。

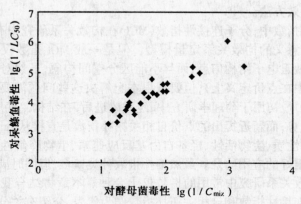

图 2.18 有机化学品对酵母菌毒性与对呆鲦鱼毒性的相关性

采用最小二乘法进行相关方程的建立,即

$$\lg(1/LC_{50}) = 2.227\lg(1/C_{miz}) + 0.109 \quad (n=28, r=0.9826, F=725.5770, S=0.4040)$$

结果表明,取代苯类化合物对酵母菌的毒性 lg $(1/C_{miz})$ 与对呆鲦鱼的毒性 lg $(1/LC_{50})$ 具有良好的线性关系。

第3章 分子拓扑指数及研究方法

正确选取分子结构参数在 QSAR 研究中是十分重要的,目前,定量构效关系研究中表征化合物分子结构的参数有三种:一是建立在一定理论基础上,通过实验测定的经验理化参数(如辛醇－水分配系数,Hammett 取代基常数,分子折射率 MR 等),这类参数能用于表征电子和立体结构方面的特征,但往往由于参数不全和实验误差而受到限制;二是利用量子力学方法对分子进行精确的计算得到的量化参数(如分子轨道能量 E_{HOMO},E_{LUMO} 等),这类参数理论基础完善,能代表分子全部信息,但是计算中如果依经验采用近似算法会带来较大误差,而精确计算又繁琐耗时,且计算结果复杂,不易理解和掌握,因此对大分子大批量的化合物定量构效关系研究,不可能也没必要花大量时间进行复杂的量化计算;三是采用分子拓扑学方法产生的拓扑图论参数——分子拓扑指数(如分子连接性指数 $^n\chi^t$,自相关拓扑指数等),该类参数从分子结构的直观概念出发,采用图论的方法以数量来表征分子结构,因此不受经验和实验的限制,对所有化合物均可获得拓扑指数,而且算法一般比较简单,可以采用计算机的程序化设计对大批量数据处理,同时在定量构效关系研究中又可获得良好的结果,正是基于这些优点,拓扑指数的研究方法近年来受到普遍关注并且迅速发展,成为定量构效关系研究中的一种重要方法。

分子的拓扑性质是分子的固有性质之一,它是分子在内外因素的影响下连续变形运动中始终保持不变的性质。分子拓扑指数是一种把分子结构数值化的参数,它的本质是分子图的拓扑不变量。分子拓扑指数理论已成为研究分子的结构与其物理、化学及生物活性关系的一种有效方法。

在百余种拓扑指数中,分子连接性指数(MCI)在构效关系研究中有重要影响,采用该指数建立了许多有意义的构效关系定量模型。但是一般 MCI 指数仅局限于描述化合物分子的立体结构,缺乏电子结构信息,而且不能区分空间构象,虽然对该指数进行了大量改进工作(多数集中在点价定义上),但要从根本上解决这些问题需要开发新的指数。自相关拓扑指数(ATI)最初用于药理学研究中,经过改进后,在结构－性质/活性定量关系研究中显示出巨大优势,而新近提出的点价自相关拓扑指数是直接从分子结构获取的指数,在对化合物的理化性质、生物活性、羟基自由基反应速率、生物降解性等定量构效关系研究中获得成功,有很好的应用前景。虽然拓扑指数种类繁多,但同时满足选择性和相关性的不多,真正在构效关系研究中常用的指数仅十余种。本章将结合我们研究小组在该领域的工作,以分子连接性指数和自相关拓扑指数作为代表,介绍有关分子拓扑指数的基本概念、研究方法及程序化设计。

3.1 分子拓扑学基础

3.1.1 拓扑性质与拓扑不变量

3.1.1.1 图的拓扑性质

拓扑学最初是几何学的一个分支,它与几何学都是研究图形的性质,不同点在于几何学研究的是图形在刚性运动中保持不变的性质,而拓扑学所研究的是图形经过连续形变后仍能保持不变的性质。拓扑学中,如果一个图形经过弹性形变可以使之与另外的图形完全重合,则称两个图形是拓扑等价的。例如,图 3.1 中的的三个图是拓扑等价的。

图 3.1　三个拓扑等价的图形

图形的拓扑性质就是所有拓扑等价图形都具有的性质。拓扑不变量则是将拓扑性质用数值或代数式来表达的一个物理量。

3.1.1.2　拓扑不变量

在拓扑学中,两个同构图是拓扑等价的,拓扑不变量是指对于图 G 的任何同构图都相同的量,又称为图的不变量。最简单的图的不变量有:图中点的个数,边的条数,各点的度数(集中在该点的边的数目)等等。如图 3.2 所示两个同构图,均为 4 个顶点和 5 条边,各点的度数相同: $\delta_1 = 3; \delta_2 = 2; \delta_3 = 2; \delta_4 = 3$。

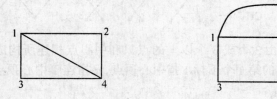

图 3.2　同构图

3.1.2　分子图的基本概念和术语

分子图是描述给定分子拓扑性质的一个数学结构,它与数学上用于记录和显示数据的图不同,是由一组点和一组连接点的边组成。化学中的分子图就是将分子结构式的原子以点(vertex)表示,化学键用连接于这些点之间的边(edge)表示。用 n 表示点的数目,m 表示边的多少。分子图可以抽象地定义为 $G(V,E)$,其中 $V = \{v_1, v_1, \cdots, v_n\}$ 表示 n 个顶点构成的集合,$E = \{e_1, e_2, \cdots, e_n\}$ 表示 m 条边构成的集合,每条边 $e = [V_i, V_j]$ 表示顶点 v_i 和 v_j 之间的连线。

例如甲烷的结构式和分子图如图 3.3 所示。

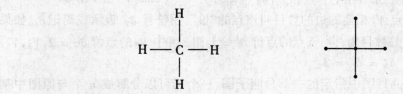

图 3.3　甲烷的结构式和分子图

而乙烯的分子图中的两个碳原子间有两条边,称为多边相连,可用曲线或直线表示。

3.1.2.1 分子图中常用术语

(1)回路(circuit):有环状结构的图叫回路,也称为链。1,1-二甲基环己烷的结构式和分子图分别为

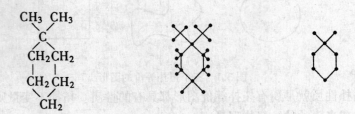

(2)树图(tree graph):它是非环烃,不含环的图叫树图。2,2-二甲基己烷的结构式和分子图分别为

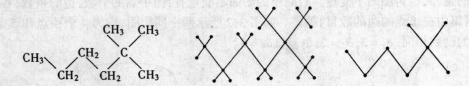

(3)星图(star graph):由3个或3个以上的点只和中心点相连所构成的图称为星图。用符号 $K_{1,n}$ 表示(其中 K 的第1个下标1指中心顶点, n 指连于中心顶点的点数)。下列图分别为 $K_{1,3}$, $K_{1,4}$, 和 $K_{1,5}$。

(4)图点:图中第 i 个点用符号 V_i 表示,如图3.4中有7个点,依次用 $V_1 \sim V_7$ 表示。

(5)边:图中每条边可用连接它的两个点表示,如图3.4中连接点 V_3 和点 V_7 的边以符号 $[V_3, V_7]$ 表示,或用符号 e_3 表示。但对多边(如双键,叁键)用符号 $[V_i, V_j]$ 表示易于混淆,如图3.4中用 e_5 或 e_6 表示 $[V_5, V_6]$ 就相对清楚。

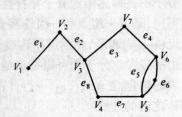

图3.4 分子图 G

(6)点价(valence of vertex):点价亦称点阶(degree of vertex)。与点 V_i 相连的边的数目叫该点的"价",用符号 δ_{V_i} 表示或简记 δ_i。如果第 i 个点所连接的边的数目为 j,则该点的点价 $\delta_i = j$。图3.4中 V_7 的点价 $\delta_7 = 2$, V_3, V_5, V_6 的点价相等, $\delta_3 = \delta_5 = \delta_6 = 3$。

(7)子图(subgraph):图中指定的一部分叫子图。一个图可以分解成 n 个与原图中某部分相同的子图。如图3.5是一个环图,其中右边的3张图中实线部分为子图。该图的子图包含有路径子图;星图子图和回路子图。

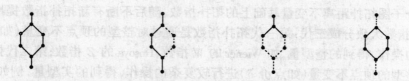

图 3.5 对氯苯酚分子图

3.1.2.2 顶点和边的关系

分子图中点数,边数和点价间有一定的关系。如图 G 中有 $V_1, V_2, \cdots, V_n$ 个点,相应的点价为 $\delta_1, \delta_2, \cdots, \delta_n$,具有的边数为 m,则

$$\sum_{i=1}^{n} \delta_i = 2m$$

上式表示点价的总和是偶数。那么有没有含有 5 个碳原子和 9 个氢的化合物呢?根据上面的关系式判断不存在这个化合物,因为

$$\sum \delta_i = 5 \times 4 + 9 \times 1 = 29 \neq 2 \times 整数$$

而 5 个碳原子和 10 个氢原子的化合物必须有 15 条边(即键)。$\sum \delta_i = 5 \times 4 + 10 \times 1 = 30 = 2 \times 15$。满足上述条件的化合物有三元环、四元环、五元环的四个化合物和含有一个双键的四个开链烃,如图 3.6。

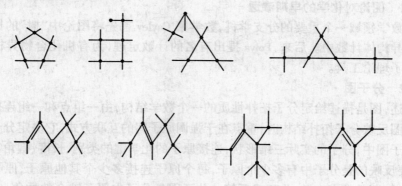

图 3.6 5 个碳原子和 10 个氢原子的化合物分子图

对于树图而言,如上述 n 个顶点和 m 各边之间的关系为:$m = n - 1$。对于含有 c 个环的分子图,则有关系式:$m = n + c - 2$。

3.2 分子拓扑指数研究方法

有机分子拓扑指数应用研究是现代计算化学、结构化学、有机化学、分子拓扑学相互交叉与结合的产物,已成为目前信息化学(计算机化学)的重要分支。用图论的方法表征有机化合物结构是非常活跃的研究领域,其中拓扑指数方法在近年来得以不断发展。所谓分子拓扑指数(Molecular Topolgical Index),即直接产生于图的结构的数学量,是一类来自分子图的拓扑学参数,是分子图的拓扑不变量。它将分子结构抽象成数字,反映了分子的拓扑性质。该方法具有计算简便、快捷、准确等优点,被广泛地应用于 QSAR 研究中。

目前人们公认的第一个分子拓扑指数是化学家 Wiener 于 1947 年提出的 W 指数,它是建立在分子图拓扑距离不变量基础上的拓扑指数,随后不断有新拓扑指数提出。Balaban 将拓扑指数大致分成三代:第一代拓扑指数是通过对整型的顶点不变量(如顶点度)进行简单的操作,得到的整型量,如 Wiener 的 W 指数,Hosoya 的 Z 指数;第二代拓扑指数是通过对整型的顶点不变量(如点价 δ)进行较复杂的操作,得到的实型量,例如 1975 年 Randic 提出的分子连接性指数 χ,1983 年 Balaban 提出的 J 指数;第三代拓扑指数是通过对实型的顶点不变量(如点价)进行复杂操作,得到的实型量,最具有代表性的是 Kier 和 Hall 等人改进的系列分子连接性指数 $^m\chi^v$,Moreau 和 Broto 提出的自相关拓扑指数等,该类指数选择性较高,在定量构效关系研究中有很好的应用。

用于 QSAR 研究的理想的拓扑指数应同时满足以下两个条件:

(1) 良好的惟一性,具有区分同分异构体的能力。

(2) 与化合物理化性质/生物活性存在良好的相关性,使之具有实际意义。

迄今为止,已有百余种拓扑指数,但广泛应用的为数甚少。

应用拓扑指数提炼分子结构信息要经过三个步骤:即分子结构的图形化、矩阵化和数值化。

3.2.1 分子结构的图形化

3.2.1.1 图论对化学的早期渗透

图论是数学领域一个重要的分支学科,数学家 Cayley 首先将图论中"树"的概念用于饱和链烃的异构体计数中。后来,Polya 提出有名的计数定理,为有机化合物异构体研究和寻找提供了理论工具。

3.2.1.2 分子图

如前所述,图是描述给定分子拓扑性质的一个数学结构,由一组点和一组连接点的边组成。利用图反映分子拓扑结构时,重点在于强调原子间的互联方式,它决定分子的最终构造。在分子图中,分子的实际三维形状,连接原子的化学键的类别、长度、键角等都不重要,分子图要反映的是分子中有多少个原子,每个原子连接多少个其他原子,原子是连接成单一的直链,还是带有支链,是否成环等。分子图是分子中原子键合的抽象,它提供了用图论来研究具体化学问题的基本数学模型。根据点和边的定义不同,可将分子图分为完全图、隐氢图、二次图和反应图

(1) 完全图:用顶点代表分子中每个原子,边代表原子之间的化学键,所构成的图就是分子的完全图。图 3.7 给出了乙醇分子的完全图。

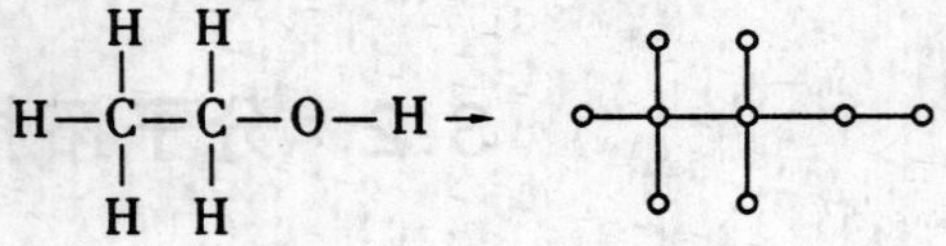

(2) 隐氢图:在考虑饱和及共轭的碳氢化合物时,用顶点代表碳原子而略去氢原子(其对分析问题及最后结果不起原则作用),用边

图 3.7 乙醇分子的完全图

代表碳碳原子之间的化学键,所得到的图叫做分子的骨架图,亦称隐氢图。图 3.8 是苯分子的隐氢图。

(3) 二次图:在苯环结构碳氢化合物中,顶点可代表每个六角型结构,边代表六角型结构之间的连接,可把这种图叫做苯环结构的二次图,如图 3.9 所示。

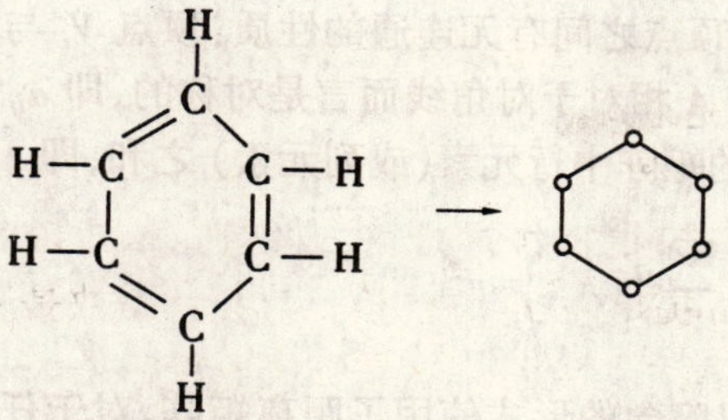

图 3.8 苯的隐氢图 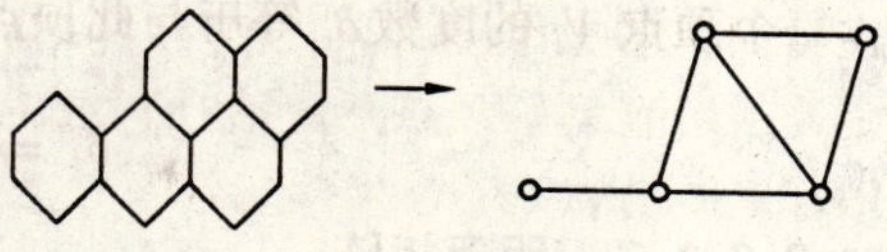　　　　　　图 3.9 苯环结构的二次图

(4)反应图：反应图是与上述各种分子图不同的另外一种化学图。在反应图中，顶点代表不同的化学体系，边代表这些体系之间所存在着的相互转换关系。反应图可用来研究化学反应过程的动力学和反应机理的分类，也可从反应图出发预测新的反应途径。

一般说来，图 $G(V, E)$ 是由 n 个事物和它们之间 m 种相互联系所构成的一种系统的图的表示。分子图提供了用图论来研究具体化学问题的基本数学模型。

3.2.2 分子图的矩阵表示

虽然用分子图可以表示分子的拓扑性质，但从本质上看，分子图是个非数值的对象，而分子的各种可以测量的性质，通常是用数值表达的，为将分子的拓扑性质与其理化性质联系起来，须把分子图中所获得的信息转变为一种能用数值表达的量。

数学家 Sylvester 将分子图转化为矩阵形式，来表示分子的拓扑结构。矩阵是以数字的形式，提供分子拓扑性质的科学表达。把分子图中顶点与顶点之间的连通性质，顶点与边之间的关联关系用矩阵形式的表达方法，叫做分子图的矩阵表示。其具体形式有多种类型，现介绍其中三种常用形式。

3.2.2.1 邻接矩阵

1936 年，Balaban 将邻接矩阵 A 引入化学的分子图。对于任一有 n 个顶点(原子) 的分子图，可构成一个 $n \times n$ 阶矩阵。矩阵元 a_{ij} 定义为

$$a_{ij} = \begin{cases} 1 & \text{顶点 } V_i \text{ 和 } V_j \text{ 是邻接时} \\ 0 & \text{其他} \end{cases}$$

在这里的"其他"有两种情况：一是顶点 V_i 和 V_j 不邻接；另一种情况是指 $i = j$，即对于对角矩阵元而言。对氯苯酚分子图(图 3.5)的邻接矩阵 A 为

$$A = \begin{array}{c} \\ 1 \\ 2 \\ 3 \\ 4 \\ 5 \\ 6 \\ 7 \\ 8 \end{array} \begin{array}{c} 1\ 2\ 3\ 4\ 5\ 6\ 7\ 8 \\ \left[\begin{array}{cccccccc} 0 & 1 & 0 & 0 & 0 & 1 & 1 & 0 \\ 1 & 0 & 1 & 0 & 0 & 0 & 0 & 0 \\ 0 & 1 & 0 & 1 & 0 & 0 & 0 & 0 \\ 0 & 0 & 1 & 0 & 1 & 0 & 0 & 1 \\ 0 & 0 & 0 & 1 & 0 & 1 & 0 & 0 \\ 1 & 0 & 0 & 0 & 1 & 0 & 0 & 0 \\ 1 & 0 & 0 & 0 & 0 & 0 & 0 & 0 \\ 0 & 0 & 0 & 1 & 0 & 0 & 0 & 0 \end{array}\right] \end{array} \begin{array}{c} 3 \\ 2 \\ 2 \\ 3 \\ 2 \\ 2 \\ 1 \\ 1 \end{array}$$

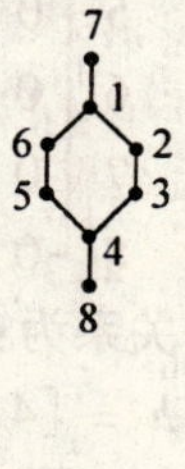

由此可见，邻接矩阵 A 是表达了分子图中顶点与顶点之间有无连通的性质：顶点 V_i 与顶点 V_j 连通则 $a_{ij} = 1$；若不连通则 $a_{ij} = 0$。邻接矩阵 A 相对于对角线而言是对称的，即 $a_{ij} = a_{ji}$。每个顶点 V_i 的度数 δ_i 等于与此顶点 V_i 相应的矩阵中行元素（或列元素）之和，即

$$\delta_i = \sum_{j=1}^{n} a_{ij} = \sum_{i=1}^{n} a_{ij}$$

3.2.2.2 距离矩阵

1947 年，Wiener 在研究分子的加和性质时，以隐含的形式使用了距离矩阵。对于任一有 n 个顶点（原子）的分子图，可构成一个 $n \times n$ 阶矩阵。矩阵元 d_{ij} 定义为

$$d_{ij} = \begin{cases} d & \text{连接顶点} \quad V_i \text{ 和 } V_j \text{ 的最小边数} \\ \infty & \text{当顶点时} \quad V_i \text{ 和 } V_j \text{ 不连通} \end{cases}$$

对氯苯酚分子图（图 3.5）的距离矩阵 D 为

$$D = \begin{matrix} & 1 & 2 & 3 & 4 & 5 & 6 & 7 & 8 \\ 1 & 0 & 1 & 2 & 3 & 2 & 1 & 1 & 4 \\ 2 & 1 & 0 & 1 & 2 & 3 & 2 & 2 & 3 \\ 3 & 2 & 1 & 0 & 1 & 2 & 3 & 3 & 2 \\ 4 & 3 & 2 & 1 & 0 & 1 & 2 & 4 & 1 \\ 5 & 2 & 3 & 2 & 1 & 0 & 1 & 3 & 2 \\ 6 & 1 & 2 & 3 & 2 & 1 & 0 & 2 & 3 \\ 7 & 1 & 2 & 3 & 4 & 3 & 2 & 0 & 5 \\ 8 & 4 & 3 & 2 & 1 & 2 & 3 & 5 & 0 \end{matrix}$$

显然，距离矩阵 D 也是相对于对角线而言的对称的矩阵。

3.2.2.3 关联矩阵

分子图的关联矩阵用符号 R 表示。关联矩阵 R 表达了顶点与边之间的关联关系，它是一个 $n \times m$ 阶的矩阵，n 是顶点数，m 是边数，R 的每一个矩阵元定义为

$$r_{ij} = \begin{cases} 1 & \text{若顶点 } V_i \text{ 和边 } e_j \text{ 相关联} \\ 0 & \text{若顶点 } V_i \text{ 和边 } e_j \text{ 不相关联} \end{cases}$$

按此定义，对氯苯酚分子图（图 3.5）的关联矩阵 R 为

$$R = \begin{matrix} & a & b & c & d & e & f & g & h & \delta \\ 1 & 1 & 0 & 0 & 0 & 0 & 1 & 1 & 0 & 3 \\ 2 & 1 & 1 & 0 & 0 & 0 & 0 & 0 & 0 & 2 \\ 3 & 0 & 1 & 1 & 0 & 0 & 0 & 0 & 0 & 2 \\ 4 & 0 & 0 & 1 & 1 & 0 & 0 & 0 & 1 & 3 \\ 5 & 0 & 0 & 0 & 1 & 1 & 0 & 0 & 0 & 2 \\ 6 & 0 & 0 & 0 & 0 & 1 & 1 & 0 & 0 & 2 \\ 7 & 0 & 0 & 0 & 0 & 0 & 0 & 1 & 0 & 1 \\ 8 & 0 & 0 & 0 & 0 & 0 & 0 & 0 & 1 & 1 \end{matrix}$$

图中的边与顶点的关系为：$a = [1,2]$，$b = [2,3]$，$c = [3,4]$，$d = [4,5]$，$e = [5,6]$，$f = [6,1]$，$g = [1,7]$，$h = [4,8]$。由于 R 的行表示顶点 V_i 与各边的关联关系，则行的非零值的数目就是该行所相应顶点 V_i 的度数。若某行的元素全是零，表明该行所对应的顶点是

孤立顶点。由于每条边与两个顶点相关联,所以 R 矩阵的每列有两个非零值。

如果分子图 G 是由几部分不连接的子图组成,比如由两个子图 G_1 和 G_2 组成,则关联矩阵 $R(G)$ 可以写成对角方块形,即

$$R(G) = \left[\begin{array}{c|c} R(G_1) & \\ \hline & R(G_2) \end{array}\right]$$

其中,$R(G_1)$ 和 $R(G_2)$ 分别是子图 G_1 和 G_2 的关联矩阵,这是因为 G_1 和 G_2 之间没有边的连接。

3.2.3 分子结构的数值化

化学结构本身是抽象的,难以定量描述,而它们的各种物理化学性质则表现为一定的数值。抽象的结构与用数值表达的性质间无法进行定量的关联,因此对分子结构的数值表征的研究十分必要。通过对分子图矩阵实施某种数学运算而获得所谓分子拓扑指数,可建立分子结构与一个无量纲数值间的一一对应,从而实现了分子结构的数值形式的表达,该过程即为分子结构的数值化。

自 1947 年第一个能表征分子的"支链性"的拓扑指数 Wiener 指数(W 指数)提出后,又出现了 120 多个拓扑指数,但只有很少一部分与分子的性质有较好的相关性能。本节拟就比较常用的 5 种拓扑指数的计算及应用进行介绍。像大多数拓扑指数一样,它们都是以分子图的邻接矩阵 A 或距离矩阵 D 及其不变量为基础产生的。

3.2.3.1 距离矩阵指数

1. Wiener 指数(W 指数)

W 指数是在分子图上拓扑距离的不变量基础上建立起来的。如前所述,在分子图中任何两个顶点之间的距离定义为从一个顶点通过最短的路径,到达另外一个顶点所经过的边的数量。在图 3.10 中给出了丁烷分子碳骨架的分子图及各原子对之间的距离。由此图可以看到,各原子对之间的距离分别是 $A = 1, B = 2, C = 3, D = 1, E = 2, F = 1$。

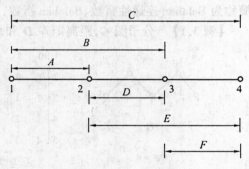

图 3.10 丁烷的分子图及各顶点间的距离

Wience(1947) 把分子图中所有原子对之间的距离的总和定义为分子的路径指数,通常用 W 表示。例如,丁烷分子的 Wiener 指数 $W = A + B + C + D + E + F = 10$。

若通过距离矩阵 D 计算,则可对距离矩阵 D 的上(或下)三角矩阵元进行加和,便可得到 Wiener 指数 W,即

$$W = \frac{1}{2}\sum_i\sum_j d_{ij}$$

由这个定义可知,Wiener 指数 W 等于分子中所有碳原子之间的总距离。显然,这个总距离小,分子的紧密度就大,因此 Wiener 指数是与分子的大小密切相关的量。Motoc 和 Balaban(1981) 已证明 W 指数的 90% 反映了分子的大小的信息。

Wiener 指数提出后,研究人员作了大量应用工作,发现该指数与某些类型烃分子的性质(如沸点、粘滞性、表面张力、色谱保留值、临界常数等)具有较好的相关性。Mekenyan 等

人对 Wiener 指数的定义进行了修改，并用于预测聚合物（如聚四氟乙烯、聚己酰胺、聚乙烯对苯二酸等）的熔点和沸点，也取得了较好的结果。

2. Balaban 指数（J 指数）

1983 年，Balaban 建立了一个以距离矩阵为基础的拓扑指数，称为平均距离总和连接性指数，简称 J 指数。把距离矩阵 D 的一行或一列的元素（矩阵元）相加所得到的结果，叫做相应于该顶点的距离和，用 S_j 表示，即

$$S_i = \sum_{j=1}^{n} d_{ij} = \sum_{i=1}^{n} d_{ij}$$

每个顶点的距离和 S_i 与顶点度 δ_i 是相似的，它也是分子图的一种不变量，有时也把它叫做距离度。在有机分子中，对碳原子骨架的分子图而言，每个顶点度 δ_i 只能取 1, 2, 3 和 4 的有限个整数值，但是对于距离度 S_i 就没有这种限制。若用 q 表示顶点的邻接数目，在饱和分子的简单分子图中它等于边的数目（$q = n - 1 = m$），那么

$$\bar{S} = \frac{S_j}{q}$$

定义为平均距离和。

对于饱和非环分子的简单分子图，Balaban 指数 J 的定义为

$$J = \sum (\bar{S}_i \bar{S}_j)^{-\frac{1}{2}} = q \sum (S_i S_j)^{-\frac{1}{2}}$$

其中求和是按着分子图中的边进行。通常把这种拓扑指数叫做平均距离和的连通性指数，简称为 Balaban 连通性指数、Balaban 指数，或 J 指数。

【例 3.1】 分子图 G，距离矩阵 D 和距离度 S_j 的分布，如下图所示：

则 $$J = 4[2(7 \times 10)^{-\frac{1}{2}} + 2(6 \times 7)^{-\frac{1}{2}}] = 2.1931$$

对于 C_nH_{2n+2} 烷烃，所算得的拓扑指数 J 列于表 3.1 中。由此表所给出的数据中可以看到，J 随着链支化程度增加而增大，而且对每一种分子都有一个不同的 J 值，也就是说，消去了简并。因此，拓扑指数 J 具有较高的分辨率。

对于单环和多环的简单分子图而言，它们的距离和比具有相同 n 的非环分子图的距离和小。为了表达环的数目 μ 对拓扑指数 J 的作用，可将环分子的 Balaban 指数 J 表示为

$$J = \frac{q}{\mu + 1} \sum (S_i S_j)^{-\frac{1}{2}}$$

显然，对于非环分子 $\mu = 0$，按着拓扑学公式，环的数目 μ 和顶点数目 n 以及顶点的邻接数目 q 之间满足关系

$$\mu = q - n + 1$$

当 $\mu = 0, q = n - 1$，即对于非环的简单分子图而言，q 等于边的数目。

表 3.1 C_nH_{2n+2} 的拓扑指数 J

C_n		J
C_2	乙烷	1.000 0
C_3	丙烷	1.633 0
C_4	n - 丁烷	1.974 6
	异丁烷	2.323 8
C_5	n - 戊烷	2.190 8
	2 - 甲基丁烷	2.539 6
	2,2 双甲基丙烷	3.023 6
C_6	n - 己烷	2.384 0
	2 - 甲基戊烷	2.627 0
	3 - 甲基戊烷	2.754 0
	2,2 双甲基丁烷	3.168 5
	2,3 双甲基丁烷	2.993 5
C_7	n - 庚烷	2.447 4
	2 - 甲基己烷	2.678 4
	3 - 甲基己烷	2.832 0
	2,4 双甲基戊烷	2.953 2
	3 - 乙基戊烷	2.992 2
	2,3 - 双甲基戊烷	3.144 0
	2,2,3 - 三甲基丁烷	3.541 2

【例 3.2】 含有一个三元环的分子图 G,距离矩阵 D 和 S_j 分布如下图所示:

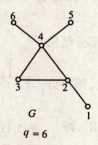
G
$q = 6$

$$D = \begin{bmatrix} 0 & 1 & 2 & 2 & 3 & 3 \\ 1 & 0 & 1 & 2 & 1 & 2 \\ 2 & 1 & 0 & 1 & 2 & 2 \\ 2 & 2 & 1 & 0 & 1 & 1 \\ 3 & 1 & 2 & 1 & 0 & 2 \\ 3 & 2 & 2 & 1 & 2 & 0 \end{bmatrix}$$

D 矩阵

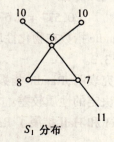
S_1 分布

则

$$J = \frac{q}{\mu + 1} \sum (S_i S_j)^{-\frac{1}{2}} = 2.413\ 3$$

对于不饱和分子或芳香化合物分子,要应用具有重键的多重图。在这种情况下,可对距离矩阵 D 的各矩阵元换用如下加权方法。

对于具有键级为 b 的边时,可都加权 $1/b$。例如对于含有二重键时所有矩阵元加权 $1/2$,对于三重键边加权 $1/3$,对芳香环而言加权 $2/3$。

需要指出,在环中,距离是指两顶点之间的较短的路径。在多重图中,q 是邻接顶点对的数目,并不像上述简单图那样等于边的数目。

【例 3.3】 含有一个不饱和键的五元环的分子图 G,距离矩阵 D,S_j 分布如下图所示:

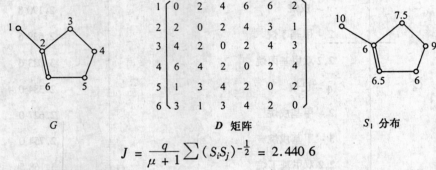

G D 矩阵 S_1 分布

则
$$J = \frac{q}{\mu+1} \sum (S_i S_j)^{-\frac{1}{2}} = 2.4406$$

3.2.3.2 邻接矩阵指数

1. 分子连接性指数(MCI)

分子连接性指数(MCI,Molecular Connectivity Index)是目前已知的对有机分子结构进行数值化表达的最简单实用的方式,在 QSAR 研究中得到了广泛的应用。分子连接性指数最早是由 Randic 于 1975 年提出的,随后由 Kier 和 Hall 以及其他许多人进一步发展起来,形成了一个比较完整的系统。分子连接性理论认为分子中各个原子之间特定的连接结构包含着分子的化学性质和生物反应活性方面的各种信息。

Randic 指数 χ 是分子连接性指数中最简单的指数,定义为
$$\chi = \sum (\delta_i \delta_j)^{-\frac{1}{2}}$$

式中,δ_i,δ_j 为相邻顶点 V_i 和 V_j 的度数(点价)。

以异戊烷分子为例,异戊烷分子的隐氢图如图 3.11 所示,则异戊烷的 Randic 指数为
$$\chi = \sum (\delta_i \delta_j)^{-\frac{1}{2}} = (1 \times 3)^{-\frac{1}{2}} + (1 \times 3)^{-\frac{1}{2}} + (3 \times 2)^{-\frac{1}{2}} + (2 \times 1)^{-\frac{1}{2}} =$$
$$0.577 + 0.577 + 0.408 + 0.707 = 2.269$$

Randic 指数在物化性质 QSAR 研究方面获得了很好的应用,部分结果列于表 3.2。

研究表明,Randic 指数能较好地反映取决于分子体积的性质,而与分子形状决定的性质较差。

Kier 和 Hall 扩展了 Randic 指数,建立了分子连接性指数(MCI),即

0 阶项 $^0\chi = \sum (\delta_i)^{-\frac{1}{2}}$

1 阶项 $^1\chi = \sum (\delta_i \delta_j)^{-\frac{1}{2}}$ (即为 Randic 指数)

图 3.11 异戊烷分子隐氢图及指数的标定

2 阶项	$^2\chi = \sum (\delta_i\delta_j\delta_k)^{-\frac{1}{2}}$	
3 阶项	$^3\chi = \sum (\delta_i\delta_j\delta_k\delta_l)^{-\frac{1}{2}}$	
...	... ...	
n 阶项	$^n\chi = \sum (\delta_i\delta_j\delta_k\delta_l\cdots\delta_m)^{-\frac{1}{2}}$	$(m = n+1)$

从前述讨论已知,对于分子图的邻接矩阵 A 有:$\delta_i = \sum_{j=1}^{n} a_{ij} = \sum_{i=1}^{n} a_{ij}$,因此分子连接性指数可通过邻接矩阵计算求得。3.3 节将对分子连接性指数及其计算机程序设计进行详细讨论。

表 3.2 Randic 指数在 QSAR 研究中的应用

性　质	QSAR 方程	回归点数 (n)	体　系	相关系数 (r)
沸点	$t_B = 57.85\chi - 97.90$	51	烷烃	0.985
辛醇–水分配系数	$\lg K_{OW} = 1.48 - 0.950\chi$	138	不同类有机物	0.986
水溶解度	$\lg S_{aq} = 6.702 - 2.666\chi$	51	脂肪醇	0.987
土壤吸附系数	$\lg k = 0.550\chi - 0.450$	37	不同类有机物	0.973

2. 自相关拓扑指数(ATI)

自相关拓扑指数(ATI, Autocorrelation Topolgical Index)是由 Moreau 和 Broto 于 1980 年首次提出,它是根据数学上自相关函数的概念得来的。对于在 AB 区间上的函数 $f(x)$,其自相关函数 $F(t)$ 定义为

$$F(t) = \int_{AB} f(x)f(x+t)\mathrm{d}x$$

将这一概念引申到分子图中,若 $f(x)$ 是分子图空间上随 x 变化的某种理化性质,则 $F(t)$ 可以描述分子中这一性质的分布,而且 $f(x)$ 在 x 轴移动,$F(t)$ 不变。证明如下:若 $f(x)$ 向左位移 a,则有

$$F(t) = \int_{AB} f(x+a)f(x+a+t)\mathrm{d}x \xrightarrow{y=x+a} \int_{AB} f(x+t)\mathrm{d}x \xrightarrow{\mathrm{d}y=\mathrm{d}x}$$
$$\int_{AB} f(y)f(y+t)\mathrm{d}y = \int_{AB} f(x)f(x+t)\mathrm{d}x$$

这一性质反映了 $F(t)$ 的拓扑不变性质,可据此定义生成分子图的拓扑不变量。

对于分子图上的拓扑空间,将自相关函数表达为

$$F(t) = \sum f(i)f(j) = \sum f(i)f(i+t) \tag{3.1}$$

式中,i 和 j 代表两个相距最短路径长度为 t 的节点。例如对氯苯酚的自相关拓扑指数可按表 3.3 计算。

表 3.3　对氯苯酚的自相关拓扑指数计算表

起点	路径					
	0	1	2	3	4	5
1	$f(1)\times f(1)$	$f(1)\times f(2)$ $f(1)\times f(6)$ $f(1)\times f(7)$	$f(1)\times f(3)$ $f(1)\times f(5)$	$f(1)\times f(4)$	$f(1)\times f(8)$	
2	$f(2)\times f(2)$	$f(2)\times f(3)$	$f(2)\times f(4)$ $f(2)\times f(6)$ $f(2)\times f(7)$	$f(2)\times f(5)$ $f(2)\times f(8)$		
3	$f(3)\times f(3)$	$f(3)\times f(4)$	$f(3)\times f(6)$ $f(3)\times f(8)$	$f(3)\times f(6)$ $f(3)\times f(7)$		
4	$f(4)\times f(4)$ $f(4)\times f(8)$	$f(4)\times f(5)$	$f(4)\times f(6)$		$f(4)\times f(7)$	
5	$f(5)\times f(5)$	$f(5)\times f(6)$	$f(5)\times f(8)$	$f(5)\times f(7)$		
6	$f(6)\times f(6)$		$f(6)\times f(7)$	$f(6)\times f(8)$		
7	$f(7)\times f(7)$				$f(7)\times f(8)$	
8	$f(8)\times f(8)$					
	$\sum_0$	$\sum_1$	$\sum_2$	$\sum_3$	$\sum_4$	$\sum_5$

表中每一列数据的加和对应一个自相关拓扑指数,路径长度作为指数的阶数。如把任一顶点(即原子)i 的性质当成 $f(i)$ 代入计算,得到的拓扑指数就可以代表分子中该性质的信息。

如前所述,任何分子拓扑指数的计算均涉及分子结构图形化、矩阵化和数值化三个步骤。一般数值化的拓扑指数与矩阵有着密切的联系。下面以乙醇为例说明自相关拓扑指数与邻接矩阵的关系。乙醇分子图为

$$\overset{1}{C}\text{——}\overset{2}{C}\text{——}\overset{3}{O} \qquad \bullet\text{——}\bullet\text{——}\circ$$

图 3.12　乙醇分子结构图与分子隐氢图

由分子图可写出该分子的邻接矩阵 A

$$A = \begin{bmatrix} 0 & 1 & 0 \\ 1 & 0 & 1 \\ 0 & 1 & 0 \end{bmatrix}$$

对邻接矩阵 A 进行数学乘方运算得

$$A^2 = \begin{bmatrix} 1 & 0 & 1 \\ 0 & 2 & 0 \\ 1 & 0 & 1 \end{bmatrix}$$

$$A^3 = \begin{bmatrix} 0 & 2 & 0 \\ 2 & 0 & 2 \\ 0 & 2 & 0 \end{bmatrix}$$

依自相关拓扑指数的定义式(3.1),0 阶($t=0$) 自相关拓扑指数 $F(0)$ 为

$$F(0) = f(1)f(1) + f(2)f(2) + f(3)f(3) \tag{3.2}$$

对于 1 阶($t = 1$)自相关拓扑指数为

$$F(1) = f(1)f(2) + f(2)f(3) \tag{3.3}$$

与邻接矩阵 A 比较可以看出,式(3.3)的两项乘积的组合 $f(1)f(2)$ 和 $f(2)f(3)$ 刚好与邻接矩阵 A 中 $a_{ij} \neq 0$ 的组合(1,2) 和(2,3) 对应。

对于 2 阶自相关拓扑指数($t = 2$),则有

$$F(2) = f(1)f(3) \tag{3.4}$$

与矩阵 A^2 对应,A^2 中 $a_{ij} \neq 0$ 的组合共有四种(1,1),(2,2),(3,3),(1,3),将其中已被 $F(0)$ 选用的组合扣除,余下的组合(1,3) 与 $F(2)$ 计算中的对应。以此类推,A^3 的 2 种组合扣除被 $F(1)$ 选用的 2 种组合为 0,故乙醇分子的 3 阶自相关拓扑指数 $F(3) = 0$。

上述关系的实质包含了邻接矩阵转换为距离矩阵的一种乘方算法。因为自相关拓扑指数的阶数是最小路径长度,与距离矩阵中的距离对应,而上述计算方法搜索的组合作为距离矩阵中的行列号,对应乘方次数对应距离矩阵中的数值,可以生成距离矩阵。下面给出由邻接矩阵转换为距离矩阵的乘方算法。

(1) 距离矩阵 $D = A, d = 1$;

(2) 如果距离矩阵 D 的非对角线元素均为非 0 值,转换结束,否则循环,邻接矩阵乘方 $A = A \times A; d = d + 1$;搜索 A 中的非 0 元素,将 D 中相应行列号的非对角线 0 元素 d_{ij} 用 d 代替。

上述算法在 Matlab 6.3 下编辑 Change 函数,成功完成各种分子邻接矩阵的转换。

【附】 邻接矩阵转换为距离矩阵的 Change 函数(Matlab 6.3)

```
function d = Change(a)
% d = Change(a)
% Change adjance matrix to distance matrix by power of adjance matrix
% a is adjance matrix, d is distance matrix
[M,N] = size(a);
d = a;
a2 = a;
ID = 1;
tem = 1;
while ID ~ = 0
a2 = a2 * a;
tem = tem + 1;
ID = 0;
for i = 1:1:M
  for j = 1:1:M
    if(i ~ = j&a2(i,j) ~ = 0&d(i,j) = = 0)
      d(i,j) = tem;
      ID = 1;
    end
```

        end
    end
end

3. 自相关拓扑指数(ATI)与分子连接性指数(MCI)比较

Randic 指数 χ 和分子连接性指数 $^m\chi^t$ 是通过分子的点价 δ_i 计算得到的,主要反映了分子的分支程度。在计算过程中,没有考虑到原子的电子结构,因而 MCI 主要局限于反映分子的立体结构,而反映分子电子结构的能力就较弱,而某些反应活性(生物活性)不仅与分子的立体结构有关系,还受到电子结构的影响,从这个意义上讲,ATI 可以比 Randic 指数和 MCI 等以往的拓扑指数反应更为全面的分子结构信息。

ATI 是通过对自相关函数中的 $f(x)$ 赋以不同性质的理化参数值,从而得到不同方面的分子结构参数。我们采用原子的范德华体积和电负性作为 $f(x)$,计算出二组自相关拓扑指数,取得了良好的回归效果。如果进一步选取其他种类的理化参数,还可以计算得到更多的信息。3.4 节将对我们开发的点价自相关拓扑指数进行详细介绍。可以预见,由于自相关拓扑指数能够反映出十分丰富和全面的分子结构信息,因而必将会成为 QSAR 研究的一个有力工具。

3.2.3.3 多项式指数——Hosoya 指数

1. Hosoya 拓扑指数的定义

Hosoya 拓扑指数是在 1971 年由 Hosoya 提出的,它是建立在邻接矩阵本征多项式基础上的拓扑指数。

在分子图 G 中,选取 K 个边使其两两都不相邻接,这种选取方法的数目叫做 K 配置数,用 $P(G,K)$ 表示。按照这种定义,$P(G,0) = 1$,$P(G,1) = n$(即分子图 G 的边的数目)。

对于 2,3 – 二甲基戊烷的分子图(图 3.13),选取 $K = 2$ 的两两不相邻接的边的方式有

$$a-d, a-e, a-f, b-d, b-e, b-f, c-f, d-f$$

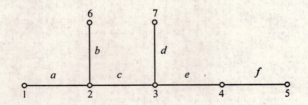

图 3.13 2,3 – 二甲基戊烷的分子图

因此,$P(G,2) = 8$;选取 $K = 3$ 的两两不相邻接的边的方式有

$$a-d-f, b-d-f$$

因此,$P(G,3) = 2$。对于所有 $K > 3$ 者,选不出两两不邻接的配置,因此,$P(G,K) = 0$。

Hosoya 把分子图 G 中,选取 $K = 0,1,2,\cdots$ 等全部不相邻接数 $P(G,K)$ 之和定义为一个分子拓扑指数,通常叫做 Hosoya 拓扑指数,并用符号 Z 表示,即

$$Z(G) = \sum_{k=0}^{m} P(G,K)$$

其中,m 是分子图 G 中 K 可能取的最大数目。例如,对于 2,3 – 二甲基戊烷分子图而言,则

有
$$Z(G) = P(G,0) + P(G,1) + P(G,2) + P(G,3) = 1 + 6 + 8 + 2 = 17$$

2. Hosoya 拓扑指数与分子图特征多项式的关系

若用 $P_T(X)$ 表示分子图为树 T 的特征多项式，则 Hosoya 拓扑指数 Z 与 $P_T(X)$ 之间存在关系

$$P_T(x) = \sum_{K=0}^{m} (-1)^K P(T,K) x^{n-2K}$$

其中，n 是树 T 的顶点数目，m 表示 K 可取的最大值。上式表明，构成 Hosoya 拓扑指数 Z 的非邻接数 $P(G,K)$ 是分子图 T 的特征多项式的系数。现举例验证此式。对于图 3.14 所示的分子图而言，不难得到它的邻接矩阵 A 为

$$A = \begin{bmatrix} 0 & 1 & 0 & 0 & 0 & 0 & 0 \\ 1 & 0 & 1 & 0 & 0 & 1 & 0 \\ 0 & 1 & 0 & 1 & 0 & 0 & 1 \\ 0 & 0 & 1 & 0 & 1 & 0 & 0 \\ 0 & 0 & 0 & 1 & 0 & 0 & 0 \\ 0 & 1 & 0 & 0 & 0 & 0 & 0 \\ 0 & 0 & 1 & 0 & 0 & 0 & 0 \end{bmatrix}$$

按照分子图特征多项式的定义为

$$\varphi(A,\chi) = |\chi I - A|$$

可把图 3.14 上分子图的特征多项式写为矩阵形式

$$P_T(x) = \begin{bmatrix} 1 & 0 & 0 & 0 & 0 & 0 & 0 \\ 0 & 1 & 0 & 0 & 0 & 0 & 0 \\ 0 & 0 & 1 & 0 & 0 & 0 & 0 \\ 0 & 0 & 0 & 1 & 0 & 0 & 0 \\ 0 & 0 & 0 & 0 & 1 & 0 & 0 \\ 0 & 0 & 0 & 0 & 0 & 1 & 0 \\ 0 & 0 & 0 & 0 & 0 & 0 & 1 \end{bmatrix} - \begin{bmatrix} 0 & 1 & 0 & 0 & 0 & 0 & 0 \\ 1 & 0 & 1 & 0 & 0 & 1 & 0 \\ 0 & 1 & 0 & 1 & 0 & 0 & 1 \\ 0 & 0 & 1 & 0 & 1 & 0 & 0 \\ 0 & 0 & 0 & 1 & 0 & 0 & 0 \\ 0 & 1 & 0 & 0 & 0 & 0 & 0 \\ 0 & 0 & 1 & 0 & 0 & 0 & 0 \end{bmatrix}$$

分解这个久期行列式，可得到

$$P_T(x) = x^7 - 6x^5 + 8x^3 - 2x$$

即 $P(G,0) = 1, P(G,) = 6, P(G,2) = 8, P(G,3) = 2$，与 Hosoya 的 K 配置数定义在数值上相同。

若分子图 G 是非树图，即分子图中含有环时，则 Hosoya 拓扑指数 Z 与分子图的特征多项式之间的关系可表达为

$$P_G(x) = \sum_{K=0}^{m}(-1)^K P(G,K)x^{n-2K} - 2\sum_{i}^{R_i}\sum_{K=0}^{m}(-1)^{K+n_i}P(G-R_i,K)x^{n-n_i-2K} +$$
$$2^2\sum_{i>j}^{R,R_i}\sum_{K=0}^{ij}(-1)^{K+n_i+n_j}P(G-R_i-R_j,K)x^{n-n_i-n_j-2K} =$$
$$\sum_{K=0}^{m}(-1)^K P(G,K)x^{n-2K} - 2\sum_{i}^{R_i}(-1)^{n_i}\sum_{K=0}^{m_i}(-1)^K P(G,K)x^{Ni-2K} +$$

$$2^2 \sum_{i>j}^{R_iR_j} (-1)^{n_i+n_j} \sum_{K=0}^{m_{ij}} (-1)^K P(G_{ij}, K) x^{N_{ij}-2K}$$
……

其中, $G_i = G - R_i$ 是从分子图 G 中去掉环 R_i 以及去掉全部到 R_i 环的边得到的子图, $G_{ij} = G - R_i - R_j$ 是分子图 G 中去掉一对不相邻接的环 R_i 和 R_j, 以及去掉全部到 R_i 或 R_j 的边, 所得到的子图; n_i 是在 R_i 环上的顶点的数目; m_i 是 $G_i = G - R_i$ 子图上 K 可取的最大值; m_{ij} 是对 $G_{ij} = G - R_i - R_j$ 子图上 K 可取的最大值; $\sum_i^{R_i}$ 是对 G 中全部可能有的环进行求和; $\sum_{i>j}^{R_iR_j}$ 是对分子图 G 中全部可能有的一对不相邻环进行求和。

图 3.14 给出了具有环的分子图 G, 由此图可以得到它的邻接矩阵 A 为

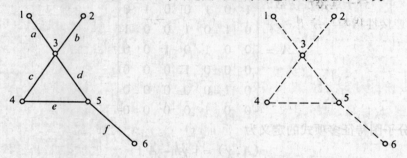

图 3.14 具有三元环的分子图 G

$$A = \begin{bmatrix} 0 & 0 & 1 & 0 & 0 & 0 \\ 0 & 0 & 1 & 0 & 0 & 0 \\ 1 & 1 & 0 & 1 & 1 & 0 \\ 0 & 0 & 1 & 0 & 1 & 0 \\ 0 & 0 & 1 & 1 & 0 & 1 \\ 0 & 0 & 0 & 0 & 1 & 0 \end{bmatrix}$$

按照分子图 G 的特征多项式的定义, 得到与此邻接矩阵 A 相关的特征多项式为

$$P_G(x) = x^6 - 6x^4 + 2x^3 + 5x^2$$

利用上式也可以导出图 3.14 上分子图 G 的特征多项式。由图 3.14 可知, 在此分子图上只有一个环, 因此只可取到公式的第二项即可。显然, 对此分子图 G 有 $P(G,0) = 1$ 和 $P(G,1) = 6$。对于 $K = 2$ 而言, 可有如下的一些选取方式, 即

$$a-e, a-f, b-e, b-f, c-f$$

则 $P(G,2) = 5$。在公式中的第 2 项可以这样计算: 去掉环以后的子图 $G_i = G - R_i$ 如图 3.14 中右图所示, 由此图可以看到, 只能取 $K = 0, n_i = 3$。$i = 1$ (只有一个环), 从而可得到公式的第二项为

$$-2(-1)^3 P(G_i, 0)(x^3) = 2x^3$$

综上计算, 利用公式所得到的图 3.14 上分子图的特征多项式与 $P_G(x) = x^6 - 6x^4 + 2x^3 + 5x^2$ 具有相同的形式。

Hosoya 指数可用于多种物性数据的研究, 包括碳氢化合物和取代烷烃的沸点、烷烃熵

的绝对值、不饱和碳氢化合物 π 电子结构的研究等。

3.3 分子连接性指数及程序设计研究

3.3.1 分子连接性指数

分子连接性指数(MCI,Molecular Connectivity Index)是由 Randic、Kier 和 Hall 等人相继提出、扩展、修正、补充的一种较完善的分子拓扑指数,以分子连接性指数为基础的 QSAR 研究方法完全以分子的拓扑结构为基础,并以与原子数目、种类及周围环境有关的数值为参数,使之与分子的多种理化及生物学性质定量地联系起来,取得了非常成功的结果。

3.3.1.1 分子连接性指数的定义

分子连接性指数 $^m\chi_t$ 是以所有不同形式相连的子图求和而得,表示式为

$$^m\chi_t = \sum_{j=1}^{n_m} {}^m S_j \tag{3.5}$$

式中, n_m 是阶(边)为 m 的 t 类型子图的数目; $^m S_j$ 是子图项(下面详见介绍),j 是子图序号。

子图项 $^m S_j$ 计算公式为

$$^m S_j = \prod_{i=1}^{m+1} (\delta_i)_j^{-\frac{1}{2}} \tag{3.6}$$

只有链图(回路)有 m 个点(即点、边数相等,因为它含有一个回路,其中有一点重复),其他子图都含有 $m+1$ 个点。综合式(3.5)和(3.6),则

$$^m\chi_t = \sum_{j=1}^{n_m} \prod_{i=1}^{m+1} (\delta_i)_j^{-\frac{1}{2}} \tag{3.7}$$

欲计算一个分子的分子连接性指数 $^m\chi_t$,必须剖析出全部子图,如异戊烷的子图如表 3.4 所示。

表 3.4 异戊烷的子图表

子图类型	阶 m(即边数)			
	1	2	3	4
路径项	⋀ ⋀ ⋀ ⋀	⋀ ⋀ ⋀	⋀	
簇项			⋀	
路径/簇项				⋀

分子连接性指数计算举例:

(1) 零阶项 $^0\chi$：零阶项子图是由一个点构成的子图，边数 $m = 0$，公式为

$$^0\chi = \sum_{i=1}^{n_0} \delta_i^{-\frac{1}{2}}$$

例如正戊烷，它的隐氢图为

则
$$^0\chi = \sum_{i=1}^{n_0} \delta_i^{-\frac{1}{2}} = \frac{1}{\sqrt{1}} + \frac{1}{\sqrt{2}} + \frac{1}{\sqrt{2}} + \frac{1}{\sqrt{2}} + \frac{1}{\sqrt{1}} = 4.121$$

又如异戊烷，它的隐氢图为

则
$$^0\chi = \sum_{i=1}^{n_0} \delta_i^{-\frac{1}{2}} = \frac{1}{\sqrt{1}} + \frac{1}{\sqrt{3}} + \frac{1}{\sqrt{2}} + \frac{1}{\sqrt{1}} + \frac{1}{\sqrt{1}} = 4.284$$

再如新戊烷，它的隐氢图为

则
$$^0\chi = \sum_{i=1}^{n_0} \delta_i^{-\frac{1}{2}} = \frac{1}{\sqrt{1}} + \frac{1}{\sqrt{1}} + \frac{1}{\sqrt{1}} + \frac{1}{\sqrt{1}} + \frac{1}{\sqrt{4}} = 4.500$$

(2) 一阶项 $^1\chi$：一阶项子图只有一条边，公式为

$$^1\chi = \sum_{s=1}^{n_e} (\delta_i \delta_j)_s^{-\frac{1}{2}}$$
$$e = \delta_i \delta_j$$

式中，n_e 是边的数目，而 e_s 的两个终点是 V_i 与 V_j。显然，$^1\chi$ 项对于路长（即序长）为 1 的路径项才存在，它就是 Randic 的分支指数。

例如，正戊烷的子图为

一阶连接性指数为
$$^1\chi = \sum_{s=1}^{4} (\delta_i \delta_j)_s^{-\frac{1}{2}} = \frac{1}{\sqrt{1 \times 2}} + \frac{1}{\sqrt{2 \times 2}} + \frac{1}{\sqrt{2 \times 2}} + \frac{1}{\sqrt{1 \times 2}} = 2.414$$

异戊烷的子图为：

一阶连接性指数为

$$^1\chi = \sum_{s=1}^{4}(\delta_i\delta_j)_s^{-\frac{1}{2}} = \frac{1}{\sqrt{1\times 3}} + \frac{1}{\sqrt{1\times 3}} + \frac{1}{\sqrt{3\times 2}} + \frac{1}{\sqrt{2\times 1}} = 2.270$$

新戊烷的子图为

一阶连接性指数为

$$^1\chi = \sum_{s=1}^{4}(\delta_i\delta_j)_s^{-\frac{1}{2}} = \frac{1}{\sqrt{1\times 4}} + \frac{1}{\sqrt{1\times 4}} + \frac{1}{\sqrt{1\times 4}} + \frac{1}{\sqrt{1\times 4}} = 2.000$$

(3) 二阶项 $^2\chi$：二阶项子图有两条边，公式为

$$^2\chi = \sum_{s=1}^{n_m}(\delta_i\delta_j\delta_k)_s^{-\frac{1}{2}}$$

式中，n_m 是含有两条毗连边的子图数目；s 指某特定的子图，$^2\chi$ 仅对于序长为 2 的路径项才存在。

例如，正戊烷的子图为

二阶连接性指数为：

$$^2\chi = \sum_{s=1}^{3}(\delta_i\delta_j\delta_k)_s^{-\frac{1}{2}} = \frac{1}{\sqrt{1\times 2\times 2}} + \frac{1}{\sqrt{2\times 2\times 2}} + \frac{1}{\sqrt{2\times 2\times 1}} = 1.354$$

异戊烷的子图为

二阶连接性指数为

$$^2\chi = \sum_{s=1}^{4}(\delta_i\delta_j\delta_k)_s^{-\frac{1}{2}} = \frac{1}{\sqrt{1\times 3\times 1}} + \frac{1}{\sqrt{1\times 3\times 2}} + \frac{1}{\sqrt{1\times 3\times 2}} + \frac{1}{\sqrt{3\times 2\times 1}} = 1.802$$

新戊烷的子图为

二阶连接性指数为

$$^2\chi = \sum_{s=1}^{6}(\delta_i\delta_j\delta_k)_s^{-\frac{1}{2}} = 6\times\frac{1}{\sqrt{1\times 1\times 4}} = 3.00$$

(4) 三阶项 $^3\chi_t$：三阶项子图有三条边，计算公式为

$$^3\chi = \sum_{s=1}^{n_m}(\delta_i\delta_j\delta_k\delta_l)_s^{-\frac{1}{2}}$$

三阶项可能有 3 种类型的子图：① 路径项；② 簇项；③ 链项。n_m 指相应的每种类型子图的数目；s 指由 4 个点组成的 3 条边的某子图，而 $^3\chi_{CH}$ 因有回路，所以只有 3 个点组成 3 条边。

仍以正、异、新戊烷为例，计算三阶项 $^3\chi_t$。

正戊烷序长为 3 的子图为

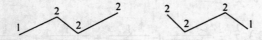

其三阶路径项为

$$^3\chi_p = \sum_{s=1}^{2}(\delta_i\delta_j\delta_k\delta_l)_s^{-\frac{1}{2}} = \frac{2}{\sqrt{1\times2\times2\times2}} = 0.707$$

异戊烷序长为 3 的路径项子图为

其三阶路径项为

$$^3\chi_p = \sum_{s=1}^{2}(\delta_i\delta_j\delta_k\delta_l)_s^{-\frac{1}{2}} = \frac{2}{\sqrt{1\times3\times2\times1}} = 0.816$$

异戊烷的簇项子图为

其三阶簇项值为

$$^3\chi_c = \sum_{s=1}^{1}(\delta_i\delta_j\delta_k\delta_l)_s^{-\frac{1}{2}} = \frac{1}{\sqrt{1\times1\times3\times2}} = 0.408$$

新戊烷无 $^3\chi_p$ 项，只有 $^3\chi_c$，其簇项子图为

其三阶簇项为

$$^3\chi_c = \sum_{s=1}^{4}(\delta_i\delta_j\delta_k\delta_l)_s^{-\frac{1}{2}} = \frac{4}{\sqrt{1\times1\times1\times4}} = 2.00$$

(5) 四阶项 $^4\chi_t$：四阶项子图有四条边，其计算公式为

$$^4\chi_t = \sum_{s=1}^{n_m}(\delta_i\delta_j\delta_k\delta_l\delta_p)_s^{-\frac{1}{2}}$$

式中，n_m 是有四条边相连的 t 类型子图的数目。四阶项子图可能有：① 路径项；② 簇项；③ 路径／簇项；④ 链项。

对于正戊烷，它只有 $^4\chi_p$，其子图即为隐氢图

$$^4\chi_p = \sum_{s=1}^{1}(\delta_i\delta_j\delta_k\delta_l\delta_p)_s^{-\frac{1}{2}} = \frac{1}{\sqrt{1\times2\times2\times2\times1}} = 0.354$$

异戊烷没有序长为 4 的路径项 $^4\chi_p$,也无 $^4\chi_c$,只有路径／簇项 $^4\chi_{pc}$,其路径／簇项的子图即它的隐氢图

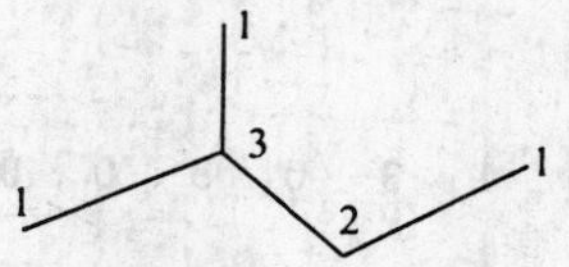

$$^4\chi_{pc} = \sum_{s=1}^{1}(\delta_i\delta_j\delta_k\delta_l\delta_p)_s^{-\frac{1}{2}} = \frac{1}{\sqrt{1\times1\times3\times2\times1}} = 0.408$$

新戊烷无 $^4\chi_p$,也无 $^4\chi_{pc}$,只有簇项,其 $^4\chi_c$ 的子图即为它的隐氢图

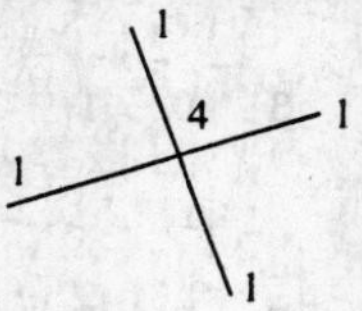

$$^4\chi_c = \sum_{s=1}^{1}(\delta_i\delta_j\delta_k\delta_l)_s^{-\frac{1}{2}} = \frac{1}{\sqrt{1\times1\times1\times1\times4}} = 0.500$$

高阶项按公式(3.7)计算。表 3.5 列出庚烷各种异构体的各类子图数目。

3.3.1.2 分子连接性指数的修正

在上述讨论中,都没有考虑不饱和键和杂原子的情况,如果继续用上面的点价概念计算 $^m\chi_t$ 值,则分子连接性指数对分子的区分能力将会变得很差,从而失去了实际应用的意义。因此有必要加以修正。

修正的方法分为三方面:

1. 环状结构的影响

环状结构的键相对于开链烃来说多一个键。如前所述,对于环状结构在计算 $^m\chi_{CH}$ 时必须减去一个键。

2. 不饱和度的影响

Kier 和 Hall 提出不考虑键的类型(如 π 键、σ 键),把它们同等对待,即把双键当做两个键,叁键当做三个键。修正后的点价用 δ^v 标记。例如,丁二烯校正后的点价为

$$\overset{2}{C}=\overset{3}{C}-\overset{3}{C}=\overset{2}{C}$$

图 3.15 丁二烯经过校正后的分子图

3. 杂原子的影响

杂原子的点价也用 δ^v 表示,计算杂原子点价的通式为

$$\delta^v = \frac{Z^v - h}{Z - Z^v - 1} \tag{3.8}$$

式中,Z 是核外总电子数,Z^v 是杂原子的价电子数。例如氯代烃中氯的点价为

$$\delta^v = \frac{7-0}{17-7-1} = 0.78$$

用式(3.8)计算的部分杂原子的 δ^v 值列于表3.6中。

表3.5 庚烷异构体路径、簇、路径／簇项的子图数目表

隐氢图	$^1\chi_P$	$^2\chi_P$	$^3\chi_P$		$^4\chi_P$			$^5\chi_P$			$^6\chi_P$			总		
			p	c	p	c	pc	p	c	pc	p	c	pc	p	c	pc
(正庚烷)	6	5	4	0	3	0	0	2	0	0	1	0	0	21	0	0
(2-甲基)	6	6	6	1	3	0	3	0	0	2	0	0	1	21	1	6
(3-甲基)	6	6	5	1	3	0	2	1	0	2	0	0	0	21	1	4
	6	6	4	1	3	0	1	2	0	1	0	0	1	21	1	3
	6	7	6	2	2	0	5	0	1	3	0	0	1	21	3	9
	6	7	4	2	4	0	2	0	0	4	0	0	1	21	2	7
	6	8	6	4	1	1	6	0	0	4	0	0	1	21	5	11
	6	8	4	3	3	1	3	0	0	4	0	0	1	21	5	8
	6	9	6	5	0	1	9	0	3	2	0	1	0	21	10	11

表3.6 某些杂原子的校正点价 δ^v

原子	$Z^v - h$	$Z - Z^v - 1$	δ^v
P	3	9	0.33
	4	9	0.44
	5	9	0.56
S	5	9	0.56
	6	9	0.67
Cl	7	9	0.78
Br	7	27	0.26
I	7	47	0.16

3.3.1.3 分子连接性指数计算示例

只要知道分子中原子的种类及连接形式,就可计算分子连接性指数。首先把分子隐氢图分解成若干子图(路径、簇、链等),然后将每个原子的点价代入一定的公式进行运算,即可得到结果。

1. 乙酸乙酯的 $^1\chi^v$

先写出隐氢式及点价,即

再写出全部子图,即

或用 (1,2),(2,6),(6,4),(4,6),(4,1) 表示之,将各键项加和即得

$$^1\chi^v = \frac{1}{\sqrt{1\times 2}} + \frac{1}{\sqrt{2\times 6}} + \frac{1}{\sqrt{6\times 4}} + \frac{1}{\sqrt{4\times 6}} + \frac{1}{\sqrt{4\times 1}} = 1.904$$

2. 对二甲苯的 $^4\chi_{pc}$

对二甲苯的隐氢式:，若不考虑不饱和键即可写成:，分解成路径/簇项子图 (pc) 为

把每个子图项加和得

$$^4\chi_{pc} = 4\times(1\times 3\times 2\times 2\times 2)^{-\frac{1}{2}} = 0.816$$

3. 三氟乙酸的 $^3\chi^v$

先写出隐氢式及各原子的点价 δ^v

然后分解成 3 阶路径子图为

$$3(\overset{7}{F}-\overset{4}{C}-\overset{4}{C}=\overset{6}{O}), 3(\overset{7}{F}-\overset{4}{C}-\overset{4}{C}-\overset{5}{OH})$$

将各子图项相加得

$$^4\chi_p^v = 3\times(7\times 4\times 4\times 6)^{-\frac{1}{2}} + 3\times(7\times 4\times 4\times 5)^{-\frac{1}{2}} = 0.243$$

3.3.1.4 分子连接性指数的特点

分子连接性指数是由 Randic、Kier 和 Hall 等人相继提出、扩展、修正、补充的一种较完善的分子拓扑指数,分子连接性指数完全以分子的拓扑结构为基础,充分考虑与原子数目、种类及周围环境等因素,使该指数与分子的多种理化性质及生物活性可以定量地联系起来。

分子连接性指数法有如下特点:
(1) 是以分子结构为基础经计算获得,建立的参数不是实验值或经验值。
(2) 计算参数的方法简单、快速、容易掌握。
(3) 方法具有较强的灵敏性,能处理含杂原子、不饱和键、环及芳香类化合物等特殊分子,在一般情况下不需引入附加的新参数,这样避免了计算和处理上的许多困难。
(4) 方法有可能借鉴量子力学的某些参数,拓扑法和分子轨道法的结合是建立 QSAR 的一条重要途径。

3.3.2 分子连接性指数的程序化设计

3.3.2.1 系统总体设计

本设计拟实现如下三项功能:
(1) 实现 MCI 的程序计算;
(2) 实现构建 MCI 与生物活性的 QSAR 模型;
(3) 程序工作界面的设计。

根据以上三点要求,对程序做了以下几项功能设计:
(1) 工作界面的程序设计;
(2) 分子点价和点价修正的程序设计;
(3) MCI 计算的程序设计;
(4) 逐步回归程序设计。

程序的总流程图如图 3.16 所示。

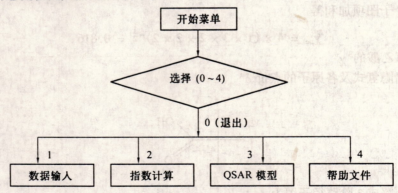

图 3.16 程序总流程图

程序在按 1-4 数字键时进入操作,操作完成后会自动回到开始菜单,可继续执行其他操作,按 0 即可退出(后续操作也类似)。

操作 1 中化学数据输入方法虽有两种,但其他部分的程序仍相同,而快速计算操作则为批量处理数据而不要求指定文件中哪一组。操作 2 和操作 3 的流程图分别为图 3.17 和

图 3.18 所示。

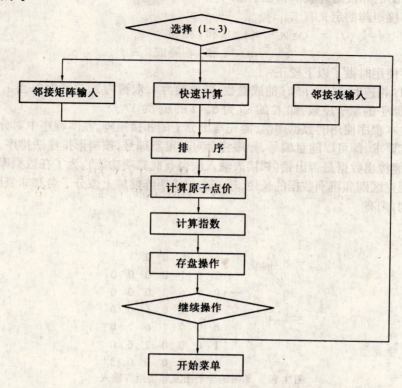

图 3.17 分子连接性指数计算流程图

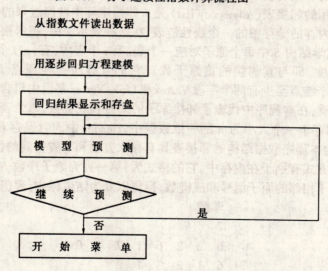

图 3.18 QSAR 建模流程图

3.3.2.2 数据输入方法

本程序在计算分子连接性指数(MCI)时,采用从分子隐氢图(色图)提取的经不饱和键和杂原子校正的邻接矩阵或从邻接矩阵转换而来的邻接表,计算分子图中各原子的点价,进一步计算出 MCI 的各项值。

1. 分子图的邻接矩阵表示和程序输入

根据邻接矩阵的定义有

$$a_{ij} = \begin{cases} 1 & i\text{和}j\text{相邻} \\ 0 & i\text{和}j\text{相隔或}i=j \end{cases}$$

本程序使用时做了以下校正:

当 i 和 j 相连时,a_{ij} 为 i 和 j 的成键数,即单键为1、双键为2、三键为3;当 $i = j$ 时,a_{ij} 为 i(或 j)原子的原子序数,如 C 的 a_{ii} 为6,Cl 的 a_{ii} 为17。

在建立本程序使用的数据库前,需先写出分子的邻接矩阵。在本程序中对分子的各原子编号没有要求,即可以随意编号,程序将会对其重新编号,按树形排序法排序,使其规范化,同时还能检出数据是否出错(邻接表输入法也有此二项功能)。为了在数据库中各分子的数据能相互区别和辨别数据的长短,还需在邻接矩阵前加上该分子名和非氢原子数。现以苯酚为例,则有

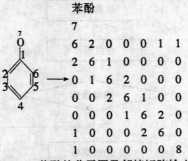

图3.19 苯酚的分子图及邻接矩阵输入

2. 分子图的邻接表表示和程序输入

本程序使用的邻接表(Adjacency list)是从邻接矩阵中转换过来的一种更适合计算机操作和更节省内存的储存图的一个线性链表。在这种表示法中,把邻接矩阵的 n 行表示成 n 个链表,在化学结构 S 中每个原子对应一个表。第 i 个表中,有(ρi)个结点($\rho(i)$表示第 i 号原子的连接度,即与其邻接的重原子数),它们含有所有与顶点 i 的邻顶 j,$e(i,j)$,$E(G)$。表中每个结点至少有两个字段 Vertex 和 Link。Vertex 字段中包含所代表的邻接于原子 i 的那些性质,在本程序中代表了邻接原子的编号和成键数。每个表都有一个头部结点(Header),它们存于一个大小为 n 的一维数组中,Header 中同时保存着该原子的点价。从上述可知,作为本程序数据结构的邻接表具有存取方便和节省空间的优点。邻接表数据在外存中的存储方式有别于在内存中。它的格式为:第一列为原子序数 N,其后每二列一组,分别为与原子 i 相邻的原子编号和成键数,行尾以 0 为结束标志。现仍以苯酚为例,即

```
苯酚
7
6 2 2 6 1 7 1 0
6 1 2 3 1 0
6 2 1 4 2 0
6 3 2 5 1 0
6 4 1 6 2 0
6 5 2 1 1 0
8 1 1 0
```

3. QSAR 建模数据库的建立

该数据库的建立是在 MCI 计算结果的基础上的。在存储 MCI 的文件头部加入数据组数、MCI 个数和性质值个数,然后就可通过程序的转换功能提取我们需要的各阶项 MCI 和某种性质值,自动生成报表。生成的文件可作为 QSAR 建模的输入数据文件。

3.3.2.3 点价和修正点价计算的程序设计

1. 点价的计算

从分子的邻接矩阵或邻接表数据库中读取的数据提供了分子中各原子的相互邻接关系,这些关系保存在邻接表中,对邻接表中 Vertex 值加和,便可获得该原子的成键数,即 δ 值。

2. 点价的修正计算

对杂原子的修正计算是基于这样的假设基础上的:取代杂原子都是非过渡金属元素。根据公式(3.8),则有

$$\delta^v = \frac{Z^v - h}{Z - Z^v - 1}$$

本程序对上面计算得到的 δ 值进行校正。公式中的 Z 已知,$Z^v - h$ 值已知,而 Z^v 可以计算得到,所以可通过编程求得 δ^v。z^v 的计算式为

$$Z^v = \delta - m \tag{3.9}$$

式中,m 为使 Z^v 不大于 8 的一组数中的最小值 $\{2, 10, 28, 46, 78, 110\}$。

3.3.2.4 分子连接性指数计算的程序设计

1. 路径子图的计算

根据路径的定义:是由不同的边相继连接而成的,可知此类子图中顶点的度数(未修正的点价)不大于 2。只要能确定一种算法使程序在寻找相邻顶点时,避免两次寻找到同一顶点,即可避免子图中顶点的度数大于 2。在本程序中用一维数组对所有原子进行标记的方法避免重复,沿相邻原子序列确定子图。在寻找顶点的同时根据公式(3.7)

$$^n\chi_t = \sum (\delta_i \delta_j \delta_k \cdots \delta_n)^{-\frac{1}{2}}$$

用累积的方法计算 $^n\chi_P$。

2. 簇子图的计算

根据簇的定义:在此类子图中要包含一个或一个以上点价(未修正)为 3 或 4 的顶点,但不包含点价为 2 的顶点,要确定此类子图首先要确定分子图中有点价为 3 或 4 的顶点和是否有相邻的这样顶点。本程序中用一个子程序来专门计算各原子的相邻原子数,用一维数组对符合要求的原子进行标记。各阶指数进行计算时,通过检验一维数组中的标记值确定出相应的子图。

3. 路径/簇子图的计算

路径/簇的定义:在此类子图中除了包含点价为 3 或 4 的顶点外,必须包含点价为 2 的顶点,因此可知不能用簇子图的算法来考虑。在这一部分里,本程序是用先给出所有子图然后检验子图中是否包含点价为 3 或 4 的顶点和点价为 2 的顶点,如果同时满足条件则计算该子图的值。所以,该算法的关键是怎样给出所有的子图且不重复和与链子图相区别。在此算法中用队列存储待排序原子,定义一个规则实现给出所有子图,规定首原子编号小于相邻原子的编号,同时,首原子不得与两个比其编号小的原子相邻来避免重复和与链子图相区别。

4. 链子图的计算

在链子图中至少要包含一个环,所以首先检验分子图中是否含有环,若没有则可中止此算法(大多数情况下如此),否则就标记出环上原子。该算法的关键是要对环上取代基按阶数要求给出各种可能的组合。用与上面所述的排子图方法类似的方法可排出与环上原子相邻原子的各种组合可能。即用队列存储所有相邻原子,然后逐个出队列,出队时分为排入子图序列和不排入序列两种情况,队首的相邻原子(未排入序列的原子)排入队尾。排出的序列组加上环上原子即可确定出所有带环子图。

3.3.2.5 逐步回归程序设计

现在已经得到结构参数 S,而活性参数 A 为实测值,也已存在,所以下面可用建模方法来得到函数 F 即为 QSAR 模型。本程序只应用逐步回归算法建模。这是一种统计学的建模方法,有很强的实用性,算法步骤如下(n 个自变量 x_j,应变量为 y,共 k 个观测点)。

(1) 做出 $(n+1) \times (n+1)$ 的规格化的初始相关矩阵,即

$$R = \begin{bmatrix} r_{00} & r_{01} & \cdots & r_{0,n-1} & r_{0,y} \\ r_{10} & r_{11} & \cdots & r_{1,n-1} & r_{1,y} \\ \vdots & \vdots & \vdots & \vdots & \vdots \\ r_{n-1,0} & r_{n-1,1} & \cdots & r_{n-1,n-1} & r_{n-1,y} \\ r_{y0} & r_{y1} & \cdots & r_{y,n-1} & r_{y,y} \end{bmatrix} \quad (3.10)$$

矩阵中各元素为

$$r_{ij} = \frac{d_{ij}}{d_i d_j} = \frac{\sum_{t=0}^{k-1}(x_{ti} - \bar{x}_i)(x_{tj} - \bar{x}_y)}{\sqrt{\sum_{t=0}^{k-1}(x_{ti} - \bar{x}_i)^2 \sum_{t=0}^{k-1}(x_{tj} - \bar{x}_j)^2}} \quad (i, j = 0, 1, \cdots, n-1, n) \quad (3.11)$$

式中

$$\bar{x} = \sum_{t=0}^{k-1} \frac{x_{ti}}{k}$$

(2) 计算偏回归平方和

$$V_i = \frac{r_{iy} r_{yi}}{r_{ii}} \quad (i = 0, 1, \cdots, n-1) \quad (3.12)$$

(3) 因子剔除:若 $V_i < 0$,V_i 已选入方程,从 V_i 中选出 $V_{\min} = \min|V_i|$,对应因子为 $x_{\min}$,检验其显著性,若 $\varphi V_{\min}/r_{yy} < F_2$,则剔除因子 $x_{\min}$,并对相关矩阵进行该因子的消元变换,转步骤(2)。因子选入:若 $V_i > 0$,V_i 尚未选入方程,从 V_i 中选出 $V_{\max} = \max|V_i|$,对应因子为 $x_{\max}$,检验其显著性,若 $(\varphi - 1)V_{\max}/(r_{yy} - V_{\max}) \geqslant F_1$,则选入因子 $x_{\max}$,并对相关矩阵进行该因子的消元变换,转步骤(2)。以上两步中用到的消元变换为

$$r_{ij} = \begin{cases} r_{ij} - \dfrac{r_{ik} - r_{kj}}{r_{kk}} & (i, j \neq k) \\ \dfrac{r_{kj}}{r_{kk}} & (i = k, j \neq k) \\ \dfrac{1}{r_{kk}} & (i, j = k) \\ -\dfrac{r_{ik}}{r_{kk}} & (i \neq k, j = k) \end{cases} \quad (3.13)$$

式中，k 为需要选入或剔除的变量

(4) 直到无因子可选可剔为止。此时得到最后相关矩阵 R，由 R 可得各主要参数如下：

各因子回归系数 $b_i = r_{iy} \times d_y / d_i$，$b_i$ 为零时表示未选上；常数项 $b_n = \bar{y} - \sum_{j=0}^{n-1} b_j \bar{x}_j$；相关系数 $R = \sqrt{1 - r_{yy}}$；标准偏差 $S = d_y \sqrt{\dfrac{r_{yy}}{\varphi}}$；$F$ 检验值为：$F = \dfrac{\varphi(1 - r_{yy})}{(k - \varphi - 1) r_{yy}}$。

逐步回归应用中应避免观察值个数 k 等于变量个数 n 加 1，因为这样会出现偶然相关。

3.3.3 分子连接性指数的应用

3.3.3.1 分子连接性指数与立体参数间的关系

Hansch 分析中常用的取代基立体效应参数 E_s，因是个经验值，不少基团的 E_s 值用类比法还难以得到，所以使用受到严重限制。对已知 E_s 值的 18 个脂肪酸类烃基部分，用分子连接性指数可以与 E_s 值建立相关方程式

$$E_s = -0.544\,{}^2\chi - 1.40\,{}^3\chi + 1.09\,{}^4\chi + 0.403 \quad (n = 18, R = 0.961, S = 0.460)$$

式中，n 为酯类的烃基数目（取代基）；r 为相关系数；S 为剩余标准差。

18 个脂肪酯类烃基部分的 E_s 值和用 χ 预示出来的 E_s 值是一致的。从逻辑上看，反应中心（如酯基）周围的基团由于立体效应而影响反应速度。因此用 ${}^2\chi$，${}^3\chi$ 等延伸项可反映这种聚集现象，即反映与反应中心相连的基团多少及其立体障碍的大小。上述相关表明，若化合物分子中具有特别易受代谢进攻的部位（如酯基），计算该基团的周围取代基的簇项值，则可反映出最邻近基团的立体障碍对代谢进攻的相对影响，亦可衡量影响药物接近受体基团的空间障碍程度。

3.3.3.2 用于辛醇-水分配系数的 QSAR 研究

辛醇-水分配系数（K_{OW}）是表征有机物疏水性质的重要参数，在定量构效关系研究和污染物环境行为研究中具有重要作用。

我们采用上述设计的计算机程序，分别对 8 种取代苯、6 种酸类、13 种醇类和 11 种苯酚类做多元回归分析，得到 QSAR 方程为

卤代苯　　$\lg K_{OW} = 3.425\,453\,{}^3\chi_c + 1.914\,889$
　　　　　　（$R = 0.940\,203, F = 45.715\,858, S = 0.175\,15, n = 8$）

酸类　　　$\lg K_{OW} = 0.585\,627\,{}^1\chi_p^v - 2.044\,840\,\Delta^2\chi_p + 2.391\,509$
　　　　　　（$R = 0.995\,455, F = 163.903\,473, S = 0.072\,722, n = 6$）

醇类　　　$\lg K_{OW} = -3.201\,572\,{}^0\chi_p + 6.165\,715\,{}^1\chi_p^v + 2.416\,808$
　　　　　　（$R = 0.804\,621, F = 9.180\,964, S = 1.583\,858, n = 13$）

取代苯酚类　$\lg K_{OW} = -1.947\,571\,\Delta^0\chi_p + 1.034\,940\,{}^1\chi_p^v + 1.722\,788$
　　　　　　（$R = 0.982\,056, F = 108.464\,561, S = 0.167\,945, n = 11$）

式中，$\Delta^2\chi_p$ 为二阶非价路径指数与二阶价路径指数之差。

结果表明，上述各类有机化学品的辛醇-水分配系数的对数值与分子连接性指数具有很好的相关关系。通过对这些指数所代表的结构信息分析表明，这些有机化学品除了卤

代苯以外的 lg K_{OW} 都与取代官能团呈正相关,与分子中原子数目呈负相关。而卤代苯的取代基数目与 lg K_{OW} 呈正相关。

3.3.3.3 用于化学品土壤吸着系数的 QSAR 研究

环境中污染物分子的吸着系数(K_{OM})是评价生态毒性的重要参数。吸着与解吸过程是影响有机污染物在水／土体系中迁移、转化的重要因素。虽然 K_{OM} 也可由 K_{OW} 等理化性质来预测,但这些性质一般都依赖于实验数据,易受外界影响,而 MCI 则不存在这些问题。因此,分子连接性指数法预测有机污染物的生态毒理学参数具有其他方法无可比拟的优越性。

分子连接性指数与化学品土壤吸着系数之间存在良好的线性关系。其中芳香类有机化学品的 QSAR 回归方程为

$$\lg K_{OM} = 1.6970\,^1\chi_p - 0.4855\Delta^4\chi_{pc} - 4.0564$$
$$(R = 0.9032, F = 35.4499, S = 0.2514, n = 19)$$

表 3.7 列出了 19 种芳香类有机化合物及其回归方程中的二项 MCI 指数及 lgK_{OM} 的实验值、预测值和残差。

表 3.7 部分芳香类有机污染物的 MCI 指数及 lg K_{OM} 值

编号	化合物	MCI 指数		lg K_{OM}		
		$^1\chi_p$	$\Delta^4\chi_{pc}$	实验值	预测值	残差
1	1,2,3 - 三氯苯	4.215 214	0.344 400	3.370 00	2.929 58	0.440 42
2	1,2,5 - 三氯苯	4.198 377	0.538 219	2.850 00	2.806 90	0.043 10
3	1,2,3,4 - 四氯苯	4.625 897	0.410 622	3.830 00	3.594 36	0.235 64
4	1,3,4,5 - 四氯苯	4.609 061	0.507 589	3.860 00	3.518 71	0.341 29
5	1,3 - 二甲基苯	3.787 694	0.191 232	2.260 00	2.278 45	-0.018 45
6	1,4 - 二甲基苯	3.787 694	0.107 899	2.520 00	2.318 92	0.201 08
7	1,3,5 - 三甲基苯	4.181 540	0.083 333	2.820 00	2.999 21	-0.179 21
8	1,2,3 - 三甲基苯	4.215 214	0.525 255	2.800 00	2.841 76	-0.041 76
9	1,2,4,5 - 四甲基苯	4.609 060	0.696 417	3.120 00	3.427 01	-0.307 01
10	正 - 丙基苯	4.431 851	0.000 000	3.390 00	3.464 46	-0.074 46
11	2,3 - 二氯苯酚	4.215 214	0.441 728	2.650 00	2.882 32	-0.232 32
12	2,4 - 二氯苯酚	4.198 377	0.782 419	2.750 00	2.688 32	0.061 68
13	2,4,6 - 三氯苯酚	4.609 061	1.079 942	3.020 00	3.240 78	-0.220 78
14	2,4,5 - 三氯苯酚	4.609 060	0.843 280	3.360 00	3.355 70	0.004 30
15	3,4,5 - 三氯苯酚	4.609 061	0.759 090	3.560 00	3.396 58	0.163 42
16	2,3,4,6 - 四氯苯酚	5.036 581	1.355 846	3.350 00	3.832 32	-0.482 32
17	2,3,4,5 - 四氯苯酚	5.036 581	1.149 440	4.120 00	3.932 54	0.187 46
18	五氯苯酚	5.464 101	3.294 736	3.730 00	3.616 33	0.113 67
19	4 - 溴苯酚	3.787 694	-0.070 924	2.170 00	2.405 75	-0.235 75

3.3.3.4 用于有机化学品与羟基自由基反应活性的 QSAR 研究

多相光催化是目前环境研究的热点之一,众所周知,多相光催化的反应机理主要是羟基自由基作用机理。根据此原理,研究并分析水中污染物与羟基自由基反应,探讨建立羟基自由基与有机物的反应速率(k)与有机物理化参数的定量关系,对多相光催化降解有机物反应机理的探讨及活性预测具有重要的参考价值。同时,其他一些高级氧化过程也与羟基自由基反应速率有关,本研究也能起到一定的指导作用。

1. 苯酚类化合物

我们考察了 16 种酚类化合物,取代基团包含有 —OCH_3,—NO_2,— 卤素,—CH_3,—$C(CH_3)_3$ 等。经过回归计算,苯酚类化合物与羟基自由基的反应速率 k 与 MCI 指数的 QSAR 回归方程为

$$k = 20.31\,^0\chi_P^v - 22.24\,^2\chi_P^v - 44.15 \quad (R = 0.7100, F = 6.6079, S = 6.2129, n = 16)$$

回归结果较文献中的值($R = 0.646$)相比有很大的进步。

表 3.8 中列出了 17 个 MCI 指数中进入回归方程的二项指数和 k 的实验值、预测值和残差,k 的单位为($\times 10^9 \text{ mol}^{-1} \cdot \text{s}^{-1}$)。

表 3.8 苯酚类的 MCI 指数及与羟基自由基的反应速率常数

编号	化合物	MCI 指数		与羟基自由基的反应速率常数		
		$^0\chi_P^v$	$^2\chi_P^v$	实验值	预测值	残差
1	苯酚	3.833 965	1.335 549	12.800 00	4.033 94	8.766 06
2	1,2 - 邻苯二酚	4.203 828	1.488 714	11.000 00	8.140 89	2.859 11
3	1,4 - 对苯二酚	4.203 828	1.516 398	5.200 00	7.525 32	-2.325 32
4	2 - 氯苯酚	4.890 508	1.858 612	12.000 00	13.863 85	-1.863 85
5	3 - 氯苯酚	4.890 508	1.916 307	7.200 00	12.580 96	-5.380 96
6	4 - 氯苯酚	4.890 508	1.912 852	7.600 00	12.657 78	-5.057 78
7	2 - 甲基苯酚	4.756 614	1.786 487	11.000 00	12.747 94	-1.747 94
8	4 - 甲基苯酚	4.756 615	1.835 549	12.000 00	11.657 03	0.342 97
9	2 - 甲氧基苯酚	5.087 512	1.919 928	20.000 00	16.502 01	3.497 99
10	3 - 甲氧基苯酚	5.164 863	1.698 025	32.000 00	23.007 35	8.992 65
11	4 - 甲氧基苯酚	5.164 863	1.698 025	26.000 00	23.007 35	2.992 65
12	4 - 叔丁基苯酚	7.256 615	3.796 874	19.000 00	18.825 73	0.174 27
13	4 - 硝基苯酚	4.951 076	1.693 714	3.800 00	18.760 74	-14.960 74
14	2,6 - 二甲氧基苯酚	6.495 761	2.994 303	26.000 00	21.216 96	4.783 04
15	2,3 - 二甲氧基苯酚	6.495 761	2.995 811	20.000 00	21.183 43	-1.183 43
16	3,5 - 二甲氧基苯酚	6.495 761	3.054 028	20.000 00	19.888 92	0.111 08

2. 烷烃和醇

烷烃和醇的 MCI 与羟基自由基反应活性的 QSAR 方程为

烷烃
$$k = 1.9159\,^0\chi_P - 2.2146$$
$$(R = 0.9646, F = 120.4882, S = 0.5642, n = 11)$$

醇
$$k = -1.8696\,^0\chi_P + 4.3510\,^1\chi_P^v + 2.7624$$
$$(R = 0.9092, F = 40.5507, S = 0.7571, n = 20)$$

烷烃和醇
$$k = 1.9346\,^0\chi_P - 2.7548\,^1\chi_P^v + 0.6400$$
$$(R = 0.9210, F = 78.2756, S = 0.8338, n = 31)$$

结果表明,烷烃和醇类有机物的分子连接性指数与羟基自由基反应速率常数存在良好的线形关系。表 3.9 列出了 20 种醇在 QSAR 方程中的二项分子连接性指数和及常数 k 的实验值、预测值和残差。

表 3.9 醇类的 MCI 指数及与羟基自由基的反应速率常数

编号	化合物	MCI 指数		与羟基自由基的反应速率常数		
		$^0\chi_P$	$^1\chi_P^v$	实验值	预测值	残差
1	甲醇	2.000 000	0.447 214	0.970 00	0.968 97	0.001 03
2	乙醇	2.707 107	1.023 335	1.900 00	2.153 65	−0.253 65
3	1-丙醇	3.121 320	1.316 228	2.800 00	2.653 61	0.146 39
4	2-丙醇	3.577 350	1.412 899	1.900 00	2.221 59	−0.321 59
5	3-甲基-1-丁醇	4.991 564	2.379 177	3.800 00	3.781 81	0.018 19
6	1-丁醇	4.121 321	2.023 335	4.200 00	3.860 60	0.339 40
7	2-丁醇	4.284 457	1.950 904	3.100 00	3.240 43	−0.140 43
8	1-戊醇	4.828 427	2.523 335	3.900 00	4.714 07	−0.814 07
9	3-戊醇	4.991 564	2.488 909	2.100 00	4.259 27	−2.159 27
10	1-己醇	5.535 534	3.023 335	7.000 00	5.567 55	1.432 45
11	1-辛醇	6.949 747	4.023 335	7.700 00	7.274 49	0.425 51
12	乙二醇	3.414 214	1.132 455	1.800 00	1.306 37	0.493 63
13	1,2-丙二醇	4.284 457	1.560 025	2.500 00	1.539 68	0.960 32
14	1,3-丙二醇	4.121 321	1.632 455	2.500 00	2.159 84	0.340 16
15	1,3-丁二醇	4.991 564	2.060 025	2.200 00	2.393 15	−0.193 15
16	1,4-丁二醇	4.828 427	2.132 455	3.200 00	3.013 32	0.186 68
17	2,3-丁二醇	5.154 700	2.004 431	1.300 00	1.846 24	−0.546 24
18	1,5-戊二醇	5.535 534	2.632 455	3.600 00	3.866 79	−0.266 79
19	1,6-己二醇	6.242 640	3.132 455	4.700 00	4.720 26	−0.020 27
20	2-甲基-1-丙醇	4.284 457	1.879 176	3.300 00	2.928 33	0.371 67

3. 小分子有机羧酸

由于羧基的影响,与相应的烷烃和醇相比,羧酸与羟基自由基的反应速率较小。其 QSAR 方程为

$$k = 1.918\,897\,^2\chi_p - 34.806\,232\,^3\chi_c^v - 1.814\,114$$

$(R = 0.996\,167, F = 324.275\,055, S = 0.267\,056, n = 8)$

表 3.10 为 8 种小分子二元羧酸及其回归方程的二项指数和 k 的实验值、预测值和残差。

表 3.10　小分子二元羧酸的 MCI 指数及与羟基自由基的反应速率常数

编号	化合物	MCI 指数		与羟基自由基的反应速率常数		
		$^2\chi_p$	$^3\chi_c^v$	实验值	预测值	残差
1	乙二酸	2.642 735	0.091 287	0.001 40	0.079 66	-0.078 26
2	丙二酸	3.125 898	0.129 099	0.020 00	-0.309 29	0.329 29
3	丁二酸	3.625 897	0.135 260	0.310 00	0.435 72	-0.125 72
4	己二酸	4.625 897	0.135 260	2.000 00	2.354 61	-0.354 61
5	庚二酸	5.125 897	0.129 099	3.500 00	3.528 50	-0.028 50
6	辛二酸	5.625 897	0.129 099	4.800 00	4.487 95	0.312 05
7	壬二酸	6.125 897	0.129 099	5.400 00	5.447 40	-0.047 40
8	葵二酸	6.625 897	0.129 099	6.400 00	6.406 85	-0.006 85

对 QSAR 方程的系数进行分析发现,k 与 MCI 指数 $^2\chi_p$ 和 $^3\chi_c^v$ 高度相关。说明羧酸的 k 值与分子长度呈正相关,与羧酸中的羧基呈高度负相关。

3.3.3.5　用于药物生物活性的 QSAR 研究

1. 麻醉剂

吸入麻醉剂之所以具有麻醉作用,是由于这些分子能够进入神经组织的脂相中,可能作用于蛋白质分子,而阻断正常的神经冲动,这类药物结构差异很大,尚未证明哪些基因是作用于受体的特定基团,认为吸入麻醉作用是非特异性的,活性大小取决于它们在体内的分布效应,主要与分配系数有关。用 $\lg K_{OW}$ 与活性虽可建立 QSAR 方程式,但对活性随着相对分子质量或分子体积的增大而增大,以及相对分子质量相同,链越长,沸点越高,活性越大,难以作出说明。而用分子连接性指数则可深入地解释上述一些问题。例如,28 个脂肪酸类的麻醉活性和 $^1\chi$ 的 QSAR 方程式为

$$\lg \frac{1}{C} = -0.365 + 1.865\,^1\chi - 0.230(^1\chi)^2 \quad (R = 0.986, S = 0.063, F = 449.1, n = 28)$$

式中,C 是 AD_{50} 的物质的量浓度。

$^1\chi$ 是随着分子量增大而增加的,它反映了同源物中分子尺寸的变化规律;若相对分子质量相同,$^1\chi$ 随着叉链的增多而变小。上式表明,活性与 $^1\chi$ 成抛物线关系,有一个最适 $^1\chi$ 值(4.05),就是说麻醉活性与 $^1\chi$ 值不是正相关,因而相对分子质量很大的醚类反而没有活性。

Paolo 也研究了 27 种脂肪烃类,醚类和酮类的麻醉活性与分子连接性指数间的 QSAR

同样不是线性关系,而成抛物线关系。

Hansch 曾对 23 个麻醉气体用 $\lg K_{OW}$ 建立了 QSAR 方程式,但仅解释活性变异的 30%。他敏感地认识到这一缺陷,于是加用虚潜参数提高方程式的相关系数(r 从 0.613 提高到 0.947),并推测这些麻醉气体可能以氢键形式与受体结合导致麻醉,而虚潜参数暗含上述这个性质。若用 χ 与活性建立 QSAR 方程式,相关性甚佳,这就使得 Hansch 所谓虚潜参数暗指氢键的猜测变得难以捉摸了。

2. 酶抑制剂

酶抑制剂是 11 个 N_1 烃基和芳烃基取代的胸腺嘧啶衍生物(见表 3.11),其活性与 $^1\chi$ 的 QSAR 方程式为

$$\lg \frac{1}{C} = 0.366\,^1\chi - 3.364 \quad (r = 0.920, S = 0.213, n = 11)$$

表 3.11 胸腺嘧啶磷酸酯酶抑制剂 $^1\chi$ 值和活性值

R	χ	lg 1/C 观测值	lg 1/C 计算值
甲基	3.698	-2.30	-2.01
丁基	5.236	-1.35	-1.44
异戊基	5.592	-1.30	-1.31
环戊基	5.270	-1.28	-1.43
异己基	6.092	-1.17	-1.13
戊基	5.736	-1.15	-1.26
3-苯丙基	7.254	-1.11	-0.71
2-苯丙基	6.754	-0.80	-0.89
苯甲基	6.254	-0.76	-1.07
4-苯丁基	7.754	-0.60	-0.52
5-苯戊基	8.254	-0.32	-0.34

分子连接性指数是 1975 年提出来的,虽在不断发展中克服了不少问题,例如,初步解决了杂原子的点价等问题,但还有很多不足之处,例如指数的种类太多,物理意义不明确;指数对几何异构体无法区别,所以顺反式的 χ 值是等同的;对化合物的构象也无法区别,所以这些还有待于进一步发展、改进和完善。

3.4 点价自相关拓扑指数及程序设计研究

3.4.1 点价自相关拓扑指数

在 3.2.3.2 中我们已经讨论了自相关拓扑指数的定义和算法。在自相关拓扑指数的计算中,一般常采用原子的范德华体积或电负性作为 $f(x)$,经计算得到 $F(t)$(即指数 V 和指数 E)用来表征分子的体积或电性,因此该类指数从本质上看还是通过实验获得的,

存在对不同来源的参数可比性较差,数据不完全等缺点;而且对于不同类型化学键中原子的体积和电子信息也有差别,如苯和环己烷,而指数 v 和指数 E 不能解决这一问题,这就需要进一步改进。

Randic 等在研究支链烷烃类有机物与其理化性质关系时,曾提出采用点价 δ_i 表征有机化合物分子的分支度和体积,依点价定义,则

$$\delta_i = 与 i 原子相连接的非氢原子的个数 = \sigma - h \tag{3.14}$$

其中,σ 表示原子的 σ 电子数,h 表示该原子邻接(键合)氢的数目。Kier 和 Hall 为区分饱和键与不饱和键,提出了修正点价(记为 δ_i^E),其定义为

$$\delta_i^E = Z^v - h \tag{3.15}$$

式中,Z^v 表示原子核最外层电子数。进一步考虑杂原子的影响,提出了修正点价 δ_i^v,其定义为

$$\delta_i^v = \frac{Z^v - h}{Z - Z^v - 1} \tag{3.16}$$

式中,Z 表示原子核外电子总数,Z^v 及 h 的定义同上。

根据分子轨道理论,一个与其他原子或基团结合的原子,其体积主要取决于外层电子在 σ、π 轨道上的分布。σ 轨道一般有两个电子,另一个由其他原子提供,若 σ 表示 σ 轨道上的价电子数,p 表示 π 轨道上的价电子数,n 表示孤对电子数,h 表示邻接氢原子的个数,则原子体积的函数关系为

$$V = f(2\sigma + p + n) = f'[(\sigma + p + n - h) + (\sigma - h)] = f'(\delta^v + \delta)$$

δ^v 和 δ 的定义同前。Kier 等用 20 种基团的 Bondi 体积和 $\delta^v + \delta$ 建立关系式

$$V(\text{Bondi}) = 17.03 - 1.59(\delta^v + \delta) \quad (r = 0.990, s = 0.52, N = 20)$$

因此可以认为 $(\delta_i^v + \delta_i)$ 给出了原子体积信息。定义 $(\delta_i^v + \delta_i)^{1/2}$ 为原子性质 $f(x)$,计算得出自相关拓扑指数 $F(t)$ 定义为 A_t,用来表征给定分子的体积信息,即

$$A_t = F(t) = \sum f(i)f(i+t) \tag{3.17}$$

式中,$f(i) = (\delta_i^v + \delta_i)^{1/2}$。

Mulliken 将电负性定义为原子电离势和电子亲和能的平均值,它可区分不同价态原子的电负性。根据定义

$$X_M = f(p + n) = f[(\sigma + p + n - h) - (\sigma - h)] = f(\delta^E + \delta)$$

考虑原子核对外层价电子的吸引力与它们间的距离及内层电子的屏蔽效应有关,用主量子数 N 平方的倒数来表示,则对 19 种原子有以下关系,即

$$X_M = 7.99(\delta^v + \delta)/N^2 + 7.07 \quad (r = 0.988, s = 0.48)$$

因此可以认为 $(\delta_i^E - \delta_i)/N^2$ 代表了原子的电负性信息。定义 $(\delta_i^E - \delta_i)^{1/2}/N$ 作为原子性质 $f(x)$,计算得到的自相关拓扑指数 $F(t)$ 定义为 B_t,用以表征给定分子的电性信息,即

$$B_t = F(t) = \sum f(i)f(i+t) \tag{3.18}$$

式中,$f(i) = \dfrac{(\delta_i^E - \delta_i)^{1/2}}{N}$,其中 N 为原子 i 的主量子数。

同时,把修正点价 δ_i^v 及点价 δ_i 的平方根也分别作为原子性质 $f(x)$,计算得到的自相关拓扑指数 $F(t)$ 分别定义为 C_t 和 D_t,用以表征给定分子的分支结构信息,即

$$C_t = F(t) = \sum f(i)f(i+t) \qquad (3.19)$$

式中，$f(i) = \delta_i^v$。

$$D_t = F(t) = \sum f(i)f(i+t) \qquad (3.20)$$

式中，$f(i) = \delta_i$。

这样，以分子拓扑学的点价和自相关函数为基础，开发出4种新的点价自相关拓扑指数。新的指数不受数据来源条件限制，可以从分子图直接计算，表达分子信息客观全面，选择性好。对每个分子计算0~5阶拓扑指数，则共有4×6=24个指数描述分子的结构信息。

例如计算对氯苯酚分子的3阶自相关拓扑指数 A_3，计算过程如表3.12所示。该过程利用计算机编程能够很方便地进行计算。

表3.12 点价自相关拓扑指数 A_3 计算示例

原子序号	1	2	3	4	5	6	7	8
δ_i	3	2	2	3	2	2	1	1
δ_i^v	4	3	3	4	3	3	5	0.778
$(\delta_i^v + \delta_i)^{1/2}$	2.645	2.236	2.236	2.645	2.236	2.236	2.449	1.333
A_3	\multicolumn{8}{c}{$f(1) \times f(4) + f(2) \times f(5) + f(2) \times f(8) + f(3) \times f(6) + f(3) \times f(7) + f(5) \times f(7) + f(6) \times f(8) = 33.913$}

3.4.2 点价自相关拓扑指数的程序化设计

3.4.2.1 邻接矩阵与距离矩阵的输入规则

邻接矩阵和距离矩阵是对分子图最基本的数字化描述。本文把分子图看成"色图"，对矩阵元素的输入进行修正，使之能更准确地表征和分辨出分子中的不饱和键及杂原子。对邻接矩阵元 a_{ij} 的输入规定为：

(1) 当顶点 i 和 j 不相邻时，$a_{ij} = 0$；

(2) 当 i 和 j 相邻时，视顶点 i 和 j 所代表的2个原子间的化学键类型定义 a_{ij}：单键 $a_{ij} = 1$，双键 $a_{ij} = 0.5$，叁键 $a_{ij} = 0.33$；

(3) 当 $i = j$（为矩阵对角线上元素）时，修正杂原子，a_{ii} 为给定编号（表3.13），碳原子的 a_{ii} 仍为0。

表3.13 分子图中杂原子的编号、δ_i^E、δ_i^v 和 N 值

杂原子	N_0	N_1	N_2	N_3	N-O	O_0	O_1	S_0	S_1	F	Cl	Br	I
编号	1	2	3	4	5	6	7	8	9	10	11	12	13
δ_i^E 值	5	4	3	2	6	6	5	6	5	3.5	7	7	7
δ_i^v 值	5	4	3	2	6	6	5	0.67	0.56	20	0.78	0.26	0.16
N 值	2	2	2	2	2	2	2	3	3	2	3	4	5

表 3.11 列出了不同种类的杂原子所对应的原子编号、修正点价 δ_i^E 和 δ_i^v,以及主量子数 N 值,其中 N_0 表示氮原子上连有 0 个氢,$N-O$ 为硝基氮原子,余类推。表 3.13 中氟原子的 δ_i^E 和 δ_i^v 采用实验修正值。例如描述乙醛分子(其结构图和分子图如图 3.20 所示)的邻接矩阵为

$$A = \begin{bmatrix} 0 & 1 & 0 \\ 1 & 0 & 0.5 \\ 0 & 0.5 & 6 \end{bmatrix}$$

$$\overset{1}{C}-\overset{2}{C}=\overset{3}{O} \qquad \bullet-\bullet-\bullet$$

图 3.20 乙醛分子结构图和分子图

矩阵对角线上元素 a_{ii} 为 0 代表碳原子,6 则代表羰基氧原子,0.5 代表 C=O 双键。

采用类似方法修正距离矩阵,则描述乙醛分子的距离矩阵为

$$D = \begin{bmatrix} 0 & 1 & 2 \\ 1 & 0 & 0.5 \\ 2 & 0.5 & 6 \end{bmatrix}$$

3.4.2.2 点价自相关拓扑指数的算法

依据分子拓扑学原理,分子拓扑指数的计算可通过对描述分子图的邻接矩阵和距离矩阵的处理来实现。由于邻接矩阵的输入相对简单,本文采用修正后的邻接矩阵表达"染色"分子图的信息,经程序自动将其转化为距离矩阵,最终以距离矩阵为基础计算点价 δ_i 和修正点价 δ_i^E 及 δ_i^v,并进一步计算自相关拓扑指数。点价自相关拓扑指数计算的程序设计思想如图 3.21 所示。具体算法如下:

1. 将输入的邻接矩阵,变换为相应的距离矩阵

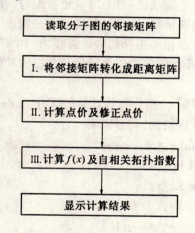

图 3.21 自相关拓扑指数计算的程序流程图

从标准的邻接矩阵(未修正)转换为距离矩阵,前文给出了邻接矩阵乘方算法,但 Muller 介绍了一种更快的算法:① 对于 n 个顶点和 m 条边组成的分子图 G,可以写出其邻接矩阵 $A(n \times n)$,先把非对角线上的零元素全部置矩阵维数 n,得矩阵 $A_0 = a_0(i,j)$;② 对所有元素定义一个操作:$a(i,j) = \min\{a(i,k) + a(k,j) | k = 1,2,\cdots,n\}$,并循环 L 次,$L \geq \lg 2(n-1)$,最后得到的矩阵 A_L 即为距离矩阵。

对于修正的邻接矩阵的变换采用下面的算法:① 将邻接矩阵 A 标准化(即取消对不饱和键及杂原子的修正),对 A 进行数学变换得标准距离矩阵 A_L;② 将 A_L 矩阵复制到邻接矩阵 A,并保留矩阵 A 的对角线元素及对不饱和键的修正,按上面的算法修改非对角线数值为零的元素 d_{ij},即可得到与邻接矩阵 A 相对应的距离矩阵 D。

2. 由距离矩阵计算点价及修正点价

(1) 计算点价 δ_i。点价 δ_i 为第 i 行小于或等于 1 元素(除对角线元素外)的个数。

(2) 计算修正点价 δ_i^E。先判断对角线元素 d_{ii} 是否为零，是零则依定义，此 d_{ii} 所对应的为碳原子，δ_i^E 等于此行小于或等于 1 的元素(不含 d_{ii})的倒数加和，再取整。若 $d_{ii} \neq 0$，则表示该顶点代表的是杂原子，依表 3.13 给定编号查出对应该杂原子的相关信息，通过公式(3.15) 求 δ_i^E 值。

(3) 计算修正点价 δ_i^v。先判断对角线元素是否为零，是则求法与计算 δ_i^E 相同；否则为杂原子，依表 3.13 的编号查出对应该杂原子的信息。通过公式(3.16) 求 δ_i^v 的值。

3. 计算原子的 $f(x)$，并依公式(3.14) 求出各阶自相关拓扑指数

(1) 由点价计算 $f(x)$ 值。分别计算 $\delta_i^v + \delta_i$、$(\delta_i^E - \delta_i)/N_2$、$\delta_i^E$ 和 δ_i 值，依定义这些值的平方根即为计算各类自相关拓扑指数的 $f(x)$，其中 N 值可由表 3.13 查得。

(2) 计算零阶指数($t = 0$)，即构成该分子的所有原子所对应的 $f(x)$ 值的平方和。

(3) 非零阶指数的阶数 t 与距离矩阵中的元素值 d_{ij} 对应(若 d_{ij} 为小数则取整为 1)，即 $t = d_{ij}$，d_{ij} 所处于的行和列分别为 i 和 j，依公式(3.14)，所有等于 t 的 $f(i)$ 与 $f(j)$ 乘积的和即为第 t 阶指数。由于距离矩阵的对称性，该操作只对该矩阵下三角非对角线元素进行即可。由此可求出各阶点价自相关拓扑指数。

上述算法已采用 C++ 语言编写，并已调试成功，经多种类型结构分子校核，表明程序编制准确可靠。编程计算的优点是快速、准确，对较大分子的指数手工计算几乎不可能。

将自相关拓扑指数计算作为一个模块嵌入 ATITP 程序中，利用该程序可完成指数计算、逐步回归建模以及活性预报三大功能，非常方便地用于定量构效关系的研究中。

【附】 拓扑指数计算的部分 Borland C++ 源程序

数据结构、符号说明

```
struct Infor_of_atom{
    int hi;                         —— 原子邻接的氢个数
    int Z, Zv;                      —— 原子的总电子数和最外层电子数
    int Zu;                         —— 原子的主量子数
}Infor_Atom[16];                    —— 结构体数组存储"染色"原子的信息
struct Auto_topo_index{
    int Dimension;                  —— 分子自相关拓扑指数的最大阶数
    double A[MAXN], B[MAXN];
    double C[MAXN], D[MAXN];        —— 四种点价自相关拓扑指数
}Auto_in;                           —— 结构体存储分子点价自相关拓扑指数
struct Molecular{
    char Name[20];                  —— 分子名称
    int na;                         —— 分子中非氢原子个数
    double Degree[MAXN];
    double Degree_E[MAXN];
    double Degree_V[MAXN];
    double FA[MAXN], FB[MAXN]
    double A[MAXN][MAXN];           —— 该分子的邻接矩阵
```

```
    double D[MAXN][MAXN];        ——该分子的距离矩阵
    double property,activity;    ——分子的性质或活性
}Mol;                            ——结构体,用来表达分子信息

//From Adjance Matrix to Distance Matrix
  void change()
  {
    int i,j,k,L;
    float iakj;
    for(i = 0;i < Mol.na;i ++)
      for(j = 0;j < Mol.na;j ++)
        Mol.D[i][j] = Mol.A[i][j];

    for(i = 0;i < Mol.na;i ++){
      Mol.A[i][i] = 0;
      for(j = 0;j < Mol.na;j ++){
        if(j! = i&&Mol.A[i][j] = = 0)
          Mol.A[i][j] = (float)Mol.na;
        if(j! = i&&Mol.A[i][j] < = 1)
          Mol.A[i][j] = 1.0;
      }
    }
    L = 1;
    while(L < Mol.na - 1){
      for(i = 0;i < Mol.na;i ++){
        for(j = 0;j < Mol.na;j ++){
          if(Mol.A[i][j] = = L)
            for(k = 0;k < Mol.na;k ++){
              iakj = Mol.A[k][i] + L;
              if(Mol.A[k][j] > = iakj)Mol.A[k][j] = iakj;
            }
        }
      }
      L = L + L;
    }
    for(i = 0;i < Mol.na;i ++)
      for(j = 0;j < Mol.na;j ++)
        if(j! = i&&Mol.D[i][j] = = 0)Mol.D[i][j] = Mol.A[i][j];
  }
```

```c
//Caculate Degree_of_point
    void degree(){
        int i,j;
        float max = 0.0;
        float square;
        for(i = 0;i < Mol.na;i++){
            Mol.Degree[i] = 0;
            Mol.Degree_E[i] = 0;
            Mol.Degree_V[i] = 0;
        square = Infor_Atom[Mol.D[i][i]].Zu * Infor_Atom[Mol.D[i][i]].Zu;
        if(Mol.D[i][i]!=0){
            if(Mol.D[i][i]!=9){
                Mol.Degree_E[i] =
        Infor_Atom[Mol.D[i][i]].Zv - Infor_Atom[Mol.D[i][i]].hi;
                Mol.Degree_V[i] =
        (double)(Infor_Atom[Mol.D[i][i]].Zv - Infor_Atom[Mol.D[i][i]].hi)/
        (Infor_Atom[Mol.D[i][i]].Z - Infor_Atom[Mol.D[i][i]].Zv - 1);
            }
            else if(Mol.D[i][i]==9){
                Mol.Degree_E[i] = 3.5;
                Mol.Degree_V[i] = 20;
            }
        }
        else {
            for(j = 0;j < Mol.na;j++){
                if(j!=i&&Mol.D[i][j]<=1.0){
        (double)Mol.Degree_E[i] = Mol.Degree_E[i] + 1.0/Mol.D[i][j];
                }
            }
            Mol.Degree_E[i] = (int)Mol.Degree_E[i];
            Mol.Degree_V[i] = Mol.Ddegree_E[i];
        }
        for(j = 0;j < Mol.na;j++){
            if(j!=i&&Mol.D[i][j]<=1.0)
                Mol.Degree[i] = Mol.Degree[i] + 1.0;
        }
        Mol.FA[i] = Mol.Degree[i] + Mol.Degree_V[i];
        Mol.FB[i] = (Mol.Degree_E[i] - Mol.Degree[i])/square;
        }
    for(i = 0;i < Mol.na;i++)
```

```c
    for(j = 0;j < Mol.na;j++)
        if(j! = i&&Mol.D[i][j] > max)max = Mol.D[i][j];
    Auto_in.Dimension = (int)max;
}

//Square Root of f(x)/
  void standard(){
    int i;
    for(i = 0;i < Mol.na;i++){
      Mol.FA[i] = sqrt(Mol.FA[i]);
      Mol.FB[i] = sqrt(Mol.FB[i]);
      Mol.Degree[i] = sqrt(Mol.Degree[i]);
      Mol.Degree_V[i] = sqrt(Mol.Degree_V[i]);
    }
  }

//Caculate Vertex Degree Autocorrelation Topolgical Index
  void topolgical(){
    int i,j,m;
    for(i = 0;i < MAXN;i++){
      Auto_in.A[i] = 0;Auto_in.B[i] = 0;
      Auto_in.C[i] = 0;Auto_in.D[i] = 0;
    }
    for(i = 0;i < Mol.na;i++){
      Auto_in.A[0] += Mol.FA[i] * Mol.FA[i];
      Autoin.B[0] += Mol.FB[i] * Mol.FB[i];
      Autoin.C[0] += Mol.Degree_V[i] * Mol.Degree_V[i];
      Autoin.D[0] += Mol.Dgree[i] * Mol.Degree[i];
    }
    for(i = 0;i < Mol.na;i++)
      for(j = 0;j < i;j++)
        for(m = 1;m <= Auto_in.Dimension;m++){
          if(ceil(Mol.D[i][j]) == m){
            Auto_in.A[m] += Mol.FA[i] * Mol.FA[j];
            Auto_in.B[m] += Mol.FB[i] * Mol.FB[j];
            Auto_in.C[m] += Mol.Degree_V[i] * Mol.Degree_V[j];
            Auto_in.D[m] += Mol.Degree[i] * Mol.Degree[j];
          }
        }
  }
}
```

3.4.3 点价自相关拓扑指数的应用

点价自相关拓扑指数可以直接由"染色"分子图计算得到,不依赖任何经验或实验数据,具有选择性高和适用性强的优点;而且在对有机化学品的辛醇-水分配系数、生物富集因子、生物毒性、生物降解性等的研究中,获得良好的结果,表明该指数表达分子信息全面,具有很好的使用价值。

3.4.3.1 点价自相关拓扑指数的 QSPR 应用

QSPR 是研究有机化合物分子结构与理化性质间的定量关系。疏水性参数是 Hansch 方程中表征结构特性的重要参数,直接影响有机化合物的环境行为和毒理学效应,一般用辛醇-水分配系数(K_{OW})表示,因此预测有机化合物的辛醇-水分配系数有重要意义。而一般新拓扑指数的相关性评价和构效关系研究也是从该理化参数开始的。采用点价自相关拓扑指数与 19 种烷烃、26 种醇、26 种硝基苯、35 种卤代烷、19 种芳香烃、39 种卤代苯、22 种酯、20 种烯、14 种醚、13 种酮、9 种二烯、12 种酚、10 种炔和 7 种环烷共 271 种有机化合物的辛醇-水分配系数进行相关研究,即

$$\lg K_{OW} = 0.092 A_2 - 0.329 C_1 + 0.394 D_0 + 2.41$$
$$(R = 0.860, F = 253.1, S = 0.730, n = 271)$$

从方程看出,对 271 种结构相差很大的化合物,相关性仍较好。

辛醇-水分配系数 K_{OW} 的本质可从微观探讨如下:一般辛醇-水分配系数的测量是在稀溶液中进行的,根据稀溶液的微观说明,在溶剂 A 中加入溶质 B,体系内能发生变化,即

$$U = U_A + U_B + n_B \chi$$

其中 χ 表示加入 1 mol 溶质 B 所引起作用能的变化,可以分解为两项,G_e 和 G_i,G_e 表示在溶液中形成一个溶质分子可进入的窝穴的能量,与分子体积信息有关,G_i 表示溶质分子和溶剂分子间的相互作用能,是静电作用和氢键作用产生的,由此导出溶液中溶质 B 的化学势 μ_B 为

$$\mu_B = \mu_B^*(T, P) + RT \ln x_B + G_e + G_i$$

其中,μ_B^* 表示纯溶质 B 的化学势。当溶质 B 在辛醇和水混合液中达平衡时,有

$$\mu_B^{Oct} = \mu_B^w$$
$$\mu_B^{Oct} = \mu_B^{*\,Oct} + RT \ln x_B^{Oct} + G_e^{OCT} + G_i^{OCT}$$
$$\mu_B^w = \mu_B^{*\,w} + RT \ln x_B^w + G_e^w + G_i^w$$
$$\lg K_{OW} = \lg \frac{x_B^{Oct}}{x_B^w} = \frac{1}{RT}[(G_e^w - G_e^{OCT}) + (G_i^w - G_i^{OCT})]$$

研究表明,辛醇-水分配系数不但与分子体积有关,也与静电作用和氢键作用有关。但对于非极性分子或极性很小的分子,如烃类或醇、醚、酮等,静电作用项影响很小,而对于含强极性基团的分子,如含卤分子、硝基化合物、酚等,静电作用不可忽略。基于上述讨论,将上述 14 类化合物分成 2 大类,其中烷、醇、芳香烃、烯、炔、二烯、环烷、醚、酮、酯等 10 类共 159 种化合物归为一类,另外的卤化物、酚和硝基化合物共 4 类 112 种归为另一类,分别与点价自相关拓扑指数进行回归,得到相关 QSAR 方程为

$$\lg K_{OW} = -0.488A_0 - 0.869A_1 + 1.298C_1 + 1.661D_0 + 0.06 \quad (3.21)$$
$$(R = 0.947, F = 331.4, S = 0.396, n = 159)$$
$$\lg K_{OW} = 0.139A_0 - 0.465B_0 - 0.225C_3 + 0.127D_2 + 1.868 \quad (3.22)$$
$$(R = 0.937, F = 192.9, S = 0.453, n = 112)$$

方程(3.21)没有引入表征分子电子分布的 B 类指数,而方程(3.22)引入表征分子电性分布的指数 B_0,弥补了其他指数缺少的信息,证明上述分类思路是正确的。而且分类后的相关性较分类前大大提高,表明分类后的化合物具有共同特征,用点价自相关拓扑指数表征时效果更佳,而未分类的271种化合物回归方程的相关系数 R 也能达到0.86,说明点价自相关拓扑指数在描述结构变化很大的化合物时具有其他指数难以比拟的优越性。

硝基芳烃化合物是一类使用广泛的化工原料或中间体,在染料、炸药、农药等的生产中占重要地位,但多数具有毒性,而且可能有致癌、致畸和致突变的三致效应,因此研究其环境行为非常重要。而生物富集因子BCF和辛醇-水分配系数 K_{OW} 是两类重要的理化参数,直接决定其环境毒理效应。采用点价自相关拓扑指数与20种硝基芳烃化合物的BCF和 K_{OW} 进行相关分析,其结果为(预测值和有关指数列于表3.14中)

$$\lg K_{OW} = 0.041B_5 - 0.158C_0 + 0.415D_0 + 0.161 \quad (3.23)$$
$$(R = 0.993, F = 378.4, S = 0.070, N = 20)$$
$$\lg BCF = 0.034A_5 - 0.240C_0 + 0.514D_0 + 0.759 \quad (3.24)$$
$$(R = 0.96, F = 63.4, S = 0.20, N = 20)$$

由方程可见相关性良好,而且两方程均引入了参数 C_0 和 D_0,表明这两个指数包含的分子分支度和体积方面信息能够反映分子结构变化规律,而这些规律对于理化性质BCF和 K_{OW} 是相同的且是主要的。因此仅采用 C_0 和 D_0 建立相关方程,相关性仍很好,比较文献中使用的分子连接性指数 $^1\chi^v$ 和非色散力因子 $\Delta\chi$,可以认为指数 C_0 和 D_0 联合使用能替代构造的 $\Delta\chi$ 参数,而且相关性有所提高,即

$$\lg K_{OW} = -0.152C_0 + 0.429D_0 + 0.262 \quad (3.25)$$
$$(R = 0.989, F = 393, S = 0.084, N = 20)$$
$$\lg BCF = -0.182C_0 + 0.555D_0 - 1.768 \quad (3.26)$$
$$(R = 0.933, F = 57.66, S = 0.255, N = 20)$$

但两种理化性质引入的高阶指数却不同。方程(3.23)引入了表征电子结构信息的指数 B_5,进一步提高方程相关性,表明该指数能够描述与 K_{OW} 相关的微小结构差异。从表3.14可以看出:一氯代硝基苯的 K_{OW} 变化趋势是:间位 > 对位 > 邻位,二硝基苯的 K_{OW} 变化趋势是:邻位 > 间位 > 对位,这些规律正好能够通过 B_5 体现,证明这些硝基芳烃化合物的 K_{OW} 与电子结构信息有关,这和前面的结论是一致的。而对于化合物BCF值的变化规律有所不同,一氯代硝基苯BCF值是:对位 > 间位 > 邻位,二硝基苯的BCF变化趋势是:间位 > 邻位 > 对位,这种规律与指数 A_5 符合,故而方程(3.24)引入了反映体积特征的指数 A_5。这也表明了硝化芳烃化合物的BCF和 K_{OW} 两种理化性质与不同的分子结构信息相关,而点价自相关拓扑指数 A、B 能够反映这种差别。

表 3.14 硝基芳烃化合物的点价自相关拓扑指数与生物富集系数(BCF)和 K_{OW} 值

编号	化合物	拓扑指数				BCF		K_{OW}	
		A_5	B_5	C_0	D_0	实测	预测	实测	预测
1	硝基苯					1.470	1.542	1.890	1.832
2	邻氯硝基苯	11.832	1.118	38.778	20.000	2.290	2.144	2.260	2.380
3	间氯硝基苯	18.888	2.944	38.778	20.000	2.420	2.385	2.490	2.456
4	对氯硝基苯	19.142	1.863	38.778	20.000	2.460	2.393	2.350	2.411
5	2,3-二氯硝基苯	18.888	2.944	40.556	22.000	3.010	2.987	3.010	3.005
6	2,4-二氯硝基苯	18.000	1.825	40.556	22.000	3.020	2.957	2.900	2.958
7	2,5-二氯硝基苯	20.665	3.610	40.556	22.000	2.920	3.048	2.900	3.032
8	3,5-二氯硝基苯	25.943	4.770	40.556	22.000	3.010	3.228	3.130	3.080
9	邻硝基甲苯	11.832	1.118	39.000	20.000	2.280	2.090	2.300	2.345
10	间硝基甲苯	19.315	1.118	39.000	20.000	2.310	2.346	2.400	2.345
11	对硝基甲苯	18.243	1.118	39.000	20.000	2.370	2.309	2.340	2.345
12	4-氯-2-硝基甲苯	20.773	2.944	40.778	22.000	3.020	2.998	3.050	2.969
13	2-氯-6-硝基甲苯	18.888	2.944	40.778	22.000	3.090	2.934	3.090	2.969
14	2,3-二甲基硝基苯	19.315	1.118	41.000	22.000	2.860	2.895	2.830	2.859
15	3,4-二甲基硝基苯	25.726	1.118	41.000	22.000	2.840	3.114	2.910	2.859
16	邻二硝基苯	51.664	7.236	56.000	24.000	1.020	1.428	1.550	1.574
17	间二硝基苯	55.413	6.109	56.000	24.000	1.870	1.556	1.520	1.528
18	对二硝基苯	37.000	2.986	56.000	24.000	0.700	0.927	1.450	1.399
19	2,4-二硝基甲苯	61.824	6.109	58.000	26.000	2.310	2.324	2.040	2.041
20	2,6-二硝基甲苯	55.413	6.109	58.000	26.000	2.440	2.105	2.020	2.041

3.4.3.2 点价自相关拓扑指数的 QSAR 应用

在缺乏实验数据的条件下,QSAR 可以作为预测化合物毒性的一种科学可信的工具。化合物毒作用机理比较复杂,Hansch 等将毒作用归为三部分的贡献:化合物在脂水中的分配,即疏水作用(H),可能存在的电性效应(E)和立体性质(S),因此可表示为

$$\lg T = aH + bE + cS + d$$

其中,a,b,c 是系数,d 是常数。但是获得化合物的上述三类参数往往是困难的,采用拓扑指数的方法成为惟一的选择。

为研究点价自相关拓扑指数在 QSAR 研究中的可行性,取 45 种化合物对发光菌的半数抑制率 EC_{50} 进行逐步回归,得到相关方程

$$\lg EC_{50} = -0.053A_4 + 0.344B_0 + 0.127D_2 + 1.089$$

$$(R = 0.929, F = 104.6, S = 0.391, n = 45)$$

45 种化合物的有关拓扑指数和毒性数值见表 3.15,其中化合物结构变化较大,包括胺、醇、醚、卤代和硝基芳烃等,但是方程仍具有很高的相关性和很好的预测能力,表明点价自相关拓扑指数在描述较宽范围内化合物的变化具有优势。

表3.15 45种化合物对发光菌的急性毒性及有关拓扑指数

编号	化合物	拓扑指数			EC_{50}		
		A_2	B_0	D_2	实验值	预测值	残差
1	四氯乙烷	16.619	2.667	8.928	3.700	3.267	0.433
2	二氯甲烷	1.778	1.333	1.000	1.960	2.014	−0.054
3	三氯甲烷	5.333	2.000	3.000	2.550	2.433	0.117
4	四氯甲烷	10.667	2.667	6.000	2.100	2.970	−0.870
5	2,4−二氯苯酚	60.094	3.833	23.919	4.450	4.274	0.176
6	六氯乙烷	33.294	4.000	18.000	5.520	4.668	0.852
7	1,2,3−三氯苯	55.738	3.500	24.555	4.530	4.610	−0.080
8	氯苯	37.795	2.167	15.727	3.860	3.347	0.513
9	2−氯苯酚	52.131	3.167	20.090	4.140	3.714	0.426
10	4−氯苯酚	50.582	3.167	19.455	4.480	3.666	0.814
11	1,4−二氯苯	45.590	2.833	19.455	4.390	3.895	0.495
12	1,2−二氯苯	46.682	2.833	20.090	4.380	3.972	0.408
13	1,2,4−三氯苯	54.645	3.500	23.919	4.500	4.532	−0.032
14	五氯苯酚	90.238	5.833	38.785	5.690	6.338	−0.648
15	1,2,4,5−四氯苯	63.701	4.167	28.383	5.510	5.170	0.340
16	苯	30.000	1.500	12.000	3.340	2.799	0.541
17	甲苯	38.157	1.500	15.727	3.080	3.140	−0.060
18	1,2−二氯乙烷	5.333	1.333	2.828	2.430	2.210	0.220
19	六氯环己烷	75.192	4.000	38.785	6.320	6.800	−0.480
20	1,3−二氯苯	45.758	2.833	19.556	4.240	3.907	0.333
21	2,4,5−三氯甲苯	64.096	3.500	28.383	4.860	4.961	−0.101
22	2,5−二氯甲苯	55.040	2.833	23.919	4.380	4.324	0.056
23	对氯甲苯	45.952	2.167	19.455	3.880	3.688	0.192
24	间二甲苯	46.481	1.500	19.556	3.650	3.494	0.156
25	邻甲苯酚	52.526	2.500	20.090	3.750	3.505	0.245
26	苯酚	42.787	2.500	15.727	3.640	3.118	0.522
27	四氯乙烯	17.666	3.167	8.928	3.940	3.338	0.602
28	2−丁醇	14.656	1.000	5.560	1.450	2.153	−0.703
29	对二甲苯	46.313	1.500	19.455	3.680	3.481	0.199
30	对氯苯甲醛	56.627	3.667	22.358	4.150	4.089	0.061

续表 3.15

编号	化合物	拓扑指数			EC_{50}		
		A_2	B_0	D_2	实验值	预测值	残差
31	邻氯苯甲醛	58.089	3.667	23.126	4.000	4.173	-0.173
32	3,4-二氯苯甲醛	65.683	4.333	26.823	4.680	4.726	-0.046
34	2,4,6-三氯苯胺	67.396	4.000	28.484	4.510	4.910	-0.400
35	3,4-二氯苯胺	57.627	3.333	23.919	4.200	4.295	-0.095
36	对二氯苯胺	57.900	3.333	23.919	4.090	4.277	-0.187
37	对氯苯胺	48.571	2.667	19.455	3.570	3.657	-0.087
38	苯胺	40.776	2.000	15.727	3.280	3.110	0.170
39	a-氯萘	86.754	3.167	36.192	4.990	5.226	-0.236
40	萘	77.329	2.500	31.596	4.860	4.582	0.278
41	1-丁醇	11.727	1.000	4.828	1.780	2.171	-0.391
42	乙醚	12.000	1.000	4.828	1.680	2.154	-0.474
43	四氢呋喃	23.314	1.000	10.000	1.900	2.627	-0.727
44	硝基苯	66.249	4.750	22.262	3.820	3.746	0.074
45	邻氯硝基苯	75.819	5.417	26.858	3.970	4.381	-0.411

我们还研究了 13 种取代苯胺和 11 种取代苯酚类化合物对大型蚤 24 h 半数活动抑制浓度的负对数($-\lg IC_{50}$)与点价自相关拓扑指数的定量关系,结果为

$$(-\lg IC_{50}) = 0.038A_4 + 0.610B_1 - 0.387C_0 + 0.256C_1 + 5.457$$
$$(R^2 = 0.872, S = 0.261, n = 24)$$

结果优于用量子化学参数建立的模型。

高级氧化技术(AOP, Advanced Oxidation Process)是目前环境工程水处理领域研究的热点之一,其反应机理主要是羟基自由基作用机理。研究并分析水中难降解有机污染物与羟基自由基反应,建立羟基自由基-有机物的反应速率(k)与有机物分子结构参数的定量关系,对利用高级氧化技术降解有机物反应机理的探讨及活性预测,并进一步应用于水处理工程实践具有重要学术意义和实用价值。我们采用点价自相关拓扑指数与有机化学品中取代酚、烷、醇及有机羧酸的羟基自由基反应速率常数建立定量关系方程,结果为

16 种酚
$$K = -4.571A_2 - 14.702B_1 + 5.632C_0 + 7.267D_3 + 37.431$$
$$(R = 0.876, F = 9.071, S = 4.626, n = 16)$$

11 种烷和 20 种醇
$$K = -0.792A_1 + 2.113D_0 - 0.442 \quad (R = 0.945, F = 116.1, S = 0.702, n = 31)$$

8 种二酸
$$K = 0.266A_3 - 7.020 \quad (R = 0.997, F = 890.6, S = 0.228, n = 8)$$

均优于用分子连接性指数回归的结果,其中对 31 种烷和醇的结果列于表 3.16,预测值和实验结果吻合良好。

表 3.16 某些烷烃和醇类化合物对发光菌的羟基自由基反应速率常数及有关拓扑指数

编号	化合物	拓扑指数 A_1	拓扑指数 D_0	$k/10^9(\text{L}\cdot\text{mol}^{-1}\cdot\text{s}^{-1})$ 实验值	$k/10^9(\text{L}\cdot\text{mol}^{-1}\cdot\text{s}^{-1})$ 预测值
1	乙烷	2.000	2.000	1.800	2.201
2	n-丁烷	6.000	9.657	4.600	4.589
3	n-戊烷	8.000	13.657	5.400	5.647
4	丙烷	4.000	5.657	3.600	3.531
5	异丁烷	6.000	10.392	4.600	4.007
6	2-甲基丁烷	8.000	14.656	5.200	4.856
7	n-己烷	10.000	17.657	6.600	6.706
8	n-辛烷	14.000	25.657	9.100	8.822
9	环戊烷	10.000	20.000	3.700	4.850
10	环己烷	12.000	24.000	6.100	5.908
11	环庚烷	14.000	28.000	7.700	6.967
12	甲醇	2.000	3.464	0.970	1.041
13	乙醇	4.000	7.727	1.900	1.891
14	1-丙醇	6.000	11.727	2.800	2.949
15	2-丙醇	6.000	12.928	1.900	1.998
16	3-甲基-1-丁醇	10.000	20.726	3.800	4.275
17	1-丁醇	8.000	15.727	4.200	4.007
18	2-丁醇	8.000	17.192	3.100	2.848
19	1-戊醇	10.000	19.727	3.900	5.066
20	3-戊醇	10.000	21.455	2.100	3.698
21	1-己醇	12.000	23.727	7.000	6.124
22	1-辛醇	12.000	23.727	7.700	6.124
23	乙二醇	6.000	13.798	1.800	1.309
24	1,2-丙二醇	8.000	19.262	2.500	1.208
25	1,3-丙二醇	8.000	17.798	2.500	2.367
26	1,3-丁二醇	10.000	23.262	2.200	2.266
27	1,4-丁二醇	10.000	21.798	3.200	3.426
28	2,3-丁二醇	10.000	24.928	1.300	0.947
29	1,5-戊二醇	12.000	25.798	3.600	4.484
30	1,6-己二醇	14.000	29.798	4.700	5.543
31	2-甲基-1-丙醇	8.000	16.726	3.300	3.216

3.4.3.3 点价自相关拓扑指数的 QSBR 应用

人类合成的有机化学品大量使用,许多残留在生态系统中,对动植物和人类健康构成危害。微生物降解作用可以使有机污染物矿化成 CO_2 和 H_2O,达到最终无害化,是其在环境中消除的主要途径。因此生物降解性是评价化学品在水陆生态环境中的毒性、持续寿命和最终归宿的最重要的参数。有机化学品的可生物降解性可以实验测定,但是实验复杂,而且不能获得新化合物的生物降解性数据,为此人们采用 QSAR 的研究方法来预测化学品生物降解性,形成了一个分支称为定量结构 – 生物降解性关系(QSBR, Quantitative Structure – Biodegradability Relationship)。QSBR 研究不多,因为实验条件和方法不同,数据可比性差。在 BOD_5、BOD_5/COD、动力学常数或降解速率等参数中,动力学常数不受浓度、处理条件等影响,是描述化合物生物降解性能最理想的参数。

我们采用点价自相关拓扑指数与 12 种氯代芳烃化合物的好氧降解速率常数进行相关分析,其结果为

$$K = 0.044 A_1 - 0.094 A_5 + 4.483 B_0 - 4.201 B_2 - 0.811$$

$$(R = 0.9902, S = 0.06688, F = 88.07, n = 12)$$

由方程可知,只有 A_1, A_5, B_0, B_2 四个点价自相关拓扑指数进入回归方程,且相关系数 R 值较高。这说明四个拓扑指数反应的结构信息与分子的生物可降解性具有良好的相关性。表 3.17 同时给出了用该 QSAR 方程计算的 12 种氯代芳烃生物降解速率常数的预测结果。

表 3.17 氯代芳烃化合物好氧降解速率常数 K 及相关拓扑指数

编号	化合物	拓扑指数				降解速率常数 $K/(L \cdot g^{-1} \cdot h^{-1})$		
		A_1	A_5	B_0	B_2	实验值	预测值	残差
1	氯苯	35.360	0	2.167	2.316	0.730	0.722	0.008
2	1,2 – 二氯苯	40.888	0	2.833	3.133	0.610	0.523	0.087
3	1,4 – 二氯苯	40.720	1.778	2.833	3.133	0.300	0.349	-0.049
4	1,3 – 二氯苯	40.720	0	2.833	3.133	0.510	0.515	-0.005
5	1,2,4 – 三氯苯	46.247	1.778	3.500	3.949	0.110	0.150	-0.040
6	对氯甲苯	40.934	1.886	2.167	2.316	0.780	0.790	-0.010
7	间氯甲苯	40.934	0	2.167	2.316	0.930	0.967	-0.037
8	邻氯甲苯	41.101	0	2.167	2.316	1.020	0.974	0.046
9	2 – 氯苯酚	43.841	0	3.167	3.316	1.270	1.376	-0.106
10	3 – 氯苯酚	43.673	0	3.167	3.316	1.420	1.368	0.052
11	4 – 氯苯酚	43.673	3.266	3.167	3.316	1.070	1.063	0.007
12	2,4 – 二氯苯酚	49.200	3.266	3.833	4.133	0.910	0.863	0.047

结果表明,预测值与实验值之间的残差很小,而且预测结果给出的 12 种氯代芳有机物可生物降解性的变化规律与实验测定值吻合,如可生物降解性顺序为:氯酚类 > 氯甲苯类 > 氯苯类,反映出苯环上羟基、甲基和氯三种取代基特性对分子的可生物降解性有

很大影响。在同类化合物中 K 随氯取代增多而降低,并且可生物降解性顺序为:对二氯苯 < 间二氯苯 < 邻二氯苯、对氯甲苯 < 间氯甲苯 < 邻氯甲苯,与文献研究结果一致。

在回归方程选中的四个指数中,A_1 和 A_5 与分子体积有关,是描述分子空间信息的参数,B_0 和 B_2 与电负性有关,可以表达分子的电性信息。根据分子拓扑结构得到的距离矩阵和表 3.17 中的结果发现:A_1 可以反映苯环上取代基数量的多少,苯环取代基多的分子,A_1 值也大,例如 A_1(三氯苯) > A_1(二氯苯) > A_1(氯苯),而且有机分子的生物降解性与 A_1 有关,如对于二氯苯、氯甲苯和氯苯酚三类化合物,A_1 依次增加,它们的生物降解速率常数依次增大;而三氯苯的 A_1 值虽然大于二氯苯和氯苯,但其生物降解性较差,说明除了取代基的大小和数量对有机分子的生物可降解性有影响外,还有其他如电性参数等对有机分子的可生物降解性有影响。

A_5 可以给出苯环对位的碳上是否同时带有取代基的信息,如果苯环对位碳同时连接取代基,则 $V_5 \neq 0$,否则 $V_5 = 0$。对于表中的 13 种芳香化合物,与同类化合物中邻位和间位同时取代的化合物相比,$V_5 \neq 0$ 的有机物生物降解性较差,如 1,4 - 二氯苯、对氯甲苯、4 - 氯苯酚的生物降解速率常数均小于同类中取代基是邻位和间位的化合物。B_0 和 B_2 分别反应苯环上及邻位碳上取代基地极性大小,极性取代基越多或电负性越大,B_0 和 B_2 的值就越大,特别是与邻位取代基的性质有关的 B_2 对氯代芳香化合物的生物降解性影响比较大,B_2 值大的有机化合物生物降解性好。

上述分析探讨了自相关拓扑指数 A、B 的物理意义,分别表达了分子不同结构的体积信息和电子信息,而通过指数阶数又可描述分子空间结构信息,可见生物降解性的难易是由分子化学组成、空间结构和电性参数共同决定的,采用点价自相关拓扑指数描述的信息全面,因此取得很好的相关关系。

上述研究结果表明,在分子拓扑学的点价和自相关函数基础上开发出新的点价自相关拓扑指数,与目前应用的以范德华体积和电负性为基础的传统自相关拓扑指数比较,具有不受数据来源条件限制,表达分子信息客观全面,选择性好,简并度低等优点。而且新的点价自相关拓扑指数与理化性质、生物活性和生物降解性之间均具有良好的相关关系,在 QSPR/QSAR/QSBR 研究中具有很好的实际应用价值和应用前景。

第4章 定量构效关系研究中的数学方法

回归分析、多元统计分析是定量结构活性关系(QSAR)研究中的基本数学方法。应用这些方法可以在化合物的结构-性质/活性之间建立回归方程;对未知属性的化合物进行合理的分类;建立数学模型,将化合物的结构信息与活性类别联系起来;预报未知物的活性大小,寻找化合物活性变化趋势并探索其产生的原因。实践表明,回归分析、多元统计分析在 QSAR 研究领域中的应用获得了极大的成功,为研究工作的深入开展提供了巨大的推动力。尽管回归分析、多元统计分析在数学上都有严格的定义和要求,尽管结构-活性关系的研究对象是化合物和生物体,情况复杂、干扰因素多,所获取的数据难以满足这些数学方法的前提条件,但是回归分析、多元统计分析在非数学学科的 QSAR 研究领域中的应用获得了极大的成功,为研究工作的深入开展提供了巨大的推动力。长期以来这些统计分析方法的冗长繁杂的计算过程妨碍了它在各个学科中的应用,事实上计算机普及前应用较少。在计算机飞速发展的今天,统计分析软件已经实现了商品化,使 QSAR 研究中的数据分析上升到了一个新的水平。

一般说来,建造数学模型应由四部分工作组成:对应于概念模式的系统输入、产出,要分别建造结构数据和活性数据矩阵;对应于概念模式的输入、产出间的响应性,要建造定量数学式;并实现其算法;最后是对所建立数学模型进行质量评定。

归结起来,进行 QSAR 研究需解决如下问题。

(1)变量的提取:由化合物结构来提取特征变量,即结构参数,是构造数学模型的关键环节。用于 QSAR 研究的主要结构参数有:①拓扑参数:如分子中原子类型,键的类型及拓扑指数等;②几何参数:如键长,键角,分子体积和形状;③电性参数:如电负性,局部电荷,E_{HUMO},E_{LUMO};④物理化学参数:如分配系数,超热力学常数等。提取何种特征参数,由研究的对象和所采用的研究方法而定。

(2)变量的筛选:由于一个化合物可以同时提取多种和多个变量,这些变量对于构造数学模型的重要性是不等同的,所以需要剔除非显著性变量。变量过多,不仅计算量大,而且对构造出较稳定的数学模型不利。用于变量筛选的方法有多种,如主成分分析,因子分析,遗传算法,模拟退火,最优子集选择法等。

(3)数学模型的构造:QSAR 中数学模型的构造是建立在实验基础上的。即首先由实验测得一系列化合物的某种性质,如吸附性能、溶解度等,然后运用前述所得变量,通过回归分析或人工神经网络建立可用于未知物预报的数学模型。

多元回归、逐步回归是经典的建模方法,这类建模方法一般可获得因果关系且物理意义明了的模型;但必须满足以下条件:①参数必须正交(不相关);②化合物个数大于变量数,一般要求样本数应是参数的 4 或 5 倍以上。

QSAR 中建模的方法还有模式识别,偏最小二乘法等,近年来人工神经网络法运用得比较广泛。人工神经网络是一种灰箱模型,实际应用效果很好,但没有明确的物理意义。通常可以采用回归分析方法、多变量方法、人工神经网络分析和遗传算法等数学手段建立

QSAR 模型。

QSAR 研究通常包括四个环节,即:①分子结构参数的获取;②分子结构参数的选取;③QSAR 模型的建立;④QSAR 模型的解释、验证和应用。

4.1 回归分析

回归分析是 QSAR 研究中最常用的统计分析方法。该方法包括常用的 Hansch 分析法,Free-Wilson 分析法等。该方法是对一组数据进行最小二乘拟合处理并建立函数关系的过程。当有几种性质对活性有贡献时,可用多元回归分析来处理,拟合函数的统计评价也是这种分析的一部分。一元回归分析涉及一个变量与另一个变量的关系,多元回归通常表示一个变量与两个或更多个变量之间的关系。在回归分析中如果因变量与自变量之间存在着线性关系,那么它们就是线性回归所研究的对象;若因变量与自变量的关系不是线性,属于非线性回归要解决的问题。在 QSAR 研究中对数据进行回归分析的主要内容有:

(1) 获得表示 QSAR 的回归方程;
(2) 回归系数的显著性检验;
(3) 回归方程的显著性检验;
(4) 利用回归方程进行预报等。

4.1.1 一元线性回归

在生产和科研中,常会碰到一些相互依赖而又相互制约的变量,它们之间的关系有两种类型。一种是确定性的函数关系,数学分析的全部内容都是讨论这类确定性的函数关系。然而,在许多实际问题中,由于变量之间的关系比较复杂,使我们无法得到精确的数学表达式;或由于生产、科研和试验中不可避免地存在着误差,因而使它们间的关系具有某种不确定性,如图 4.1 所示。取代酚类的抑菌活性 lg PC 与取代基的疏水参数 π 间存在着近似的线性关系。

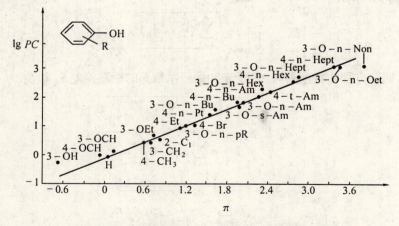

图 4.1 取代酚类的活性 lg PC 与取代基 π 间的关系

我们可以采用数理统计方法,在大量的试验和观测中,寻找隐藏在上述随机性后面的统计规律性。这类统计规律叫回归关系。研究有机化合物的结构信息参数与活性间的定量关系常需用回归分析。QSAR 中的回归分析主要研究内容有

(1) 从一类化合物的生物活性及结构信息参数(理化参数、拓扑指数、量子化学参数等)出发,确定它们之间的 QSAR 方程式;

(2) 对获得的 QSAR 方程式的可信程度进行统计检验;

(3) 从影响生物活性的许多结构信息参数中,判断哪些参数对活性的影响是显著的,哪些是不显著的;

(4) 利用所得的 QSAR 方程式对未知化合物的生物活性或环境行为进行预测;

(5) 根据回归分析方法,特别是根据预测所提出的要求,选择实验点,对实验进行某种设计;

(6) 寻找化合物数目较少,而且有较好统计性质的回归设计方法;

(7) 对化合物的作用机制作某些推论。

4.1.1.1 一元线性回归方程求解

设有 n 组数据,因变量 y 的观察值为 $y_1, y_2, \cdots, y_k, \cdots, y_n$;自变量 x 的取值为 $x_1, x_2, \cdots, x_k, \cdots, x_n$。建立在这些数据基础上的一元回归方程式为

$$\hat{Y} = b_0 + bX$$

式中,b_0 为回归线的截距;b 为回归线的斜率,也称做回归系数。

根据最小二乘法的原理,可得到回归系数 b 和常数 b_0,即

$$\begin{cases} b = \dfrac{\sum\limits_{k=1}^{n}(x_k - \bar{x})(y_k - \bar{y})}{\sum\limits_{k=1}^{n}(x_k - \bar{x})^2} \\ b_0 = \bar{y} - b\bar{x} \end{cases} \tag{4.1}$$

式中,$\bar{x} = \dfrac{1}{n}\sum\limits_{k=1}^{n} x_k$,$\bar{y} = \dfrac{1}{n}\sum\limits_{k=1}^{n} y_k$。

估计值的标准偏差 S_e 的计算式为

$$S_e = \sqrt{\dfrac{\sum\limits_{k=1}^{n}(y_k - \hat{y}_k)^2}{n - 2}}$$

S_e 值越小,回归方程的精度越高。常数 a 和回归系数 b 的标准偏差 S_a 和 S_b 为

$$S_a = S_e \cdot \sqrt{\dfrac{\sum\limits_{k=1}^{n} x_k^2}{n\sum\limits_{k=1}^{n} x_k^2 - (\sum\limits_{k=1}^{n} x_k)^2}}$$

$$S_b = \dfrac{S_e}{\sqrt{\sum\limits_{k=1}^{n} x_k^2 - (\sum\limits_{k=1}^{n} x_k)^2 / n}}$$

4.1.1.2 回归系数显著性检验

因变量 y 与自变量 x 之间是否有线性关系存在,需要在一定的显著水平下对回归系

数 b 作 t 检验判定。如果设定检验的显著水平为 α(例如 $\alpha = 0.05$),便可从 t 值表中查出自由度 $f = n - 2$ 下的临界值 $t_{\alpha/2}$。由回归系数 b 和回归系数标准误差 S_b,计算检验的统计量 t 为

$$t = \frac{b}{S_b}$$

如果 $t > t_{\alpha/2}$ 或 $t < -t_{\alpha/2}$,那么检验结果表明两变量 y 与 x 之间存在着线性关系,否则就无线性关系。

4.1.1.3 回归方程的相关系数及其显著性检验

相关系数 r 是因变量 y 和自变量 x 之间相关程度的度量。回归方程有无意义,在检验了相关系数 r 之后就可判定。相关系数 r 的计算公式为

$$r = \frac{\sum_{k=1}^{n}(x_k - \bar{x})(y_k - \bar{y})}{\sqrt{\sum_{k=1}^{n}(x_k - \bar{x})^2 \sum_{k=1}^{n}(y_k - \bar{y})^2}} \tag{4.2}$$

式中,x_k, y_k 为实验观测值,为观测值的均值。

相关系数取值范围为 $|r| \leq 1$。$r = 0$ 表明 y 与 x 之间线性无关(但有可能存在着别的关系,如抛物线关系);$|r| = 1$ 表明 y 是 x 的线性函数,完全线性相关;$|r|$ 由 0 变化到 1 表明 y 与 x 之间线性相关程度增大。r 为正表明 y 与 x 正相关,r 为负则表明 y 与 x 负相关。通过相关系数来衡量变量之间的线性相关程度,相关系数越大,则相关性越强。

检验相关系数的显著性可以利用相关系数检验表。该表列有一定显著水平 $\alpha(\alpha = 0.05, \alpha = 0.01)$ 下的对应独立自变量个数($k = 1$),剩余自由度($n - 2$)的相关系数临界值 r_α。如果计算的相关系数 r 的绝对值 $|r| > r_\alpha$,则两变量 y, x 在显著水平 α 上相关,回归方程有意义,否则所建立的回归方程无意义。需注意临界值 r_α 与数据对 n 的多少有密切关系。

相关系数 r 与前述 t 值之间的关系为

$$t = \frac{r}{\sqrt{(1 - r^2)(n - 2)}}$$

由此可见,对回归系数 b 作显著性检验与对相关系数 r 作显著性检验的结果是一致的。在一元回归方程检验中通常对相关系数作检验就可以了。

4.1.1.4 方差分析

寻找化合物的构效关系的线性回归方程目的在于揭示活性 Y 和性质 X 间的内在规律。自然要问,它的效果如何?揭示的规律深刻不深刻?用 X 预测 Y 精度怎样?必须对每个问题作进一步分析。

从图 4.1 可以看出,取代酚类的活性 Y 是不同的。我们称 Y 值的这种波动现象为变差。对每个化合物活性实验值来说,变差大小可以通过该化合物实验观测值 Y_k 与平均值 $\bar{Y}$ 的差 $(Y_k - \bar{Y})$ 来表示。而全部 n 个化合物观测值的总变差可由离均差平方和 l_{yy} 表示为

$$l_{yy} = \sum(Y_k - \bar{Y})^2$$

常称 l_{yy} 为 y 的总偏差平方和。从图 4.2 可看出每个化合物的离均差 $Y_k - \bar{Y}$ 都可分解为

$$Y_k - \bar{Y} = (Y_k - \hat{Y}_k) + (\hat{Y}_k - \bar{Y})$$

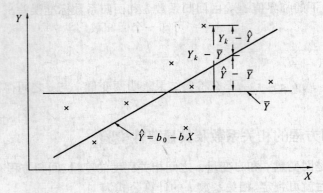

图 4.2　$Y_k - \bar{Y}$ 的分解

则总偏差平方和 l_{yy} 可分解为

$$l_{yy} = \sum_k (Y_k - \bar{Y})^2 = \sum_k [(Y_k - \hat{Y}_k) + (\hat{Y}_k - \bar{Y})]^2 = \\ \sum_k (Y_k - \hat{Y})^2 + \sum_k (\hat{Y}_k - \bar{Y})^2 + 2\sum_k (Y_k - \hat{Y}_k)(\hat{Y}_k - \bar{Y}) \quad (4.3)$$

根据最小二乘法原理,有

$$\begin{cases} \sum_k (Y_k - \hat{Y}) = 0 \\ \sum_k (Y_k - \hat{Y}_k) X_k = 0 \end{cases}$$

于是,式(4.3) 中的交叉项

$$\sum_k (Y_k - \hat{Y}_k)(\hat{Y}_k - \bar{Y}) = \sum_k (Y_k - \hat{Y}_k)(b_0 + bx_k - \bar{Y}) = \\ (b_0 - \bar{Y}) \sum_k (Y_k - \hat{Y}_k) + b \sum_k (Y_k - \hat{Y}_k) X_k = 0$$

这样即可获得总偏差平方和的分解公式

$$l_{yy} = \sum_k (Y_k - \bar{Y})^2 = \sum_k (Y_k - \hat{Y}_k)^2 + \sum_k (\hat{Y}_k - \bar{Y})^2 \quad (4.4)$$

或写成

$$l_{yy} = Q + U$$

式中,$U = \sum_k (\hat{Y}_k - \bar{Y})^2$,称为回归平方和,它是由于化合物的结构信息参数 X 的变化(即反映在物理化学性质上的差异)而引起的,它的大小(与误差相比的意义下)反映了 X 的重要程度。而 $Q = \sum_k (Y_k - \hat{Y}_k)^2$ 称为剩余平方和(或残差平方和),它是由于实验误差以及其他未加控制的因素引起的。这样一来,通过平方和分解公式(4.4),就把对 n 个化合物活性观测值的两种影响从数量上基本区分开来了。

回归平方和 U 与剩余平方和 Q 的具体计算通常并不是按它们的定义,而是采用公式

$$U = \sum_k (\hat{Y}_k - \bar{Y})^2 = \sum_k (b_0 - bX_k - b_0 - b\bar{X})^2 = \\ b^2 \sum_k (X_k - \bar{X})^2 = b \sum_k (X_k - \bar{X})(Y_k - \bar{Y}) = bl_{xy}$$

因此,有了回归系数 b,回归平方和 U 就可立即算得。而剩余平方和 Q 的计算式为

第4章 定量构效关系研究中的数学方法

$$Q = \sum_k (\hat{Y}_k - \bar{Y})^2 = l_{yy} - U = l_{yy} - bl_{xy}$$

从回归平方和和剩余平方和的意义可知一个回归效果的好坏取决于 U 及 Q 的大小，换言之，取决于 U 在总偏差平方和 l_{yy} 中的比例 U/l_{yy}。这个比例越大，回归的效果就越好。根据式(4.1)与式(4.2)，则有

$$\frac{U}{l_{yy}} = \frac{bl_{xy}}{l_{xy}} = \frac{l_{xy}^2}{l_{xx}l_{yy}} = r^2$$

从而有

$$U = r^2 l_{yy}$$
$$Q = (1 - r^2) l_{yy}$$

通过这些关系式，可以进一步理解相关系数的意义。因此，r 的绝对值越大则回归效果就越好。由于回归平方和 U 是总偏差平方和中的一部分，而剩余平方和又不可能为负数，因此 $U < l_{yy}$，由此可推出 r^2（从而 $|r|$）≤ 1。

每个平方和都与"自由度"有关，总偏差平方和的自由度 $f_{总}$ 等于回归平方和的自由度 f_U 及剩余平方和的自由度 f_Q 之和，即

$$f_{总} = f_U + f_Q \tag{4.5}$$

在回归问题中，$f_{总} = n - 1$，而 f_U 对应于化合物结构信息参数的个数。一元线性回归只有一个 x，所以 $f_U = 1$，故根据式(4.5)，Q 的自由度 $f_Q = n - 2$。

剩余平方和 Q 除以它的自由度 f_Q 得到的商

$$S^2 = \frac{Q}{n - 2}$$

称为剩余均方（或剩余方差），它可以看做在排除了 X 对 Y 的线性影响后（或者说当 X 固定时），衡量 Y 随机波动大小的一个估计量。剩余方差的平方根

$$S = \sqrt{\frac{Q}{n - 2}}$$

称为剩余标准偏差，与 S^2 的意义相似，它可用来衡量所有随机因素对 Y 的一次观测值的平均变差的大小。它的单位与 Y 的单位相同。

这种把平方和及自由度进行分解的方法称为方差分析法，方差分析的所有结果可以归纳在一个简单的表格中，这种表称为方差分析表（如表4.1）。

表4.1 一个自变量线性回归的方差分析表

变差来源	平方和	自由度	均方(方差)	F 统计值
回归(因素 X)	$U = \sum_k (\hat{Y}_k - \bar{Y})^2 = bl_{xy}$	1	$\dfrac{U}{1}$	
剩余(随机因素)	$Q = \sum_k (Y_k - \hat{Y}_k)^2 = l_{yy} - bl_{xy}$	$n - 2$	$S^2 = \dfrac{Q}{n - 2}$	$\dfrac{U}{Q/(n - 2)}$
总 计	$l_{yy} = \sum_k (Y_k - \bar{Y})^2$	$n - 1$		

4.1.1.5 根据回归方程式预测 Y 的值

若回归方程式是拟合得很好的,那就可以进一步利用它来预测化合物的活性。

根据正态分布的性质,对于固定的 $X = X_0$,Y 的取值是以 $\hat{Y}_0$ 为中心而对称分布的,越靠近 $\hat{Y}_0$ 的地方出现的机会越大,而离 $\hat{Y}_0$ 较远的地方出现的机会就较小,且与剩余标准偏差 S 之间有如下关系:

落在 $\hat{Y}_0 \pm S$ 的区间内概率是 68.3%;
落在 $\hat{Y}_0 \pm 2S$ 的区间内概率是 95.4%;
落在 $\hat{Y}_0 \pm 3S$ 的区间内概率是 99.7%;
落在 $\hat{Y}_0 \pm 1.96S$ 的区间内概率是 95%。

由此可见,若 S 越小,则从回归方程预测活性 Y 值就越精确。如果在平面图上作两条与回归直线平行的直线

$$Y' = b_0 + bX + 1.96S$$
$$Y'' = b_0 + bX - 1.96S$$

则可以预料,在全部可能出现的 Y 值中,大约有 95% 的点落在这两条直线所夹的范围内。

剩余标准偏差是个比较重要的量,因为它的单位与 Y 一致,最容易在实际中进行比较和检验。因此,一个回归方程能不能对化合物活性预测有所帮助,只要比较 S 与允许的偏差就行,所以它是检验一个回归是否有效的极其重要的标志。最后还得强调指出的是,回归方程式的适用范围一般的仅局限于原来观测数据的变动范围,而不能随意外推。

4.1.1.6 回归方程的稳定性

回归的计算是基于观测数据的。用不同的观测数据,回归分析的结果必然不同。这里有两种情况,一种是实验条件变了(如药理实验中,动物差异过大,两次实验条件不平行等),此时结果的改变反映了在不同条件下两个变量关系的变化。另一种情况是基本的实验条件并没有变化,但是由于各种随机因素的作用,所得的实验值也会有差别。后者根据不同的观测值计算得到的结果的差异是随机因素引起的正常的波动,我们希望研究一下这种正常的波动程度有多大。

对于每一批观测数据 (X_k, Y_k),$k = 1, 2, \cdots, n$,用最小二乘法都可以求得一个回归直线方程式 $\hat{Y}_k = b_0 + bX_k$。所谓回归方程式的稳定性是指除 X 外其他实验条件基本不变的情况下,由不同的几批观测数据得到的回归方程的系数 b 及常数项 b_0 的波动情况。波动程度小的,回归方程式就稳定,波动程度大的,回归方程式就不稳定。在实际使用回归方程式时,它们越稳定越好。

一般考察回归方程的稳定性,并不需要采用上面那种必须取不同批观测数据然后比较所得的回归方程这种"笨"办法。事实上,根据一批观测数据所作的回归计算中也能解决这个问题。回归系数 b 的波动大小可用它的"标准差" S_b 来表示。S_b 越小,b 的波动就越小。S_b 的计算公式为

$$S_b = \frac{S}{\sqrt{l_{xx}}}$$

式中,S 是剩余标准偏差。因此,b 的波动大小不仅与表示随机因素对 Y 的影响程度(即 Y 的实验误差)的 S 有关,而且还取决于观测数据中自变量 X 的波动程度。如果数据中的 X 值波动较大(即较分散),亦即化合物的结构信息参数跨度空间较大,b 的估计就较精确。

反之,若化合物的结构信息参数是从一个较小的范围内取得的,b 的估计就不会精确。

类似地,常数项 b_0 的波动大小也可用它的标准差来表示,其公式为

$$S_{b_0} = S \cdot \sqrt{\frac{1}{n} + \frac{\overline{X}^2}{l_{xx}}}$$

因此,它不仅与 S, l_{xx} 有关,还同化合物的个数 n 有关,n 越多,求得的 b_0 精度就越高。与 b_0, b 的波动大小直接有关的是,对于固定的 X_0,回归值 $\hat{Y}_k = b_0 + bX_k$ 的波动大小,$\hat{Y}_0$ 的标准差 $S_{\hat{Y}_0}$ 计算公式为

$$S_{\hat{Y}_0} = S \cdot \sqrt{\frac{1}{n} + \frac{(X_0 - \overline{X})^2}{l_{xx}}}$$

按照这个结果,我们要对 4.1.1.5 中根据回归方程式预测活性 Y 的取值这个问题作些补充说明。在那里,我们说对于固定的 X_0,Y 的取值以回归值 $\hat{Y}_k = b_0 + bX_k$ 为中心并有所波动,其波动大小即它的标准差可用剩余标准差 S 代替。现在考虑到回归方程的稳定性,$\hat{Y}$ 本身也会有波动。因此严格说来,对于每个固定的 X_0,相应的 Y 的取值虽然仍以 $\hat{Y}_0$ 为中心,但表示 Y 的波动范围的标准差 S_{Y_0} 应等于

$$S_{Y_0} = S \cdot \sqrt{1 + \frac{1}{n} + \frac{(X_0 - \overline{X})^2}{l_{xx}}} \quad (4.6)$$

上述表明,根据回归方程预测化合物活性 Y 值时,其精度实际上与 X 有关,靠近平均值 $\overline{X}$ 的精度高,而离 $\overline{X}$ 越远精度就越差,如图 4.3 所示。

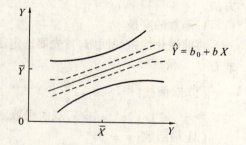

图 4.3　回归值 $\hat{Y}$ 和预测值 Y 波动大小示意图

图 4.3 中间的一条直线为回归直线,靠近回归直线的两条虚曲线表示回归值 $\hat{Y}$ 的波动范围,而外面的两条曲线则表示预测值 Y 的波动范围,从式(4.6)还可看出,当化合物数目 n 较大,且自变量 X 的取值与其平均值相距不太远时,Y 的标准差 S_{Y_0} 就接近 S,此时图 4.3 中的两头呈喇叭形的曲线就比较直,从而也可用直线来近似表示,这就是 4.1.1.5 中所述的结果。

药物分子设计问题中,常常关注的是每个新化合物的生物活性预测值的 95% 可信限,其计算公式为

$$\hat{Y}_0 \pm t_{1,n-2}^{0.05} \cdot S_{y0} = \hat{Y}_0 \pm t_{1,n-2}^{0.05} \cdot S \cdot \sqrt{1 + \frac{1}{n} + \frac{(X_0 - \overline{X})^2}{l_{xx}}}$$

还要指出的是,观测数据中的测量误差(不包括系统误差,后者不影响回归分析中两个变量的基本规律,只影响 b_0 的大小)对回归方程的稳定性是有影响的。前已提及,随机因素对 Y 的影响也包括测量误差。Y 的剩余平方和 Q(以及剩余方差 S^2)都包含了 Y 的测量误差,测量误差越大,只能使 Q 及 S^2 进一步增大。至于 X 的测量误差对回归的影响主要是对回归系数的影响。设 X 的真值为 X,每次测量误差为 d(d 在各次观测中是相互独立的),则实际观测值为 $u = X + d$,此时根据 u 求得的回归系数 b^* 与根据 X 求得的回归系数 b 之间的关系为

$$b^* = b \frac{\sum_k (X_k - \bar{X})^2}{\sum_k (X_k - \bar{X})^2 + \sum_k d^2}$$

显然,若所有的 d 不都等于 0 时,上式分式的值一定是小于 1 的正数,因此 $|b^*| < |b|$,即由于 X 的测量误差,使计算得到的回归系数 b^* 的绝对值比真正的回归系数要小。若误差的总和 $\sum_k d^2$ 与 l_{xx} 的大小相近,这个影响就很可观。举例说,若 $\sum_k d^2 = l_{xx}$,则计算所得的回归系数的绝对值就比真正值小一半。同时也可看到当 l_{xx} 即 X 的离散程度较大时,X 的测量误差对回归系数的影响相对而言就比较小。

综上所述,为了使所求的回归方程比较稳定,能反映化合物的真实构效关系规律,精度又高,就应努力提高观测数据本身的精确度,增加观测次数(即化合物数目),并尽量增大 X 的离散程度。

4.1.1.7 化曲线为直线回归

如果自变量与因变量的关系在散点图上呈现的是曲线关系,不妨选适当的函数来拟合,其中有些曲线可以通过变换化为直线,这样处理变量间的曲线关系仍可用线性回归的方法。

1. 函数的变换

将曲线化为直线回归,首先要选定函数,然后再进行适当的变换。常见的函数变换形式有:

(1) 双曲线:$\frac{1}{y} = a + \frac{b}{x}$

令 $y' = 1/y, x' = 1/x$,双曲函数则变换为线性函数 $y' = a + bx'$。

(2) 幂函数:$y = dx^b$

令 $y' = \lg y, x' = \lg x, a = \lg d$,幂函数则变换为线性函数 $y' = a + bx'$。

(3) 指数函数:$y = de^{bx}, y = dx^{b/x}$

令 $y' = \ln y, a = \ln d$,指数函数 $y = de^{bx}$ 变换为线性函数 $y = a + bx$。

令 $y' = \ln y, x' = 1/x, a = \ln d$,指数函数变换为线性函数 $y' = a + bx'$。

(4) 对数函数:$y = a + b\lg x$

令 $x' = \lg x$,对数函数变换为 $y = a + bx'$。

(5) S 型函数:$y = \frac{1}{a + be^{-x}}$

令 $y' = 1/y, x' = e - x$,S 型函数变换为 $y' = a + bx'$。

上述函数变换为线性函数后都可以按线性回归的方法对原始数据加以分析求出回归系数 b 及截距 b_0,然后按函数变换的逆方向写出非线性回归方程。

2. 曲线拟合效果的检验

相关系数是线性回归程度的标志,曲线拟合的状况用相关指数可表示为

$$r^2 = 1 - \frac{\sum_{i=1}^{n}(y_i - \hat{y}_i)^2}{\sum_{i=1}^{n}(y_i - \bar{y})^2}$$

式中,y_i 为因变量 y 的原始数据;$\hat{y}$ 为由非线性回归方程得到的估计值;$\bar{y}$ 为因变量 y 的原

始数据的均值。

r^2 值越大，曲线拟合得越好。在拟合曲线时，如事先不能确定用哪种函数，最好多试几种函数，分别计算相关指数 r^2，选择拥有最大 r^2 值的那个函数。

一般说来，一组数据转化成线性模型后得到的相关系数平方 r^2 与该组数据用非线性模型计算的相关指数 r^2 是不相同的。

4.1.2 多元回归分析

多元回归分析中涉及的自变量至少有两个。多元回归分析方法比一元回归的用途广得多。事实上，因变量只受一个自变量影响的情况是很少见的，通常遇到的是几个自变量共同影响一个因变量。在因变量受众多因素作用的情况下，不顾及其他只考虑一个自变量与因变量的关系而选用一元回归分析方法往往得不到正确的结论。在这类问题上采用多元线性回归分析通常可以获得满意的结果。在多元回归分析中因变量与每一个自变量之间都存在着线性关系，多元非线性回归一般都是化成多元线性回归后求解。

设因变量 y 与自变量 $x_1, x_2, \cdots, x_p$ 的线性回归模型为

$$y = b_0 + b_1 x_1 + b_2 x_2 + \cdots + b_p x_p + \varepsilon$$

式中，b_0 为常数项，$b_1, b_2, \cdots, b_p$ 为回归系数，ε 为随机误差，p 为样本数。

根据最小二乘法原理，解多元线性回归方程的"正规方程"，即可计算获得回归系数

$$b_i = \sum_{j=1}^{p} C_{ij} l_{ij} \quad i = 1, 2, 3, \cdots, p$$

式中，C_{ij} 是正规方程的系数矩阵的逆阵元素，即 $(C_{ij}) = (l_{ij})^{-1}$；$l_{ij} = l_{ji} = \sum_k (X_{ki} - \bar{X}_i)(X_{kj} - \bar{X}_j)$。

具体推导过程可参考有关数理统计书籍。一旦解出 $b_1, b_2, \cdots, b_p$，就可计算出 b_0，即

$$b_0 = \bar{Y} - (b_1 \bar{X}_1 + b_2 \bar{X}_2 + \cdots + b_p \bar{X}_p)$$

4.1.2.1 方差分析

在生产实践和科学试验中，影响试验结果的因素往往是很多的，我们希望通过部分试验数据判断哪些因素对试验结果有显著的影响，哪些因素对试验结果没有显著影响，方差分析是解决上述问题的一种有效方法。

如果一项试验中仅有一个可变的因素，这样的试验称为单因素试验；在试验中，可变因素所选取的不同状态称为试验水平（简称水平）。在试验中，我们将要考察的试验结果称为试验指标（简称指标）。通常的问题是：由因子在不同水平下的试验数据出发，如何判断因子的不同水平对试验结果的影响是否显著？

1. 回归平方和与剩余平方和

对因变量 y 的总偏离平方和 l_{yy} 进行分解得

$$l_{yy} = \sum_{i=1}^{n} (y_i - \bar{y})^2 = \sum_{i=1}^{n} (y_i - \hat{y})^2 + \sum_{i=1}^{n} (\hat{y}_i - \bar{y})^2 = Q + U$$

称 U 为回归平方和，它反映了自变量的变化所引起的波动，是总离差平方和中由回归方程解释的部分；称 Q 为残差平方和，它是由随机因素以及测量误差引起的，是总离差平方和中未被回归方程解释的部分。

多元回归分析中的标准偏差 S 为

$$S = \sqrt{\frac{Q}{(n-p-1)}}$$

式中，n 为每一样本的观测值数量；p 为自变量个数。标准偏差 S 值越小，回归方程的精度越高。

2. F 检验与复相关系数 R

对回归方程的显著性检验，就要看自变量 $x_1, x_2, \cdots, x_p$ 从整体上对 y 是否有明显影响。由此建立多元线性回归方程显著性检验的 F 统计量，即

$$F = \frac{U/p}{Q/(n-p-1)}$$

对于给定的数据 $x_{i1}, x_{i2}, \cdots, x_{ip}, y_i$，$i=1,2,\cdots,n$，依照上式得到 F 的值，再由给定的显著性水平 α，查 F 值分布表，得临界值 F_{n-p-1}^{α}。当 $F > F_{n-p-1}^{\alpha}$，即认为在显著性水平 α 下，y 对 $x_1, x_2, \cdots, x_p$ 有显著的线性关系。反之，认为线性回归方程不显著。

一个好的回归方程，总的离差平方和中，U 所占的比例越大，则回归效果越显著。于是定义 R 为 y 关于自变量 $x_1, x_2, \cdots, x_p$ 的样本的复相关系数，计算方法为

$$R^2 = \frac{U}{l_{yy}} = \frac{l_{yy} - Q}{l_{yy}}$$

或

$$R = \sqrt{\frac{U}{l_{yy}}} = \sqrt{1 - \frac{Q}{l_{yy}}}$$

式中，$U = \sum_{i=1}^{p} b_i l_{iy}$，$Q = l_{yy} - U = l_{yy} - \sum_{i=1}^{p} b_i l_{iy}$，其中

$$l_{iy} = \sum_{k}(X_{ki} - \bar{X})_i (Y_k - \bar{Y}) \qquad (i,j = 1,2,\cdots,p)$$

$|R| \leq 1$，R 越大，表示回归平方和 U 在总离差平方和 l_{yy} 中所占的成分越大，即说明回归效果越好。$R > 0.9$，一般认为回归效果显著。

上面的讨论可以归纳成一个"方差分析表"（见表4.2）。

表4.2 方差分析表

变差来源	平方和	自由度	均方(方差)	F 统计值
回 归	$U = \sum_{k}(\hat{Y}_k - \bar{Y})^2 = \sum_{i=1}^{p} b_i l_{iy}$	P	$\dfrac{U}{P}$	$\dfrac{U/p}{Q/(n-p-1)}$
残 差	$Q = \sum_{k}(Y_k - \hat{Y}_k)^2 = l_{yy} - \sum_{i=1}^{p} b_i l_{iy}$	$n-p-1$	$S^2 = \dfrac{Q}{n-p-1}$	
总 计	$l_{yy} = \sum_{k}(Y_k - \bar{Y})^2$	$n-1$		

4.1.2.2 各自变量的显著性检验

F 检验是对整个回归方程的显著性检验，换句话讲，F 检验是对回归方程中全部自变量的总体效果的检验。但总体效果显著并不意味着每一个变量都显著。常有这样的情况，在 p 个变量中，只有 k 个($k < p$)足够显著，这 p 个变量的回归方程也就显著。换言之，在拒绝全部 b_i 都等于零的假设 $H_0: b_1 = b_2 = \cdots = b_p = 0$ 的同时，也可能不拒绝其中有少数几个 b_i 等于零的假设。如某自变量 X_i 的系数 $b_i = 0$，则该自变量就不重要，应略去。为了

考察各自变量 X_i 的重要性,必须逐一检验 b_i 的显著性。

1. t 检验

$$t_i = \frac{b_i}{\sqrt{C_{ii}}S} \sim t_i(n-p-1) \qquad (i=1,2,\cdots,p) \tag{4.7}$$

用 t_i 来检验回归系数 b_i 是否为零,即 x_i 对 y 的影响是否显著。对于给定的数据 x_{i1}, $x_{i2},\cdots,x_{ip}, y_i, i=1,2,\cdots,n$,依照上式得到 t_i 的值,再由给定的显著性水平 α,查 t 分布表,得临界值 t_{n-p-1}^α。当 $t_i > t_{n-p-1}^\alpha$,认为在显著性水平 α 下,x_i 对 y 的影响显著,即可判定因变量 y 与自变量 x_i 之间存在线性关系;反之,认为 x_i 对 y 的影响不显著,无线性关系。

2. 某一自变量的贡献 —— 偏回归平方和 V_i

如上所述,有关某一自变量是否显著的问题已经解决。为便于下一节介绍"逐步回归",下面用更直观的方法讨论回归方程中某个自变量(如 X_i)的贡献。p 个变量回归方程的回归平方和为

$$U = \sum_{j=1}^{p} b_j l_{jy} = l_{yy} - Q$$

从 p 个变量中去掉 X_i,重新计算余下的 $p-1$ 个量的回归系数(记为 b_j'),并算出相应的回归平方和

$$U' = \sum_{\substack{j=1 \\ j \neq i}}^{p} b_j' l_{jy} = l_{yy} - Q'$$

记

$$V_i = U - U' = Q' - Q$$

V_i 就是 X_i 在这 p 个变量的回归方程中的贡献,亦称"偏回归平方和"。可以证明

$$V_i = \frac{b_i^2}{C_{ii}}$$

V_i 越大,相应的 X_i 越重要。

与复相关系数 R 相对应,亦可定义偏相关系数 R_i 为

$$R_i^2 = \frac{V_i}{Q} = \frac{Q'-Q}{Q'} = \frac{U-U'}{l_{yy}-U'} = \frac{V_i}{Q+V_i} = \frac{b_i^2}{C_{ii}Q+b_i^2}$$

或

$$R_i = \frac{b_i}{\sqrt{C_{ii}Q+b_i^2}}$$

由定义,偏相关系数 R_i 是 p 个变量中,扣除了除 X_i 之外的其他 $p-1$ 个变量影响之后,X_i 与 Y 的相关。$|R_i| < 1$。类似地,可定义 F_i 为

$$F_i = \frac{V_i/1}{Q/(n-p-1)} = \frac{b_i^2}{C_{ii}S^2} \tag{4.8}$$

在 $b_i = 0$ 的假设下,F_i 服从 F 分布,自由度分别是 1 和 $n-p-1$。它可用于检验 X_i 的贡献的显著性:当这里算出的 F_i 大于临界值 F_{n-p-1}^α 时,则认为 $b_i = 0$ 的假设不成立,即 X_i 的贡献显著;否则可认为 $b_i = 0$,这时可从回归方程中把 X_i 剔除出去。当 $n-p-1$ 较大时,对于典型值 $\alpha = 0.05$,有 $F^{0.05} \approx 4$。

R_i 与 F_i 的关系为

$$F_i = \frac{R_i^2/1}{(1-R_i^2)/(n-p-1)}$$

最后指出,对各自变量作显著性检验时,统计量 F_i 与 t_i 等价。事实上,由式(4.7)与(4.8)可知

$$F_t = t_i^2$$

如果从回归方程中去掉不显著的自变量 X_i,则 Y 对余下的 $p-l$ 个自变量的回归系数 b_j^* 与原来的回归系数 b_j 间的关系为

$$b_j^* = b_j - \frac{C_{ij}}{C_{ii}}b_i \qquad (j \neq i)$$

4.1.3 逐步回归分析

4.1.3.1 何谓逐步回归

前已指出,通过 F 检验或 t 检验方法,可以剔除回归方程中的一些不重要变量。但是,这种剔除工作是在全部变量(p 个)的回归方程建立后进行的。亦即先不论这 p 个变量是否全都重要,一律引入回归方程(这时先解一个 p 阶正规方程),其后才检验和剔除不重要的变量,如果确有不重要的量被剔除出来(这时剩下的变量个数 $k < p$),最后还得重新建立这 k 个量的回归方程(再解一个 k 阶正规方程)。尽管在剔除少数几个变量的情况下,可用少量运算得到最终的 k 个 b_i,而不一定要重解正规方程。然而,当可供选择的变量很多,而重要的变量很少时,这种经典的"反向计算"方式必然是低效率的。另方面,在电子计算机上,若正规方程的阶数 p 过大,则解的精度必然下降,甚至可能由于变量间不完全独立而引起计算上的困难("病态"或"退化")。

逐步回归方法正是在这样情况下提出来的。它根据各个自变量的重要性大小,每步选一个重要变量进入回归方程。第一步是在所有可供选择的变量中选出一个变量,并使它组成的一元回归方程比其他量将有更大的回归平方和(或更小的剩余平方和);第二步是在未选的变量中选一个这样的变量,它与已选的那个量组成的二元回归方程比其他任一个量与已选量组成的二元方程将有更大的回归平方和,如此继续下去。当然,为保证每一步选入回归方程的变量是真正重要的,还应对该步即将选入的变量作显著性检验,仅当显著才进行下一步计算,若不显著,选择变量的工作便告结束。但是,由于各变量间有相关性,先引入的变量可能由于后面的变量的引入而变得不显著,则随时应将它们从回归方程中剔除,使最终的回归方程只保留重要的变量。这种"有进有出"的逐步算法是应用最广的方法,在 QSAR 研究中也经常采用此法。

在逐步回归计算中,由于不重要的变量始终不进入回归方程,与经典的反向计算相比,它不需要解一个可能具有较大阶数的正规方程,计算效率很高,更重要的是,逐步回归计算过程中不会出现"病态"或"退化"。因为当某量与已选入回归方程的量存在着(或近似)线性相关时,它的作用可以完全(或近似)地由已选入回归方程的量代替,这时它不可能作为重要的变量被引入回归方程,因此,在逐步回归计算中,参加挑选的变量个数 p 甚至可以大于观测次数 n。

4.1.3.2 逐步回归的计算步骤

第一阶段:建立标准化正规方程。

计算均值
$$\bar{x}_i = \frac{1}{n}\sum_k x_{ki} \quad (i = 1,2,\cdots,p)$$

计算离差阵
$$l_{ij} = l_{ji} = \sum_k (x_{ki} - \bar{x})(x_{kj} - \bar{x}) \quad (i = 1,2,\cdots,p)$$

为使计算有更好的数字效果,需把正规方程改为标准化正规方程,即

$$\begin{cases} r_{11}\bar{b}_1 + r_{12}\bar{b}_2 + \cdots + r_{1p}\bar{b}_p = r_{1y} \\ r_{21}\bar{b}_1 + r_{22}\bar{b}_2 + \cdots + r_{2p}\bar{b}_p = r_{2y} \\ \cdots \cdots \cdots \\ r_{p1}\bar{b}_1 + r_{p2}\bar{b}_2 + \cdots + r_{pp}\bar{b}_p = r_{py} \end{cases} \quad (4.9)$$

其中,r_{ij} 是相关系数

$$r_{ij} = \frac{l_{ij}}{\sqrt{l_{ii}}\sqrt{l_{jj}}} \quad (i = 1,2,\cdots,p)$$

显然 $r_{ij}1\ (i = 1,2,\cdots,p)$。式(4.9)中的 b_i 是标准回归系数,它与 y 及 x_i 的单位无关。$\bar{b}$ 与 b_i 的关系为

$$b_i = \bar{b}_i \frac{\sqrt{l_{yy}}}{\sqrt{l_{ii}}} \quad (i = 1,2,\cdots,p) \quad (4.10)$$

相关矩阵 (r_{ij}) 的逆阵 $(\tilde{C}_{ij})$ 与离差矩阵 (l_{ij}) 的逆阵 (C_{ij}) 有如下关系为

$$C_{ij} = \frac{\tilde{C}_{ij}}{\sqrt{l_{ii}}\sqrt{l_{jj}}}$$

除了这些变化外,前面有关逐步回归计算中出现的 l_{ij} 都可以用 r_{ij} 代替。当然 $\bar{l}_{yy}$ 已被标准化 $(\bar{l}_{yy} = r_{yy} = 1)$,因此,新的剩余平方和 $(\tilde{Q})$,回归平方和 $(\tilde{U})$,偏回归平方和 $(\tilde{V}_i)$ 等值都与原值相差一个比例因子 l_{ij}。例如,$Q = \tilde{Q}l_{ij}$。

第二阶段:逐步计算。

假设已计算了 l 步(包括 $l = 0$),回归方程中引入了 l 个变量,则第 $l + 1$ 步的计算内容如下:

(1) 算出全部变量的贡献

$$\tilde{V}_i^{(l)} = \frac{[r_{iy}^{(l)}]}{r_{ii}^l} = \tilde{V}_i^{(l+1)}$$

其中,前一个等号可以理解为回归方程中剔除量 x_i 所损失的贡献,后一个等号为未引入量 x_i 一旦引入所增加的贡献。

(2) 在已引入的自变量中,考虑剔除可能存在的不显著量。这时在已引入量中选出具有最小 $\tilde{V}_i$ 值的那一个(如 $\tilde{V}_k^{(l)} = \max_{\text{已引入}i}\{\tilde{V}_i^{(l)}\}$,,计算 F 值,即

$$F = (n - l - 1)\tilde{V}_k^{(l)}/\tilde{Q}^{(l)*}$$

若 $F \leqslant F^\alpha$,则把 x_K 从方程中剔除出去[其后计算见步骤(3)]。若 $F > F^\alpha$,则考虑从未引入的变量中选出最显著的量,即未引入量中具有最大值的那一个(为方便,仍记作 $\tilde{V}_k^{l+1} = \max_{\text{未引入的}i}\{\tilde{V}_i^{(l+1)}\}$)计算 F 值,即

$$F = [n - (l+1) - 1]\tilde{V}_k^{(l+1)}/\tilde{Q}^{(l+1)} = (n - l - 2)\tilde{V}_k^{(l+1)}/(\tilde{Q}^{(l)} - \tilde{V}_k^{(l+1)})$$

若 $F > F^\alpha$,则把 x_k 引入回归方程 [其后的计算也是步骤(3)],否则逐步计算阶段结束,进入第三阶段。

(3) 对需要剔除或引进的 x_k 作一次消去运算,即

$$r_{ij}^{(l+1)} = \begin{cases} r_{ij}^{(l)} - r_{ik}^{(l)} \cdot r_{kj}^{(l)}/r_{kk}^{(l)} & (i, j \neq k) \\ r_{kj}^{(l)}/r_{kk}^{(l)} & (i = k, j \neq k) \\ 1/r_{kk}^{(l)} & (i, j = k) \\ -r_{ik}^{(l)}/r_{kk}^{(l)} & (i \neq k, j = k) \end{cases}$$

这时,对已进入回归方程式的量 x_i,其回归系数 $\tilde{b}_i^{(l+1)} = r_{iy}^{(l+1)}$,由式(4.10)得

$$b_i^{(l+1)} = r_{iy}^{(l+1)}\sqrt{l_{yy}}/\sqrt{l_{ii}}$$

至此,第 $l+1$ 步计算结束,其后重复步骤(1)~(3)进行下一步计算。如上所述,计算的每一步总是先考虑变量的剔除,然后再考虑引入。因此,开头几步可能都是引入变量,其后几步也可能相继地剔除几个变量。在实际问题中,先引进又被剔除并不多见,剔除后又重被引入更少见到,在既不能剔除又无法引入时,逐步计算结束,转入下一阶段。

第三阶段:结尾。

计算 b_0,残差 e_k,复相关系数 R,偏相关系数 R_i 等有助于分析回归效果的统计量,详见前面论述,其中

$$b_0 = \bar{y} - \sum_i b_i \bar{x}_i$$

$$e_k = y_k - \hat{y}_k = y_k - (b_0 + \sum_i b_i x_{ki})$$

式中的求和号仅对已选量 x_i 进行。

4.1.3.3 逐步回归的计算举例

假定对某类抗心律失常药物定量测定了 32 个衍生物的药理活性 y,为寻找其构效关系规律,选用 $x_1 \sim x_4$ 四个结构信息参数,见表 4.3,试用逐步回归方法在这四个参数中选出对活性起显著影响的参数,并建立 QSAR 方程。(临界值 $F_1 = F_2 = 2.5$)

表 4.3 原始数据表

编号	结构信息参数				活性	计算值	残差
	x_1	x_2	x_3	x_4	y	$\hat{y}$	$\|y - \hat{y}_k\|$
1	13	7	26	19	11.5	10.996 6	0.503 4
2	15	11	40	34	19.8	19.526 2	0.273 8
3	21	8	29	17	13.7	14.047 5	0.347 5
4	19	12	15	33	21.6	21.051 6	0.548 4
5	27	11	13	27	22.3	22.098 2	0.201 8
6	32	10	21	15	19.1	18.618 3	0.481 7
7	17	8	18	16	11.7	11.519 9	0.180 1

续表4.3

编号	结构信息参数				活性 y	计算值 $\hat{y}$	残差 $|y-\hat{y}_k|$
	x_1	x_2	x_3	x_4			
8	26	10	35	23	19.4	19.587 2	0.187 2
9	14	6	14	18	10.6	11.002 1	0.402 1
10	28	13	21	34	25.5	26.112 4	0.612 4
11	19	9	13	29	18.7	19.047 3	0.347 3
12	12	10	19	38	19.3	20.010 7	0.710 7
13	23	8	25	17	15.6	15.060 8	0.539 2
14	28	11	33	32	24.7	25.110 3	0.410 3
15	21	9	18	19	15.3	15.049 7	0.250 3
16	35	14	24	34	29.8	29.658 9	0.141 1
17	16	6	19	14	10.2	10.011 0	0.189 0
18	24	10	32	26	19.8	20.077 2	0.277 2
19	22	11	39	38	25.3	25.077 0	0.223 0
20	10	7	17	20	9.7	9.977 8	0.277 8
21	18	8	34	22	14.8	15.033 0	0.233 0
22	29	11	28	21	20.7	20.104 9	0.595 1
23	18	11	16	32	19.6	20.043 9	0.443 9
24	16	10	15	34	20.3	20.032 8	0.267 2
25	18	7	23	14	11.1	11.024 3	0.075 7
26	23	11	29	29	20.7	21.073 8	0.373 8
27	25	13	41	40	28.9	27.599 1	1.300 9
28	32	9	12	15	13.3	18.618 3	0.318 3
29	36	11	37	18	21.5	22.148 1	0.648 1
30	31	9	25	14	17.7	17.610 6	0.089 4
31	29	13	14	38	28.3	28.623 4	0.323 4
32	18	10	11	35	21.6	21.547 2	0.052 8

第一阶段：建立标准化正规方程。

计算均值、离差矩阵(即正规方程系数矩阵)、相关矩阵,如表4.4所示。

表 4.4　均值、离差和相关系数表

项目		x_1	x_2	x_3	x_4	y
均值		22.343 75	9.812 50	23.625 00	25.468 75	18.971 88
l_{ij}	x_1	1 487.219	252.062	408.125	−81.156	712.809
	x_2	252.062	132.875	120.750	413.812	337.231
	x_3	408.125	120.750	2 543.500	244.625	351.362
	x_4	−81.145	413.812	244.625	2 343.969	1 133.422
l_{yy}						935.265
r_{ij}	x_1	1	0.567 021 1	0.209 840 8	−0.043 466 9	0.604 392 1
	x_2	0.567 021 1	1	0.207 706 3	0.741 491 3	0.956 618 9
	x_3	0.209 840 8	0.207 706 3	1	0.100 186 5	0.227 809 7
	x_4	−0.043 466 9	0.741 491 3	0.100 186 5	1	0.765 505 8

第二阶段:逐步计算。

第 1 步 ($l = 0$)

(1) 各变量的贡献为

$$\tilde{V}_1^{(1)} = (r_{1y}^{(0)})^2/r_{11}^{(0)} = 0.365\ 289$$

$$\tilde{V}_2^{(1)} = (r_{2y}^{(0)})^2/r_{22}^{(0)} = 0.915\ 117$$

$$\tilde{V}_3^{(1)} = (r_{3y}^{(0)})^2/r_{33}^{(0)} = 0.051\ 897$$

$$\tilde{V}_4^{(1)} = (r_{4y}^{(0)})^2/r_{44}^{(0)} = 0.585\ 998$$

(2) 不必考虑剔除,仅考虑引入变量,即

$$\tilde{V}_2^{(1)} = \max\{\tilde{V}_1^{(1)}, \tilde{V}_2^{(1)}, \tilde{V}_3^{(1)}, \tilde{V}_4^{(1)}\} \quad (未选变量)$$

$$F = (n - 0 - 2)\tilde{V}_2^{(1)}/(\tilde{Q}^{(1)} - \tilde{V}_2^{(1)}) = 323.429$$

$F > F_1 = 2.5$,变量 x_2 显著,可引入回归方程。

(3) 对 x_2 作消去运算得 $r_{ij}^{(1)}(k = 2)$,见表 4.5。

表 4.5　对 x_2 作消去运算

$r_{ij}^{(1)}$ j i	1	2	3	4	y
1	0.678 487	−0.567 021	0.092 067	−0.463 908	0.061 970
2	0.567 021	1	0.207 706	0.741 491	0.956 617
3	0.092 067	−0.207 706	0.956 858	−0.053 826	0.029 114
4	−0.463 908	−0.741 491	−0.053 826	0.450 190	0.056 182

其中,$\tilde{Q}^{(1)} = \tilde{Q}^{(0)} - \tilde{V}_2^{(1)} = 0.084\ 883$。

第 2 步 ($l = 1$)

(1) 各变量的贡献为

$$\tilde{V}_1^{(2)} = 0.005\ 660$$

$$\tilde{V}_2^{(1)} = 0.915\ 117 \ (已选)$$

$$\tilde{V}_2^{(2)} = 0.000\,886$$
$$\tilde{V}_2^{(2)} = 0.007\,011$$

(2) 不必考虑剔除,仅考虑引入变量,即
$$\tilde{V}_4^{(2)} = \max\{\tilde{V}_1^{(2)}, \tilde{V}_3^{(2)}, \tilde{V}_4^{(2)}\} \quad (未选变量)$$
$$F = (n - 1 - 2)\tilde{V}_4^{(2)}/(\tilde{Q}^{(1)} - \tilde{V}_4^{(2)}) = 2.611$$

$F > F_1$,变量 x_4 显著,可引入回归方程。

(3) 对 x_4 作消去运算得 $r_{ij}^{(2)}(k = 4)$,见表 4.6。

表 4.6 对 x_4 作消去运算

$r_{ij}^{(2)}$ j \ i	1	2	3	4	y
1	0.200 443	-1.331 10	0.036 601	1.030 47	0.119 863
2	1.331 100	2.221 28	0.296 361	-1.647 06	0.864 083
3	0.036 601	-0.296 361	0.950 422	0.119 562	0.035 831
4	-1.030 470	-1.647 06	-0.119 562	2.221 28	0.124 795

其中,$\tilde{Q}^{(2)} = \tilde{Q}^{(1)} - \tilde{Q}_4^{(2)} = 0.077\,872$。

第 3 步($l = 2$)

(1) 各变量的贡献为
$$\tilde{V}_1^{(3)} = 0.071\,677$$
$$\tilde{V}_2^{(2)} = 0.336\,13 (已选)$$
$$\tilde{V}_3^{(3)} = 0.001\,358$$
$$\tilde{V}_4^{(2)} = 0.007\,011 (已选)$$

(2) 仍不考虑剔除,仅考虑引入变量。这是因为在逐步回归中,可以严格证明,第 $l + 1$ 步和第 $l + 2$ 步引入的变量,不可能在第 $l + 3$ 步中被剔除($l = 0, 1, 2, \cdots$),即
$$\tilde{V}_1^{(3)} = \max\{\tilde{V}_1^{(3)} \tilde{V}_3^{(3)}\} \quad (未选变量)$$
$$F = (n - 2 - 2)\tilde{V}_1^{(3)}/(\tilde{Q}^{(2)} - \tilde{V}_1^{(3)}) = 324.01$$

$F > F_1$,变量 x_1 显著,可引入回归方程。

(3) 对 x_1 作消去运算得 $r_{ij}^{(3)}(k = 1)$,见表 4.7。

表 4.7 对 x_1 作消去运算

$r_{ij}^{(1)}$ j \ i	1	2	3	4	y
1	4.988 93	-6.640 79	0.182 599 0	5.140 94	0.597 989
2	-6.640 79	11.060 90	0.053 301 5	-8.490 20	0.068 096
3	-0.182 599	-0.053 301	0.943 739	-0.068 601	0.013 944
4	5.140 94	-8.490 20	0.068 601	7.518 87	0.741 006

其中，$\widetilde{Q}^{(3)} = \widetilde{Q}^{(2)} - \widetilde{V}_1^{(3)} = 0.006\,195$。

第4步（$l = 3$）

(1) 各变量的贡献为

$$\widetilde{V}_1^{(3)} = 0.071\,677\,(已选)$$
$$\widetilde{V}_2^{(3)} = 0.000\,419\,2\,(已选)$$
$$\widetilde{V}_3^{(4)} = 0.000\,206$$
$$\widetilde{V}_4^{(3)} = 0.073\,028\,(已选)$$

(2) 先考虑剔除，即

$$\widetilde{V}_2^{(3)} = \min\{\widetilde{V}_1^{(3)}, \widetilde{V}_2^{(3)}, \widetilde{V}_4^{(3)}\} \quad (已选变量)$$
$$F = (n - 3 - 1)\widetilde{V}_2^{(3)}/\widetilde{Q}^{(3)} = 1.895$$

$F < F_2$，应把变量 x_2 剔除。

(3) 对 x_2 作消去运算得 $r_{ij}^{(4)}$。为使计算步数与回归方程中已引入的变量个数一致，这里的 $r_{ij}^{(4)}$ 也可记为 $r_{ij}^{(2)}$，事实上它与直接引入 x_1, x_4 两个变量所得的相同，见表4.8。

表4.8 对 x_2 消去运算

$r_{ij}^{(2)}$ $\diagdown$ j $\diagdown$ i	1	2	3	4	y
1	1.001 890	0.600 385	0.214 601	0.043 549	0.638 873
2	-0.600 385	0.090 409	0.004 918 9	-0.767 588	0.006 156 4
3	-0.214 601	0.004 818 9	0.943 996	-0.109 514	0.014 272
4	0.043 549	0.767 588	0.109 514	1.001 89	0.793 275

其中，$\widetilde{Q}^{(2)} = \widetilde{Q}^{(3)} + \widetilde{V}_2^{(3)} = 0.006\,614$。

第5步（$l = 2$，即形式上看做第3步）

(1) 各变量的贡献为

$$\widetilde{V}_1^{(2)} = 0.407\,387\,(已选)$$
$$\widetilde{V}_2^{(3)} = 0.000\,419\,2$$
$$\widetilde{V}_3^{(3)} = 0.000\,215\,8$$
$$\widetilde{V}_4^{(2)} = 0.628\,096\,(已选)$$

(2) 先考虑剔除，即

$$\widetilde{V}_1^{(2)} = \min\{\widetilde{V}_1^{(2)}, \widetilde{V}_4^{(2)}\} \quad (已选变量)$$
$$F = (n - 3 - 1)\widetilde{V}_1^{(2)}/\widetilde{Q}^{(2)} = 1.786$$

$F > F_2$，不能剔除 x_1，现考虑引入变量，即

$$\widetilde{V}_2^{(3)} = \max\{\widetilde{V}_2^{(3)}, \widetilde{V}_3^{(3)}\} \quad (未选变量)$$
$$F = (n - 2 - 2)\widetilde{V}_2^{(3)}/(\widetilde{Q}^{(2)} - \widetilde{V}_2^{(3)}) = 1.895$$

$F < F_1$，x_2 不显著，不能引入回归方程。至此逐步计算结束。

第三阶段：结尾。

逐步计算中选出的重要变量是 x_1, x_4，相应的回归系数为

$$b_1^{(2)} = r_{1y}^{(2)} = \sqrt{l_{yy}}/\sqrt{l_{11}} = 0.506\,634$$
$$b_4^{(2)} = r_{4y}^{(2)} = \sqrt{l_{yy}}/\sqrt{l_{44}} = 0.501\,089$$
$$b_0^{(2)} = \bar{y} - (b_1^{(2)}\bar{x}_1 + b_4^{(2)}\bar{x}_4) = -5.110\,36$$

剩余平方和与回归平方和分别为

$$Q^{(2)} = l_{yy}\widetilde{Q}^{(2)} = 6.186$$
$$U^{(2)} = l_{yy}(1 - \widetilde{Q}^{(2)}) = 929.079$$

所以

$$R = \sqrt{\frac{U^{(2)}}{l_{yy}}} = 0.997$$
$$S = \sqrt{Q/(n-p-1)} = 0.571$$
$$F = \frac{n-p-1}{p} \cdot \frac{R^2}{1-R^2} = 2\,405$$

最终 QSAR 方程为

$$\hat{y} = -5.110 + 0.507x_1 + 0.501x_4 \quad (n = 32, R = 0.997, S = 0.571, F = 2\,405)$$

4.2 多元统计分析方法

多元统计分析方法包括主成分分析、因子分析、聚类分析、判别分析和模式识别等。其中前三种方法是根据分子结构、生物性质、取代基及物理化学性质等对化合物进行分组，并研究它们之间的关系。当生物活性可定性分成活泼和不活泼时，判别分析可评价哪一种理化性质的组合能更有效地进行化合物分类，建立的判别方程可用来预测一个新化合物属于哪一类。判别分析是一种扩展的回归分析。模式识别最初曾被用来根据质谱数据判断化合物的结构种类，近年来被越来越多地应用于 QSAR 分析。

4.2.1 主成分分析

4.2.1.1 何谓主成分分析

主成分分析是一种多元统计分析方法。在 QSAR 研究中常常遇到所选用的结构参数、理化常数之间存在着程度不同的相关性，因而使得提供的信息发生重叠，掩盖了要分析的问题本质。透过重叠的信息要使本质显露出来，在数学上可通过变量的线性组合来实现。这就是说，如果 n 个化合物用 k 个变量描述，而这 k 个变量中有部分变量之间还可能存在着相关关系，那么用主成分分析法可以给出 k 个彼此无相关性的新的综合变量，即原始变量的线性组合——主成分。合理地从 k 个主成分中挑选出少数几个主成分作代表，就可以获取由原始变量提供的绝大部分信息。根据主成分值绘制的主成分图可以用来考察化合物的分类情况。

4.2.1.2 主成分分析的步骤和方法

1. 原始数据的标准化

由于数据来源不同，数据本身所代表的意义也不相同，度量标准（单位，量级大小以及数值变化的幅度）也会很不一致。例如，取代基的疏水参数绝对值较小，摩尔折射率值较大，如果直接用原始数据进行计算，必然会突出那些绝对值大的变量而压低了绝对值较小的变量的作用，为了减少和清除上述诸种因素带来的影响。一般在计算之前要对原始数据进行标准化的变换。常用的标准化方法有：

（1）标准差标准化

标准化值 $x_{ij}^* = \dfrac{x_{ij} - \bar{x}_j}{S_j}$ $(i = 1,2,\cdots,n; j = 1,2,\cdots,k)$

式中，$\bar{x}_i = \dfrac{1}{n}\sum\limits_{i=1}^{n} x_{ij}$ $(j = 1,2,\cdots,k)$。

$$S_j = \sqrt{\dfrac{1}{n-1}\sum_{i=1}^{n}(x_{ij} - \bar{x}_j)^2} \quad (j = 1,2,\cdots,k)$$

这种变换方法是把变量看成是呈正态分布的随机变量，经标准化后所有变量都服从标准正态分布。通过这样的变换使得变量之间因数值大小和变化幅度不同而产生的差异消除了。

（2）正规化

将原始数据代入下式

$$x_{ij}^* = \dfrac{x_{ij} - x_{j(\max)}}{x_{j(\max)} - x_{j(\min)}} \quad (i = 1,2,\cdots,n; j = 1,2,\cdots,k)$$

式中，x_{ij} 为第 j 个变量的第 i 个值；$x_{j(\max)}$ 和 $x_{j(\min)}$ 分别为第 j 个变量的极大值和极小值。

当各变量分布很不相同时，定量数据和定性数据共存时或用虚参数 0、1 表示非连续结构特征时用该变换法较为合适。

2. 建立相关矩阵，计算矩阵的特征值和特征向量

利用标准化值计算两两变量之间的相关系数，对 k 个变量可以建立 k 阶相关矩阵。该矩阵有助于从专业角度了解变量之间的关系。由 k 阶相关矩阵可获得 k 个特征值（$\lambda_i, i = 1,2,\cdots,k$）。此外，$k$ 个特征值还对应着 k 个特征向量，每个特征向量里包含着 k 个分量。

3. 选取主成分

按下式计算的第 i 个主成分对总方差的贡献率，实际就是第 i 个特征值占 k 个特征值总和的比例，即

$$\text{对总方差的贡献率}/\% = \dfrac{\lambda_i}{\sum\limits_{i=1}^{k}\lambda_i} \times 100\%$$

将 k 个主成分对总方差的贡献率由大到小排列，对总方差贡献率最大的主成分称之为第 1 主成分，贡献率居次的称第 2 主成分，依此类推。

选取用于分析问题的主成分数目取决于主成分的累计方差贡献率，一般使方差贡献率累加到 80%~90% 即可。如果 k 个主成分中第 1、2 个主成分对总方差贡献率累计达 85%，那么选取第 1、2 主成分就能代表 k 个原始变量提供的全部信息的绝大部分了。

4. 建立主成分方程，计算主成分值

为了说明研究的对象，需要建立主成分方程。前面提到 k 个主成分是 k 个原始变量的线性组合，那么 k 个主成分可以用 k 个主成分方程表示。各主成分方程的基本形式都一样，仅系数不同而已。以第 1 主成分方程为例，即

$$c_1 = a_1 x_1 + a_2 x_2 + \cdots + a_k x_k$$

各变量前的系数称权系数。这里的权系数 $a_1, a_2, \cdots, a_k$ 就是属于最大特征值 λ_1 的特征向

量的各个分量。将各变量的标准化数值代入该方程中可以计算出第 1 主成分值。由此可知，n 个化合物用 k 个变量描述，一共可获取 k 个主成分方程；每个化合物有 k 个主成分值，n 个化合物有 $n \times k$ 个主成分值。权系数的相对大小及正、负对主成分的理化意义可从专业的角度进行讨论。

5. 绘制主成分平面图

主成分平面图可以对化合物进行分类。如果平面图的横坐标用第 1 主成分表示，纵坐标用第 2 主成分表示，将 n 个化合物按第 1,2 主成分值构成的坐标逐一画入平面图中，那么就可以根据图中化合物聚集的状况，将它们进行分类，进而讨论这样的分类受何种因素支配。用同样的方式还能考察第 1,3 主成分之间的关系。其实根据 k 个主成分两两之间的关系可以绘制出 $\dfrac{k \cdot (k-1)}{2}$ 平面图。

4.2.2 因子分析

4.2.2.1 何谓因子分析

因子分析和主成分分析相当类似，它也是常用的多元统计分析方法。对于具有复杂相关关系的多个原始变量，可以利用相关系数矩阵以少数几个互不相关的主因子来代表原始变量所提供的信息，使得要研究的问题便于归纳。因子分析对确定影响化合物生物活性的结构因素，选择恰当的参数，对化合物进行分类都很有用处。

因子分析是研究一组样品（化合物）或变量（结构信息参数）之间相关关系的一种多元统计方法。前者叫 Q 型因子分析，后者叫 R 型因子分析。所不同的是将变量和样品的位置对调而已。主成分分析在数学上和因子分析是类似的，20 世纪 70 年代初法国的 Benzecri 用对应分析（Correspondence Analysis）法将两种方法统一了起来。不过，严格说来，因子分析和主成分分析的基本原理是有差别的，如前者是先有模型，且当数据符合模型时才有意义，而后者是从数据去探究模型。

对于一组具有复杂相关关系的样品，可以通过研究它的相关矩阵（或协方差矩阵）的内部结构，找出对这组样品起支配作用的为数较少、互不相关的新因子（称主因子）来表达为数较多有一定关联的原始变量。这些新因子实际上是原始变量的线性组合。因此，既极少损失总的原始变量的相关信息，又合理解释了包含在原始变量（样品）之间的相关性，从而使庞杂浩繁的原始变量组得以简化与归纳，便于抓住影响所有观测数据的主要矛盾。因子分析用于 QSAR 研究和药物设计是近几年的事，由于它的蓬勃发展，在多元统计分析中别开生面，为分析复杂的药物设计问题提供了有用的工具。用它可以确定对生物活性有显著影响的化学结构因素；选择适当的结构信息参数；用它可以对取代基、化合物或结构类型进行分类；用它配合另外一些多元分析方法，使 QSAR 建立得更为合理，从而为择优设计新化合物提供理论和计算根据。

4.2.2.2 因子分析的步骤和方法

1. 原始数据标准化

为消除原始变量因量纲、水平及变动范围不同造成的影响，应将原始数据标准化，详见 4.2.1 主成分分析。

2. 建立相关矩阵,计算矩阵的特征值和特征向量

利用标准化值计算变量 $x_1, x_2, \cdots, x_j, \cdots x_k$ 两两之间的相关系数,建立 k 阶相关矩阵,进而求出该相关矩阵的 k 个特征值和特征向量。

3. 选取主因子

由于特征值代表着公因子方差在总方差中所占的比例,故将 k 个特征值从大到小依次排列。第 1 公因子与最大特征值相对应,第 2 公因子与次大特征值相应,依此类推……通常按特征值累加到特征值总和的 80% ~ 90% 的原则,在 k 个公因子中确定选取主因子的个数。选出的主因子的特征值累计百分比越高,表明拟合原始数据越好。

4. 初始因子载荷

主因子数(m)确定后,变量 x_j 可以表示为各主因子与单因子 u_j 的线性组合,即

$$x_j = a_{j1}f_1 + a_{j2}f_2 + \cdots + a_{jm}f_m + b_j u_j$$

式中,$f_1, f_2, \cdots, f_m$ 为互不相关的主因子。

由于这些主因子出现在每个变量的线性组合式中,故称其为公因子。公因子前面的系数 a 称为因子载荷,a_{j1} 表示第 j 个变量 x_j 在第 l 公因子 f_l 上的因子载荷,实际上就是变量 x_j 与第 1 公因子的相关系数,$a_{j2}, \cdots, a_{jm}$ 的意义照此类推。单因子 u_j 仅与变量 x_j 有关,即在每个变量的线性组合式中都不一样,b_j 称为单因子系数。由此看出,变量 x_j 的总方差有两个来源,一是公因子方差,它等于式中各主因子对变量 x_j 总方差的贡献值;二是来自单因子方差,它仅与变量 x_j 本身的变化有关。由于标准化变量的方差等于 1,若公因子方差越接近 1,说明选取 m 个主因子代表原始变量的效果越好。

初始因子载荷等于特征向量的分量与特征值平方根的乘积,利用各主因子对应的特征值及特征向量可以建立初始因子载荷矩阵。

5. 最终因子载荷

每个主因子都有一定的物理、化学意义,要想利用专业知识加以解释,靠初始因子载荷矩阵提供的信息是很不明确的。为了克服初始因子载荷的不足,可以在不同准则下加以变换。例如用方差最大正交旋转法对初始因子载荷矩阵进行旋转,使每个因子的载荷按列向两极分化,每个因子只在很少几个变量上具有高载荷,在其余的变量上的载荷很低;每个变量只在少数因子上具有显著的载荷。方差最大正交旋转法使所有的因子载荷不是接近 0 就是接近 1,加大了同一因子的因子载荷间的差异。旋转收敛判据通常定为一个很小的正数(如 10^{-5})。停止旋转后的因子载荷矩阵就是最终因子载荷矩阵。由于因子载荷的大小反映了因子与变量之间的相关程度,故可根据最终因子载荷推测主因子所代表的物理、化学意义。

6. 因子得分

前面的叙述是说如何用主因子的线性组合来表示变量,然而有时也需要用变量的线性组合来表示主因子。既然主因子反映了原始变量所提供的信息,那么用主因子代表原始变量组合有利于对所研究的对象的表征。由于主因子的个数比变量少,只能在最小二乘的意义下根据原始变量的取值和最终因子载荷计算各因子的估计值,这些值就称为因子得分。

4.2.3 聚类分析

4.2.3.1 何谓聚类分析

聚类分析是一种多元统计分类方法,用该法可以对一群不知类别的观察对象按彼此相似的程度进行分类。在 QSAR 研究中应用聚类分析法能将不同的化合物或不同的取代基或不同的结构信息参数等观察对象进行分类,使相似的化合物或相似的取代基或相似的结构信息参数分别"聚"在一起,达到"物以类聚"的目的。利用聚类分析有助于挑选变量,分析影响活性的原因。

聚类分析又称群分析,类聚群分析,簇丛分析等,它是按样品(不同的化合物或不同的取代基)或变量(不同的结构信息参数或虚潜变量)之间的相似程度,用数学方法将样品或变量定量分组成群的一种多元统计方法。此法无论对药物设计、新化合物合成及 QSAR 分析都是甚为重要的。例如,对先导化合物进行系列设计时,设计者总希望设计的合成对象为数较少而又具有广泛的化学结构特征,从中摸索出一些有代表性的规律,进而建立定量构效关系方程式,以期预测新设计的未知物的生物活性。但是,如果先导化合物有 m 个非对称性取代位置,欲打算选用 n 个取代基进行系列合成,则有 n^m 个化合物。例如,对喹啉进行

衍生物的合成。采用熟知的 166 个取代基(Hansch 等编制的),在 7 个位置上进行所有可能的取代基组合,便有 $166^7 \approx 3.5 \times 10^{15}$ 个化合物,显然数字是非常庞大的。但是,166 个取代基还只不过是 Pomona 学院药物化学研究组收编的 20 000 个取代基中的一小部分。推而广之,可用下式计算各种情况下可能组合的类似物

$$X^k \cdot \frac{n!}{k!(n-k)!}$$

式中,X 是取代基数目;n 是母体化合物全部非对称位置的数目;k 是一次引入母体的取代基数目。如果有 100 个取代基引入喹啉 7 个位置中的 3 个位置,则有 35 000 000 个类似物,引入 2 个位置,还有 210 000 个类似物。即使仅有 20 个取代基,一次引入 2 个,也会有 8 400 个类似物。那么,面对如此之多的化合物,如何有选择地合成,既符合科学观点,又达到节约的目的,从而更快地接近目标呢?聚类分析是实现这种选择的有效手段之一。

聚类分析有 Q 型群分析(对样品或称样本分类)和 R 型群分析(对变量或称指标分类)两种类型。如果对生物活性化合物进行结构改造时,事前将数目众多的不同取代基(样品),按结构信息参数(变量)进行分类,使结构信息参数相似者归为一类,把不相似者归为另外一类。这种按化学结构信息参数的亲疏关系将不同取代基进行归组分类的方法叫 Q 型群分析,例如,选择合成对象时所采用的方法。在类型衍化设计中,常将化学结构不尽相同的化合物隶属于一个大类,或将复杂化合物结构剖析为不同类型的亚结构,再用虚潜参数(dummy Parameter)或指示变量加以表征。这种按亚结构类型或样品的不同对变量进行分类的方法叫 R 型群分析,例如,类型衍化时对变量进行归组分类的方法。应用聚类分析方法可以突破传统药物化学所建立的一些定性分类系统,形成一些定量的分类关系。从

而为药物研究者合理选择参数和确定合成目标提供理论依据。

4.2.3.2 聚类分析的步骤和方法

1. 原始数据的标准化

为减少和消除众多数据因单位、量纲及变动范围不同对聚类分析带来的不利影响,对原始数据要进行标准化,详见 4.2.1 主成分分析。

2. 观察对象之间相似性的度量

只有解决了观察对象相似性的度量才可能进行聚类。相似性的度量可以分两大类:一类以距离作为观察对象相似性的度量,距离越小越相似;另一类以相关系数,夹角余弦作为观察对象相似性的度量,其值越大越相似,其中距离是最常用的。

两观察对象之间距离为零,表明两者完全相等,距离越大观察对象间差异越大,距离越小越相似。计算两观察对象间的距离与其中以哪一个作为距离起点无关,并且任意观察两对象之间的距离不会大于这两个观察对象各自与第三个观察对象的距离之和。基于距离的这些特征可以构造出各种各样的距离定义,如绝对值距离,欧氏距离,广义距离等等,最常用的是欧氏距离。在多元统计分析中欧氏距离容易理解也便于想象,不难将二维平面上两点的欧氏距离概念推广到多维空间中。这样,k 个变量描述的 n 个观察对象可以看成是分布在 k 维空间中的 n 个点,那么任意两点 (i,l) 之间的欧氏距离就等于这两个点 k 个坐标差 $(x_{ij} - x_{lj})$ 平方和的平方根,即

$$d_{il} = \sqrt{\sum_{j=1}^{k}(x_{ij} - x_{lj})^2} \quad (i,l = 1,2,\cdots,n)$$

式中,j 为变量的编号;n 为观察对象的总数;k 为变量总数;x_{ij},x_{lj} 分别表示第 i、第 l 个观察对象的第 j 个变量的数据标准化值。

3. 聚类的方式

解决了相似性的度量,接下的问题就是用什么方法来聚类?聚类的方式很多,有系统聚类,动态聚类等,用得最多的是系统聚类。系统聚类的基本方式是:首先把 n 个观察对象视为 n 个类别,即每一类中只有一个观察对象。类间距离就是观察对象之间的距离,用观察对象间的距离定义计算初始类与类之间的距离。有了类间距离后,将距离最小的两类合并,成为新的一类。新类与其他类间的距离不能再按观察对象间的距离定义计算,要换用类间距离定义计算。按照距离最小原则对不同类别进行合并,重复此过程。每合并一次减少一类,直到 n 个类合并为一类为止。

由于类间距离定义很多,因而系统聚类的方法也多样化了,像最短距离,最长距离,平均距离,重心等都是常用的类间距离。采用最短距离定义的系统聚类法就称之为最短距离法,采用最长距离定义的系统聚类法称为最长距离法,等等。采用不同的类间定义,聚类的结果不完全一样。在最短距离法中,初始两类合并为新的一类后,新类与其他类的最短距离是由原来两类中各观察对象与其他类中的观察对象的距离最小值决定。取这个最小值作为新类与其他类之间的距离,依此再进行类的合并。在最长距离法中选用的是距离最大值,在平均距离法中选用的平均值。无论哪一种方法都是依照类间距离最小为准则进行类合并。显然先合并的类相似程度高,后合并的类相似程度低。如果事先指定一个相似程度的临界水平,低于这个水平的类就不再合并,那么在此水平上可能获得分成若干类的最后结果。

系统聚类的结果可以用谱系图形象地表示。谱系图的横坐标是观察对象的编号,纵坐标则用距离表示类间相似程度(或相反)。绘制谱系图时要遵循下面的几个原则:

(1) 两个观察对象合并,具有较大序号的放在左侧;
(2) 一个观察对象与一个相似水平高的类合并,水平高的类放在左侧;
(3) 相似水平不同的两类合并,相似水平高的放在左侧。

根据上述原则画出的谱系图具有惟一性,每一类的谱线长度代表类间相似的程度。

4.2.4 判别分析

4.2.4.1 何谓判别分析

判别分析在多元统计分析中也属数值分类法,但是与聚类分析有明显的差别。在判别分析中用以建立判别函数的数据事先已知所属的类别,而聚类分析的数据类别是未知的。

判别分析是根据观测数据判别样品(如化合物)所属类型(如有无活性)的一种统计方法。它的因变量是定性数据(如某药的抑虫率为 ++,或 − 等),自变量是定量变量。判别分析可以解决两方面的问题:

(1) 根据一个样品的多种性质(例如根据一个化合物的几种结构信息参数)判定它究竟属于哪一类(有活性还是无活性,激动剂还是拮抗剂);
(2) 根据样品的多种性质把一个未知属性的样品进行合理的分类。

因而判别分析兼有判别和分类的两种性质,但是,其重点还在于判别。在药物分子设计中,判别分析是很有用的,首先它可粗略地预判各化合物的活性大小(指等级,范围);第二,判断类似物中哪些化合物活性相近,哪些化合物不具活性,哪些化合物则是对抗剂;第三,根据影响活性强度的结构信息参数,可以设计优选化合物。

判别分析的问题可以这样提出:在一大类化合物内包含着有活性的总体 A 和无活性的总体 B。现分别从 A 与 B 中各取一批样品(即化合物),测定或计算其中各个变量的数据,从这些数据中可以看出 A 与 B 的样品数据总的来说是有区别的,但可能也有一部分互相掺杂交盖。如果可以找出一个包括各种变量的综合变量使得 A 与 B 的区别更加明显,那么,当我们设计或合成了另一个新的化合物并算得了它的数据后,便可先算出这个综合变量,然后据以判定它是属于有活性总体 A 还是属于无活性总体 B。

在 QSAR 研究中运用判别分析可以解决两个问题:

(1) 根据已知活性类别的化合物的结构参数,理化性质建立判别函数。利用判别函数验证对这些化合物判别归类的准确性。
(2) 预报未知活性大小的化合物所属的活性类别。

4.2.4.2 判别分析步骤和方法

建立判别函数需要有 1 个分类变量,若干个定量变量。如何选择活性分类范围是进行判别分析的首要问题。

1. 分类范围的选择

确定活性类别所属的范围可以通过以下几个途径:① 专家根据实验资料、客观标准对所研究的化合物的活性作过划分,如有活性、无活性等。② 对于没有划分过活性类别的化合物可利用化合物生物效应水平的频数分布来确定活性类别的范围。以频数对生物效应水平作频数直方图,在图上找出类间的自然分界处。③ 如果频数直方图上未能给出明确的类别分界处,可以人为选择任意截止点把化合物分成不同的类别。

有了分类范围便可将活性类别分为1,2两类或1,2,3三类或更多类。这些用数字表示的类别代表着化合物活性的高、低或高、中、低。

2. 定量变量

定量变量可以选取描述化合物结构特征、性质的各种参数。若仅用一个变量进行判别分析,往往会因数据在各类中的分布相互重叠而不好分辨。采用多变量将会提高判别分析的效果。一般来说变量越多,类间分辨效果好,但是变量过多,计算量急剧增大,变量多到一定程度再增加反而会降低判别效果。

在判别分析中如果用两个变量来判别两类,就是要在这两个变量所决定的平面中合理地划出两个类别的分界线,如果用3个变量判别两类,那就是要在3个变量构成的三维空间中找出一个合理的分界面;如果用3个变量判别多个类别,就是要在三维空间中确定多个合理的分界面。不难理解,如果用多个变量来描述化合物,可将这些化合物看成是分布在由这些变量组成的多维空间中的不同的点。利用判别分析在多维空间中寻找某些超平面,这些超平面把空间划分成几个子空间,使每个子空间里聚集着活性近似的化合物。上面提到的分界线、分界面和超平面可由变量组成的线性函数决定。

3. 建立判别函数

建立判别函数的方法很多,有距离判别,回归判别,Fisher判别,Bayes判别,典型判别等,常用的是Fisher法和Bayes法。

Fisher法建立判别函数的步骤:① 分别计算各类每个变量的类内离差平方和以及各类两两变量间的类内离差乘积和。建立各类的类内离差矩阵。将所有各类的类内离差矩阵加和,得到各类总的类内离差矩阵W和其逆矩阵$W-1$。② 计算各变量的类间离差平方和以及两两变量间的类间离差乘积和,将其排列成类间离差矩阵B。③ 解行列式方程 $|A - \lambda E| = 0$,式中,$A = W^{-1}B$;E为单位矩阵。如果有k个变量参与,E则为k阶单位矩阵。解行列式方程获得矩阵A的一组特征值和对应的特征向量。④ 特征值对应的特征向量作为判别函数的系数向量,由此可建立一组判别函数。⑤ 根据判别函数的判别能力决定选用判别函数的个数(γ)。一般使选用的判别函数累计的判别能力达到80%～90%以上就可以了。判别函数的判别能力是用特征值占所有特征值总和的百分比例来表示的。

应用Fisher判别函数进行判别分类的步骤:① 用选定的γ个判别函数分别计算各化合物的各判别函数值y。② 分别计算各类各判别函数值的平均值,以此作为各类的重心值$\bar{y}$。选用γ个判别函数进行判别分析,每类就有γ个重心值。③ 分别计算每个化合物的判别函数值至各类重心的欧氏距离,按距离最小原则将化合物判归到距离最近的类中。

Bayes法是利用各类中数据分布呈多维正态分布的特点来构造判别函数的。建立Bayes判别函数的步骤:① 将各类的类内离差矩阵加和起来得到各类总的类内离差矩阵W,这一步同Fisher法。② 按 $S = \dfrac{W}{N - G}$ 式计算各类总的协方差矩阵S(式中,N为化合物数,G为分类数)。③ 计算各类总的协方差矩阵S的逆矩阵S^{-1}。④ 由协方差矩阵和各类的均值向量计算各类的判别函数的系数向量和常数项,建立各类的判别函数。

在实际应用Bayes判别函数进行判别分析时并不一定要像它的定义那样通过求概率大小来判归所属类别,只需比较每个化合物各分类函数值的大小,将化合物判归到函数值最大的那一类中,与化合物原属类别比较计算判别正确率。

4. 判别效果的检验

判别分析要求被判各类的均值向量在统计上有显著差别。

Wilks 统计量(常记为 U)可用来检验多个类别的判别效果。

对于 Bayes 法,则有

$$U = \frac{|W|}{|W+B|}$$

对于 Fisher 法,则有

$$U = \prod_{j=1}^{k} \left(\frac{1}{1+\lambda_j}\right)$$

U 值越小,越有利于用 k 个变量对 G 个类别的分类。由于 U 分布函数计算起来很困难,实用上常采用其他分布函数如 χ^2 分布、F 分布代替,例如

$$\chi^2_{k(G-1)} = -[N-1-(k+G)/2]\ln U$$

χ^2 的显著水平越小,表示用 k 个变量分类的效果越好,即各类均值向量之间差异显著。

5. 预报

将未知活性大小的化合物的相应参数代入到判别函数中,计算函数值,按上述方法将化合物判归到所属的活性类别中就可知道该化合物活性的相对大小。

4.2.5 模式识别

4.2.5.1 何谓模式识别

研究结构参数与生物活性相联系的方法在统计学上属多元分析。当把结构看成是生物活性的对应表现形式——模式时,将结构参数作为数量化的模式向量成分使结构与活性联系起来的方法称模式识别。模式识别是信息学的一个分支,在 QSAR 研究中所用的统计模式识别与多元分析之间没有什么明显的区别,就一般而论,多元分析在数学上以数据的正态性和等方差性为前提条件,而模式识别不受此限制。模式识别在活性范畴的分类,活性等级的识别即类型的区分上发挥了长处。实际上在 QSAR 研究中模式识别综合了多种多元统计分析的方法,如主成分分析、因子分析、聚类分析和判别分析等。

模式识别法在化学、生物学、医学等领域中早有广泛的应用,但在 QSAR 和药物设计研究中的运用还是近年来的事,不过它的独特作用已越来越引起人们的重视。例如,模式识别法对于建立生物作用的结构专一性,合理选择生物活性化合物、鉴别分子取代作用的药效模型等均具有指导作用。所谓模式识别法就是借助于电子计算机探索化合物大量多元数据或信息中前所未知的相互关系(模式)。它包括研究活性内在规律;对大量观测数据的恒定性质进行检测和识别,为新理论新假说提供依据;对结构相异的化合物提取不同药理特征所赖以的结构信息,以演绎某些构效关系方程等。

典型的模式识别包括三个互相关联而又有明显区别的过程,即:① 描述符生成;② 模式分析;③ 模式分类。描述符生成乃是将输入的原始信号(例如分子图形、标识符等)转变成矢量等形式以便于计算机处理。在化合物的结构信息处理中,往往表现为分子的理化参数,拓扑指数,虚潜参数,以及各种形式的描述符代码等,这些可直接以矢量表示。模式分

析是对模式的数据进行加工(包括特征选择、特征提取、高维数据压缩成低维数据以及通过分类器判定可能存在的类别等)。模式分类是根据模式分析中所获得的信息,决定一个所谓"学习"或"训练"过程,从而制定判别标准,对待测模式进行分类。

由此可知,模式识别法的内容是十分丰富的,它涉及的范围很广,综合了多种多元统计方法,如因子分析法,主成分分析法,聚类分析法和判别分析法等内容,通过计算机对约定的化合物进行模式识别,可对待测的化合物进行模式分类。

4.2.5.2 模式识别的基本步骤

1. 模式特征的产生

在 QSAR 研究中用来表示模式特征的大体上可以分为 4 类:① 拓扑特征。反映了分子中原子及键的类型、数目以及在二维平面上的连接性。② 几何特征。由分子的三维模型派生的分子体积、分子表面积、惯性动量等都属此类。③ 电子特征。如双极动量、键强、局部电荷等。④ 理化特性。如化合物的疏水性、摩尔折射率、熔点、沸点、蒸气压、溶解度等。

2. 特征的选择

为了最大限度地提供与活性有关的结构信息,所产生的特征数目往往很大。需要将最有效的特征提取出来,作为对模式的最好的表征。常用以下几种方法选择特征:① 检验特征之间的相关性,使选取的特征彼此独立。② 将特征标准化,目的是降低各特征因量纲、数量大小、变化幅度不同带来的影响。③ 限制特征的数目,把大量的高维数据压缩(或称映照)在二维或三维空间上。具体可用主成分分析法实行降维,将众多的特征综合成二三个复合特征,或者用因子分析法根据最终因子载荷挑选最有用的特征,删除次要的或无关的特征。

3. 模式分类

利用主成分分析,获取主成分方程。计算主成分值,用图示法对最主要的主成分两两作图,观察化合物分组情况,或用聚类分析法对化合物加以归类分组,也可以用判别分析建立判别函数,对化合物的活性类别加以区分。

4. 预报

在对规定的化合物进行模式识别后,可以对待测的化合物进行模式分类,即预报它应归属哪一类。用主成分方程计算待测化合物的主成分值并在主成分平面图上画出其位置,点落在哪一类中就归属哪类或计算判别函数值按一定的判别准则将待测化合物判归到应属的类别中。

4.2.6 计算举例

4.2.6.1 主成分分析计算举例

收集了 12 个氯代苯化合物的 10 个理化参数,见表 4.9。试用主成分分析法对这些参数提供的信息加以归纳。

1. 原始数据标准化

用标准差法将所有的原始数据标准化。

2. 建立相关矩阵求算该矩阵的特征值

选取主成分获得 10 个特征值:$\lambda_1 = 79.284, \lambda_2 = 11.038, \lambda_3 = 5.900, \lambda_4 = 2.793, \lambda_5 = 0.803, \lambda_6 = 0.090, \lambda_7 = 0.061, \lambda_8 = 0.026, \lambda_9 = 0.004, \lambda_{10} = 0.0001$。特征值总和为

$$\sum_{i=1}^{10} \lambda_i = 100$$

由于主成分对总方差的贡献率等于各特征值与特征值总和之比,故 10 个主成分对总方差的贡献率由大到小依次排列如表 4.10 所示。

表 4.9 氯代苯的理化参数

化合物编号及名称	分子表面积 /10^{-2}nm² X_1	分子体积 /10^{-3}nm² X_2	偶极矩 /D X_3	熔点 /℃ X_4	沸点 /℃ X_5	蒸气压 /10^5 Pa X_6	相对分子质量 X_7	lg S /(mol·L^{-1}) X_8	lg P_{OW} X_9	lg K_{OC} X_{10}
(1) 氯苯	127.5	177.6	1.58×10^{18}	-45.5	131.54	1.62×10^{-2}	112.56	-2.41	3.02	2.60
(2) 1,2-二氯苯	143	204.6	2.27×10^{18}	-17.1	179.52	2.10×10^{-3}	147.01	-3.02	3.44	2.92
(3) 1,3-二氯苯	145.1	209.1	1.48×10^{18}	-24.6	172.75	3.02×10^{-3}	147.01	-3.06	3.49	3.23
(4) 1,4-二氯苯	144.8	209.1	0.00	53.1	173.8	1.19×10^{-3}	147.01	-3.32	3.44	3.22
(5) 1,2,3-三氯苯	158.5	245	2.31×10^{18}	52.6	218.33	4.00×10^{-3}	181.45	-4.04	4.11	3.87
(6) 1,2,4-三氯苯	160.2	235.6	1.25×10^{18}	17.0	213.5	4.25×10^{-3}	181.45	-3.65	3.97	3.89
(7) 1,3,5-三氯苯	162.5	245	0.00	63.4	208.17	7.62×10^{-4}	181.45	-4.54	4.17	3.23
(8) 1,2,3,4-四氯苯	173.6	267.4	1.90×10^{18}	47.3	254	6.96×10^{-5}	215.9	-4.65	4.55	3.76
(9) 1,2,3,5-四氯苯	175.9	277.6	6.50×10^{18}	52.2	246	1.38×10^{-4}	215.9	-4.82	4.59	4.25
(10) 1,2,4,5-四氯苯	175.7	277.6	0.00	139.4	243	5.34×10^{-3}	215.9	-5.34	4.60	3.2
(11) 五氯苯	189.1	314.1	8.80×10^{17}	85.1	277	4.78×10^{-5}	250.34	-5.74	5.12	4.11
(12) 六氯苯	202.6	347.8	0.00	228.5	321	1.14×10^{-6}	284.79	-7.52	5.41	3.92

表 4.10 主成分分析

主成分编号	方差贡献率/%	累计百分数
1	79.284	79.284
2	11.038	90.321
3	5.900	96.222
4	2.793	99.015
5	0.803	99.818
6	0.090	99.909
7	0.061	99.970
8	0.026	99.996
9	0.004	99.999
10	0.0001	100.00

结果表明,第 1 和第 2 主成分对总方差的累计贡献率已达 90%,故选取这两个主成分就能将原始变量提供的绝大部分信息表示出来。

3. 建立主成分方程,计算主成分值

虽然可以建立 10 个主成分方程,但此处只列出第 1 和第 2 主成分方程。诸变量前的权系数分别为特征值 λ_1 和 λ_2 对应的特征向量的分量。

第 1 主成分方程:

$$C_1 = 0.353 x_1 + 0.351 x_2 - 0.172 x_3 + 0.319 x_4 + 0.350 x_5 - 0.244 x_6 + 0.325 x_7 - 0.346 x_8 + 0.350 x_9 + 0.270 x_{10}$$

第2主成分方程：

$$C_2 = 0.031 x_1 + 0.004 x_2 + 0.741 x_3 - 0.325 x_4 + 0.101 x_5 - 0.274 x_6 + 0.046 x_7 + 0.142 x_8 + 0.054 x_9 + 0.483 x_{10}$$

式中, $x_i (i = 1, 2, \cdots, 10)$ 为表4.9中所列的各理化参数 X_i。将原始数据的标准化值代入主成分方程中计算就得到了第1和第2主成分值,见表4.11。

表4.11　12个氯代苯的主成分值

化合物编号	第1主成分值	第2主成分值
(1)	-5.053	-1.013
(2)	-2.773	0.700
(3)	-2.485	0.307
(4)	-1.737	-1.179
(5)	-0.269	1.503
(6)	-0.445	0.820
(7)	0.012	-1.129
(8)	1.003	1.202
(9)	1.634	0.579
(10)	1.693	-1.372
(11)	3.076	0.562
(12)	5.341	-0.980

4. 面主成分平面图

以第1主成分为横坐标,第2主成分为纵坐标,将12个化合物点入平面坐标中,见图4.4。由图中可清楚地看出12个氯代苯分为三类,一氯苯和六氯苯的理化性质与其他氯代苯有较大的差异。由此可以看出氯取代基的多少对化合物的性质有重大影响,尤其是苯环上只有一个氯取代基和苯环上的氢全部被氯取代的化合物性质之间的差异是显著的。

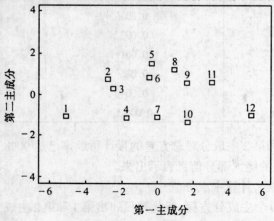

图4.4　主成分图

4.2.6.2 模式识别计算举例

测定了 23 种苯甲腈,苯乙腈衍生物对发光菌的毒性数据,试用模式识别法研究这类化合物结构与活性的关系。

1. 模式特征的选择

为了寻求合理表征与活性有关的结构信息,从不同的角度收集和计算了这 23 个化合物的 18 个理化参数及拓扑特征,它们包括:描述分子疏水性的辛醇－水分配系数 $\lg K_{OW}$ 和 π 参数;描述取代基电荷、场效应的 Hammett 电荷效应常数 σ,诱导场效应常数 F,S,共轭场效应常数 R,P;描述取代基在反应中空间影响的立体效应常数 E_S;描述分子色散力的摩尔折射率 MR,等张比容 P_r;描述分子大小的范德华体积 V_W,摩尔容积 MV 以及 Verloop 参数 L,B_1,B_2,B_3,B_4;描述分子拓扑性质的一阶分子连接性指数 χ。对这 18 个参数进行偏相关分析,剔除了 12 个高度相关的参数,只保留了 6 个参数:$\lg K_{OW},\chi,P,E_S,MR$ 和 L 用来表征模式,见表 4.12。

表 4.12 芳香脂类化合物的生物活性测定值与理化参数

编号	$\lg(1/EC_{50})$	$\lg K_{OW}$	χ	P	E_s	MR	L
1	-2.397	1.77	4.279	-4.482	-1.63	19.83	8.36
2	-2.383	1.23	3.691	-4.796	-1.56	15.23	7.42
3	-2.330	1.49	3.289	-2.214	-0.55	7.87	3.98
4	-2.297	1.42	3.766	-4.428	-1.10	15.74	7.96
5	-2.179	0.91	3.687	-2.048	-2.68	11.14	3.20
6	-2.091	1.30	3.214	-2.582	-1.01	7.36	3.44
7	-1.927	0.82	3.570	-4.889	-1.10	10.72	6.72
8	-1.812	2.42	3.791	-4.586	-1.16	8.88	3.83
9	-1.810	1.10	3.762	-1.680	-2.22	11.65	3.74
10	-1.702	1.17	2.893	0.534	-1.67	3.78	-0.24
11	-1.570	2.63	5.035	-2.048	-4.39	26.12	7.31
12	-1.554	2.03	3.877	-1.900	-0.62	12.47	4.92
13	-1.478	1.36	4.088	-4.574	-1.17	15.32	7.66
14	-1.432	2.98	3.868	-4.233	-1.54	12.06	7.04
15	-1.399	0.89	2.903	-2.674	-0.55	2.85	2.74
16	-1.397	2.99	4.855	-4.193	-1.78	21.35	8.75
17	-1.052	2.06	4.354	-4.114	-0.55	7.87	3.98
18	-1.032	2.89	4.650	0.534	-3.38	18.78	3.87
19	-1.018	3.60	5.161	-1.583	-2.61	24.79	7.39
20	-1.008	2.35	4.268	-4.507	-1.71	16.75	7.81
21	-0.979	1.75	3.882	-4.967	-1.71	11.73	6.57
22	-0.784	2.47	3.813	-1.583	-0.90	9.81	3.28
23	-0.671	2.68	5.110	-1.680	-3.93	26.62	7.85

2. 模式分类

本例拟根据 23 个化合物对发光菌毒性的大小用判别函数对模式进行分类。

(1) 活性数据的分类　对于活性近似的系列化合物,如何把它们划分成不同的活性类别呢?理想的分类方法是将化合物分为自然组,即按它们的生物效应水平的频数分布进行分类。考察以 23 个化合物的生物效应水平对其频数所作的频数直方图,可以发现图上自然类别和类间分界线明显可见:该系列化合物在 $\lg(1/EC_{50}) = -2.0, -1.0, -0.8$ 附近有明显的分界,兼顾各类中的频数,最终选定类间分界处为 $\lg(1/EC50) = -2.0$ 和 -1.0。这样就把 23 个化合物划分成三个不同活性的类别;第 1 类 6 个化合物,活性较低;第 2 类 10 个化合物,活性居中;第 3 类 7 个化合物,活性较高。分类结果见表 4.13,显然这三类的类内活性较接近而类间差别较大。

表 4.13　判别分析表

编号与分类		D_1	D_2	Y_1	Y_2	Y_3	判别分类
1		-3.156	0.643	161.96	158.03	147.52	1
2	低	-3.420	0.831	150.34	145.82	134.70	1
3	活	-0.627	-0.734	191.38	192.87	188.42	2
4	性	-2.352	0.559	169.43	167.07	158.61	1
5	(1)	-1.976	0.364	181.52	179.97	172.41	1
6		-1.695	-0.462	172.29	171.62	164.51	1
7		-0.910	0.333	203.27	203.77	198.95	2
8		-0.411	-0.654	185.27	187.14	183.28	2
9	中	-0.908	0.092	200.61	201.22	196.32	2
10	等	-1.279	-0.831	172.11	172.38	166.22	2
11	活	0.661	1.950	210.16	213.02	212.81	2
12	性	-0.363	-0.922	203.00	205.07	201.24	2
13	(2)	-1.021	0.211	205.88	206.22	201.08	2
14		-0.784	-1.955	186.66	188.35	183.09	2
15		-0.202	-0.781	200.77	203.09	199.72	2
16		2.370	0.462	243.00	249.74	253.44	3
17		3.136	-1.685	281.40	290.50	295.44	3
18	高	3.545	0.369	253.39	262.43	269.13	3
19	活	2.513	0.421	237.87	244.91	248.96	3
20	性	1.869	0.639	230.05	235.77	238.23	3
21	(3)	2.294	0.593	239.44	245.99	249.53	3
22		1.310	-1.107	217.77	223.13	223.56	3
23		1.406	1.664	227.49	231.90	233.51	3

(2) 判别函数　　输入一个活性分类的定性变量和 6 个理化参数后,计算机给出判别函数:

$$D_1 = 2.430\lg K_{\text{OW}} + 5.349\chi + 1.747P - 2.485E_S - 1.655MR + 2.870L - 17.733$$

$$D_2 = 0.099\lg K_{\text{OW}} - 0.945\chi + 0.00027P - 0.875E_S - 0.017MR + 0.353L + 0.477$$

从判别函数累积判别能力看,D_1 的判别能力极强达 98.8%,D_2 不起作用。对 wilks 统计量的检验表明,D_1 中 6 个变量区分 3 个活性的效果显著。分别计算 23 个化合物的 D_1 和 D_2 函数值(见表 4.13),以 D_1 为横坐标,D_2 为纵坐标作图,可以直观地看出判别函数 D_1 可将 3 个类分开,而 D_2 则不行。

判别分析最终给出三个类的分类函数。

低活性类(1) 分类函数:

$$Y_1 = 14.489\lg K_{\text{OW}} + 128.693\chi + 29.103P - 31.499E_S - 27.326MR + 45.188L - 171.156$$

中活性类(2) 分类函数:

$$Y_2 = 19.113\lg K_{\text{OW}} + 139.347\chi + 32.456P - 35.910E_S - 30.496MR + 50.552L - 203.002$$

高活性类(8) 分类函数:

$$Y_3 = 25.418\lg K_{\text{OW}} + 152.834\chi + 36.996P - 42.619E_S - 34.775MR + 58.808L - 251.192$$

将每个化合物的理化参数代入以上三个函数中,分别计算每个化合物 Y_1、Y_2 和 Y_3,见表 4.13,比较各函数值的大小,把每一个化合物判归到分类函数值最大的那个活性类别中去。判别归类的结果表明,23 个化合物中仅错判 2 个,即属低活性的 3 号化合物被错判到中活性类,而原属中活性类的 16 号化合物错判到高活性类,总判对率为 91.3%,判别效果相当好。不难理解,用上面 3 个分类函数对未知活性类别的结构近似地取代芳香腈的活性类别可以作出预报。

第 5 章 人工神经网络方法

在 QSAR 研究中已经知道结构与性质/活性之间不仅存在线性关系,而且还存在着非线性关系。对于线性问题,运用统计学中的一元回归、多元回归分析等方法就能迎刃而解,而非线性问题的处理则要复杂得多。非线性问题大致可区分为三类:一类问题比较简单,通过恰当的数学变换,不难将非线性问题转化为线性问题处理;另一类虽不能将其转化为线性问题,但只要能够提出一个适当的非线性函数,就可通过拟合,特别是通过计算机拟合最终也能获得解决。困难的是那些因果关系不明了、推理规则不确定的非线性问题,要想解决这一类问题,用常见的计算方法是极难奏效的。近年来,人工神经网络(ANN, Artificial Neural Network)技术获得重大突破,它独特的学习能力和自动建模功能,使得它对非线性问题具有极高的求解能力,因而特别适合用来解决知识背景不清楚,推理规则不确定的问题。

人工神经网络的首次提出是在 1934 年,心理学家 McCulloch 和数学家 Pitts 根据生物神经元的生理特征提出了人工神经元的数学描述,创建了第一个神经网络数学模型。20 世纪 80 年代初,生物物理学家 Hopfield 在他提出的具有联想记忆功能的网络模型中引入了能量函数,建立了网络稳定性判据,并在网络特性研究中成功地应用了非线性动力学方法,明确指出信息存储在神经元之间的连接处。这一成果被认为是人工神经网络的研究获得重大突破的标志。80 年代中期以来,与人工神经网络技术相关的学科取得了长足进展,特别是计算机科学与技术的日新月异及非线性多层网络模型的出现,将人工神经网络的研究推进到一个前所未有的迅猛的发展时期。

人工神经网络用于化学化工研究是近十几年的事。1989 年底,Thomsen 等人发表了有关人工神经网络在化学中应用的简短报告,作为一个试探性工作,他们利用人工神经网络的 BP 模型识别了六个糖类化合物的氢核磁共振谱图,初步结果表明了人工神经网络在化合物谱图识别中的应用前景。1990 年,日本学者 Aoyama 等人首次将 BP 人工神经网络模型用于结构－活性关系(QSAR)的研究。他们将人工神经网络模型用于处理文献中已详细研究过的数据,包括对丝裂霉素类抗癌药物与芳基丙烯酸哌嗪衍生物的抗高血压活性进行了分类,并将结果与当时公认是最好的 ALS(Adaptive Least Squares,自适应最小二乘)方法所得到的结果进行了比较,证明人工神经网络方法所得到的分类与预测结果均明显优于 ALS 方法。同年,Aoyama 等人对另外两个药物体系的多种疗效指标与化学结构参数之间的定量构效关系进行了研究。结果也表明人工神经网络方法明显优于基于多元线性回归的 Hansch 分析法的结果。人工神经网络在化学工程中的应用也就逐渐受到重视,Bhat 等人(1990)采用 BP 人工神经网络进行化工过程动力学模拟与控制,Ungar 等人(1990)将人工神经网络用于化工过程的故障诊断和过程控制,均取得了理想的结果;周家驹等人(1991)借助人工神经网络对合金钢材料的性能与其成分及工艺参数之间的关系进行了初步研究,还讨论了化工过程控制与故障诊断问题。

现在,众多学科的专家们已被这一技术的应用前景所深深吸引,纷纷致力于寻求该技术在自身研究领域中的发展。在过去的近十年里,人工神经网络技术在 QSAR 研究中已取得了令人瞩目的应用成果,开始成为一个新的研究热点。本章除简要地介绍人工神经网络的基本原理、BP 人工神经网络、人工神经网络的组织和运行技术,以及人工神经网络在 QSAR 研究中的应用外,还将结合我们的研究工作对人工神经网络信息流分析技术作以介绍。

5.1 人工神经网络

5.1.1 人工神经网络的构造与功能

人工神经网络系统是根据对人类大脑的结构进行模拟而提出的。

5.1.1.1 人脑的基本特征

神经科学研究表明,中枢神经的主要部分——大脑皮层由大约 $10^{11} \sim 10^{12}$ 个神经元组成。神经元的基本结构如图 5.1 所示。中心为细胞体,它能对接收到的信息进行处理。细胞体周围的纤维分为两类:一类是树突,即输入端;另一类是轴突,即输出端,一神经元的轴突与另一神经元的树突的结合部称突触,它决定了神经元之间连接强度及性质(兴奋型或抑制型)。每个神经元可有约 $10^1 \sim 10^5$ 个突触,这表明大脑皮层就是广泛连接的复杂网络系统。

神经元之间的传递信息是以毫秒计的,这比普通电子计算机(约 10^{-8} s)要慢得多,但人们通常能在不到 1 s 的时间内对外界事物作出判断和决策,即"100 步程序"就作出决策,按传统计算机及人工智能原理,这是绝对做不到的。这表明人脑的计算机必须建立在大规模并行处理基础之上。而且,这里的并行处理决不是简单的以空间复杂性代替时间复杂性,而是反映了不同的计算原理。

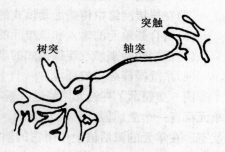

图 5.1 神经元的基本结构

人脑具有很强的容错性和联想功能,善于概括、类比和推广。如人能很快认出多年不见、面貌大变的老朋友;善于将不同领域知识结合起来灵活运用等等。按通常人工智能方式,这些都是很困难的,甚至做不到。人脑的强壮性还表现在:每天有大量神经细胞正常死亡,但并不影响大脑功能。大脑的局部损伤会引起某些功能逐渐衰退,但不是功能的突然丧失。这与普通计算机完全不同。后者采用局部式存储,不同的数据和知识存储时互不相关,只有通过人编写的程序才能相互沟通。程序中微小的错误都可引起严重的后果,表现出极大的脆弱性。人脑与普通计算机在功能上存在巨大差别的根本原因是对信息的存储和加工方式不同。计算机是信息局部存储,按程序指令提取有关信息在操作区进行计算,整个操作是串行的,而大脑的信息存储在神经元之间连接强度的分布上,这种存储本质上是分布式的。每一信息记录在许多连接上,而这些连接又同时记录许多不同的信息。

大脑的功能受先天因素制约,但后天因素,如经历、训练和学习等,也起重要作用。这表明人脑具有很强的自适应性和自组织性。人类的很多智能活动并不是按逻辑推理方式进行的,而是由习惯成自然而形成的。如人们会骑自行车,决不是按力学原理推断每步动作的;小孩能很快识别亲人,但很难说出特征是什么。这些若是按传统人工智能原理编写程序,是十分困难的。

根据人类大脑的上述特征,一些科学家(包括数学家、生理学家、心理学家和计算机科学家)提出了神经元网络的概念。

5.1.1.2 人工神经网络的通用框架

人工神经网络并不是生理学上所说的真实神经网络,而是真实网络的一种数学抽象。神经网络系统中包含大量的信息处理单元(Processing Elements),称为神经元(Neurals)或节点(Nodes)。神经元本身只做简单的信息加工处理,而神经元之间则具有十分复杂与丰富的相互连接关系,这种连接强度用一种可变的权值表示。根据一定的学习规则,通过改变神经元之间的连接强度以适应所处理的问题,因而神经网络具有学习功能。神经网络对于处理那些因果关系不明确,知识背景不清楚,推理规则不确定的问题尤其具有独到之处。

人工神经网络(ANN)的通用框架可包括以下几个主要方面:

(1)一个处理单元集;
(2)激活的状态;
(3)每个单元的输出函数;
(4)单元之间的连接模式;
(5)在连接网络中传播活动模式的传播规则;
(6)结合某单元的输入和该单元的当前状态以产生此单元新激活值的激活规则;
(7)根据经验来修改连接模式的学习规则;
(8)系统操作必需的环境。

图5.2表示了神经元网络这些基本方面,圆圈表示处理单元。在任一特定时间,每个单元都有一个激活值,用 $a_i(t)$ 表示。所有单元的激活值组成的向量代表了网络的激活状态。在单元的激活值上作用它的输出函数 f_i 可产生它的输出值 $O_i(t)$,这个输出值可通过单向连接传递给系统的其他单元。在每条连接上相应有一个实数,通常叫做权,表示连接的强度,记作 W_{ij},意为第一个单元 U_j 对第二个单元 U_i 的影响。所有的输入通过一些操作(通常是加法)组合起来,然后由某个单元的组合输入和它当前的激活状态,就可根据激活规则——函数 F,来确定该单元的新激活值。此外,连接模式(即连接及其权)并不是固定不变的,可以根据一个经验函数对权进行修改。

常用的人工神经网络技术有:Perceptron 网络(视网膜计算模型),Adaline 网络,Kohonen 网络(自组织系统),误差反向传播(BP)网络,一般回归神经网络(GRNN)和模糊神经网络等。其中,误差反向传播人工神经网络(简称 BP 网络)是应用最多的人工神经网络之一,本章将对其进行重点介绍。

5.1.1.3 人工神经网络的基本结构

生物神经系统的基本构造和功能单元是生物神经元(即神经细胞)。生物神经元具有接受、处理、输出信息的功能。数量巨大的生物神经元通过突触相互连接,形成错综复杂的信息传递网络系统。人工神经网络(ANN)正是根据从生物神经网络获得的启示而设计的。

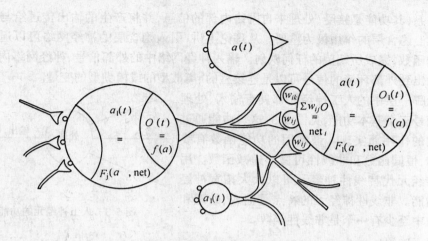

图 5.2 神经元网络系统基本构成

1. 人工神经元

ANN 的基本处理单元是人工神经元(亦称节点),它的主要功能是接受信号、处理信号和输出信号。虽然每个神经元的结构和功能都十分简单,但众多的神经元通过广泛互连构成的网络系统就可能具有强大的信息处理和计算功能。

2. 连接权重

连接权重也称为权重或连接强度。神经元之间的连接权重反映了神经元的信号输出对与之相连接的神经元的影响强弱。

3. 连接模式

在 ANN 网络中,信号是通过人工神经元之间的连接传递的。神经元之间互相连接的方式称连接模式,亦称网络的连接权矩阵。连接模式十分重要,它反映了网络的结构,决定了网络的性能。当网络的连接权矩阵确定后网络的连接模式也就确定了。原则上,一个神经元可以和任何一个神经元连接。基于不同的应用目的,各种神经网络模型中的神经元连接方式是不同的。若神经元分布在网络不同的层次上,神经元之间的连接通常会有一定的限制。在一般的神经网络中,往往只允许相邻两层的神经元互连,同一层里的神经元之间是不能连接的。当然也有某些网络模型是允许层内连接,即同一层中的神经元之间可以互连。根据网络传递信号的方向还分前馈连接和反馈连接。上层神经元接受来自下层神经元的输出称前馈连接,下层神经元接受来自上层神经元的输出称反馈连接。

4. 学习算法

人工神经网络令人最感兴趣的优点就是具有学习能力。在网络的学习过程中,连接权重将不断地被修改,同时将知识逐步存储在网络中。修改连接权重的规则就称为学习算法。学习算法的种类很多,误差反向传播算法是其中应用最广的一种。

5.1.1.4 神经元的功能函数

多层神经网络除了输入层和输出层外还有隐含层。隐含层处于输入层和输出层之间。隐含层可以不止一层,但是在大多数的模型中只有一层隐含层。神经元分布在输入层、隐含层和输出层中。来自外部环境的信号通过输入层中的神经元传入网络中,网络产生的信号通过输出层中的神经元传送到外部环境。隐含层中的神经元不与外部环境产生直接的联系,其功能是接受、处理来自网络内部的信息,并将产生的输出传送给与之有关的神经元。隐含层的作用极为重要。从理论上讲,引入隐含层的神经网络可以逼近任何所期望的函数,完成所期望的任何映射。输入神经网络中的外部信号、神经网络内传递的信号和输出到外部环境的信号可以是连续型的、离散型的或模糊型的变量。

无论哪一层中的人工神经元都具有输入、处理和输出信号三个基本功能,见图 5.3,这些功能通过功能函数的作用而实现。最常用的功能函数有线性加权和,恒同函数和非线性可微非递减函数。用非线性神经元代替线性神经元可以大大拓宽神经网络的功能。非线性神经元的特点是输入、处理和输出函数中至少有一个是非线性函数。

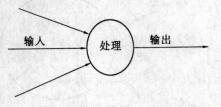

图 5.3 人工神经元的功能

1. 输入函数

在非线性神经网络中通常以线性加权和作为神经元的输入函数,以神经元 j 为例,即

$$i_j = \sum_i w_{ji} o_i$$

式中,O_i 为神经元 i 产生的输出信号,这个信号对神经元 j 来说是一个来自神经元 i 的输入信号。W_{ji} 为神经元 i 和神经元 j 之间的连接权重,可以是正值或负值。i_j 为神经元 j 接受来自所有与之相连接的神经元的输入信号的加权和。除了加权和这种形式外,输入函数还有其他更复杂的形式,视网络的应用目的而定。

2. 处理函数

处理函数亦称活化函数、作用函数,通常用函数 $f(i_j)$ 表示。最常用的线性处理函数是恒同函数,最常用的非线性处理函数是 S 型压缩函数(Sigmoid 函数)。处理函数还可是随机函数,甚至是模糊型的函数。

当处理函数是恒同函数时,则

$$a_j = f_j(i_j) = i_j = \sum_j w_{ji} o_i$$

式中,a_j 表示神经元 j 的输入值经处理后得到的活化值。

当处理函数是 S 型压缩函数时,则

$$a_j = f_j(i_j) = \frac{1}{1 + \exp(-\frac{i_j}{\theta})} = \frac{1}{1 + \exp\left(-\frac{\sum_j w_{ji} o_i}{\theta}\right)}$$

式中,a_j 为神经元 j 的活化值;i_j 为神经元 j 的输入加权和;θ 是一个调节 S 型压缩函数非线性度的参数。该函数(图 5.4)的优点在于函数本身及其导数都是连续的,其特点是:i_j 的取值可从 $-\infty$ 至 $+\infty$ 变化,而 a_j 的变化范围则被限制在[0, 1] 之间。特别是当 i_j 的取值在 0 的附近时,i_j 的微小变化都能引起 a_j 的较大变化,但是除了这个区域,在 S 型压缩函数

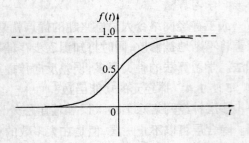

图 5.4 S 型压缩函数

的饱和区中,即使 i_j 的取值变化较大,对应的 a_j 值却变化平缓,趋向于 0 和 1。

除了 S 型压缩函数外,还可利用双曲线正切函数等作为处理函数。

3. 输出函数

输出函数 $h_j(a_j)$ 的作用是将活化值 a_j 映射为一个输出信号 o_j,该信号可向多个方向传送。输出函数常用恒同函数表示,即

$$o_j = h_j(a_j) = a_j$$

输出函数也可用阈值函数或随机函数表示。

5.1.2 神经网络的学习方法

5.1.2.1 基本的学习机理

神经网络是由许多相互连接的处理单元组成的,这些处理单元通常线性排列成组,称为层。每一个处理单元有许多输入量(x_i),而对每一个输入量都相应有一个相关联的权重(w_{ij})。处理单元将经过权重的输入 $x_i w_i$ 相加(权重和),而且计算出惟一的输出量(y_i)。这个输出量是权重和的函数(f)。图 5.5 概括了处理单元的工作方式。

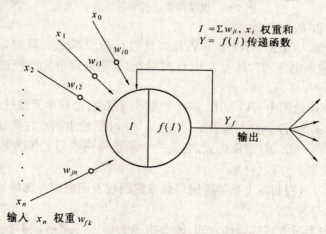

图 5.5 处理单元模型

我们称函数 f 为传递函数。对于大多数神经网络,当网络运行的时候,传递函数一旦选定,就保持不变。然而,权重(w_i)是变量,可以动态地进行调整,产生一定的输出(y_i)。权重的动态修改是学习中最基本的过程,对单个的处理单元来说,调整权重很简单。但对大量组合起来的处理单元,权重的调整类似于"智能过程",网络最重要的信息存在于调整过的权重之中。

图 5.6 是一个训练最简单的神经网络的例子。网络 P 有一个处理单元,由两个可调电阻和一个开关组成。经学习后,当两个输入电压的和高于 0.5 V 时,开关接通,使灯泡发光,而两个输入电压的和低于 0.5 V 时,开关断开,使灯泡熄灭。在此仅通过调整电阻 R_1 和 R_2 来使处理单元学习。R_1 和 R_2 的值就相当于处理单元的权重。

学习过程分下面几步进行:

(1) 两输入电压之和小于 0.5 V, 这时灯泡应熄灭,可调整 R_1 和 R_2,直到灯泡熄灭。

(2) 两输入电压之和大于 0.5 V,但这时由于第一步调整权重过多,灯泡依然不亮。这

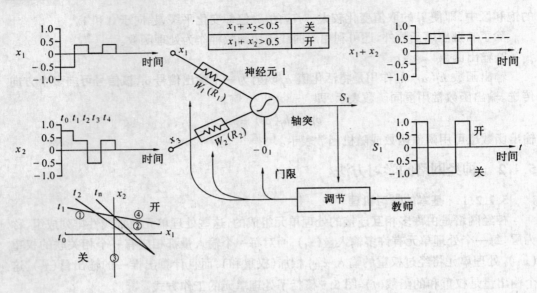

图 5.6　模拟网络进行学习的例子

时可以再调整 R_1 和 R_2 使灯泡发光。

(3) 第三步若输入电压和小于 0.5 V,这时灯泡不亮,无需进行调解。

(4) 第四步,输入电压和大于 0.5 V,灯泡发光,表明处理单元已经过学习,符合原定要求。

从图 5.5 左下角的图中可以看出,在这个实际问题中,处理单元经过学习后确定了一条直线。可用方程 $x_1 + x_2 = 0.5$ 来表示。凡是 x_1 和 x_2 所确定的点在此线上方,灯泡就发光。反之,此点在线的下方,灯泡就熄灭。这是一个指导网络学习二维方程的例子。自动开关就相当于传递函数。

由此可见,学习过程实际上是神经网络修改它的权重而响应外部输入的过程。

5.1.2.2　学习方式

有两种不同的学习方式或训练方式,即有指导的训练(Supervised Training)和没有指导的训练(Unsupervised Training)。很明显,指导下的学习或训练需要"教师"来进行指导,教师即是训练数据本身,不但包括有输入数据,还包括有在一定输入条件下的输出。网络根据训练数据的输入和输出来调节本身的权重,使网络的输出符合于实际的输出。没有指导的学习过程指训练数据只有输入而没有输出,网络必须根据一定的判断标准自行调整权重。

1.有指导的学习

在这种学习方式中,网络将应有的输出与实际输出数据进行比较。网络经过一些训练数据组的计算后,最初随机设置的权重经过网络的调整,使得输出更接近实际的输出结果,所以学习过程的目的在于减小网络应有的输出与实际输出之间的误差。这是靠不断调整权重来实现的。

对于指导下学习的网络,网络在可以实际应用之前必须进行训练。训练的过程是用一组输入数据与相应的输出数据输进网络。网络根据这些数据来调整权重。这些数据组就称为训练数据组。在训练过程中,每输入一组输入数据,同时告诉网络相应的输出应该是什么。网络经过训练后,若认为网络的输出与应有的输出间的误差达到了允许范围,权重就不再改动了,这时的网络可用新的数据去检验。

2. 没有指导的学习

在这种学习方式下,网络不靠外部的影响来调整权重。也就是说在网络训练过程中,只提供输入数据而无相应的输出数据。网络检查输入数据的规律或趋向,根据网络本身的功能来进行调整,并不需要告诉网络这种调整是好还是坏。这种没有指导进行学习的算法,强调一组组处理单元间的协作。如果输入信息使处理单元组的任何单元激活,整个处理单元组的活性就增强。然后,处理单元组将信息传送给下一层单元。

处理单元间的这种活动就形成了学习的基础,例如处理单元可以组织来区分不同模式间的差别,如水平或垂直边缘,左面或右面边缘,图 5.7 表明了这种边缘检测的例子。

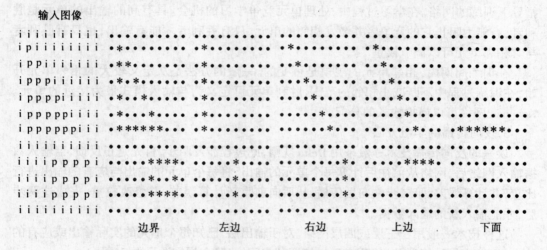

图 5.7 模式结构检测

目前对没有指导的训练机理还不充分了解,还是一个继续研究的课题。在现实生活中,有许多问题无法在事先有充分的例子使网络进行学习,因此没有指导学习的网络也是十分重要的。

5.1.2.3 学习规则

在神经网络中,使用各种学习规则,最有名的是 Hebb 规则。在这方面的研究仍在继续,许多新的想法也在不断尝试。有些研究者将生物学习的模型作为主要研究方向,有一些在修改现有的学习规则使其更接近自然界中的学习规律。但是在生物系统中,到底学习是如何发生的,目前知道的还不多,也不容易得到实验的证实。学习过程肯定比在这里介绍的已经采用的学习规则复杂得多。

1. Hebb 规则

这个最有名的规则是由 Donald Hebb 在 1949 年提出的。它的基本规则可以简单归纳为:如果处理单元从另一个处理单元接受到一个输入,并且如果两个单元都处于高度活动状态,这时两单元的连接权重就要被加强。

2. Delta 规则

Delta 规则是最常用的学习规则,其要点是改变单元间的连接权重来减小系统实际输出与应有输出间的误差,这个规则也叫 Widrow – Hoff 学习规则,首先在 Adaline 模型中应用,也可称为最小均方差规则。

3. 梯度下降规则

这是对减小实际输出和应有输出间误差方法的数学说明。Delta 规则是梯度下降规则的一个例子。其要点为在学习过程中,保持误差曲线的梯度下降,如图 5.8 所示。误差曲线可能会出现局部的最小值。在网络学习时,应尽可能摆脱误差的局部最小值,而达到真正的误差最小值。

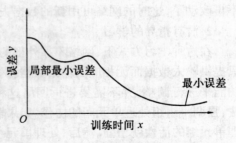

图 5.8　梯度下降规则的误差曲线

4. Kohonen 学习规则

Kohonen 规则是由 Teuvo Kohonen 在研究生物系统学习的基础上提出的,只用于没有指导下训练的网络。在学习过程中,处理单元竞争学习的机会。具有高的输出的单元是胜利者,有能力阻止它的竞争者并激发相邻的单元。只有胜利者才能有输出,也只有胜利者与其相邻单元可以调节权重。

在训练周期内,相邻单元的规模是可变的。一般的方法是从定义较大的相邻单元开始,在训练过程中不断减小相邻的范围,胜利单元可定义为与输入模式最为接近的单元。Kohonen 网络可以模拟输入的分配。

5. 反向传播的学习方法

误差的反向传播技术一般采用 Delta 规则,此过程涉及两步,首先是正反馈,当输入数据输入网络后,网络从前往后计算每个单元的输出,将每个单元的输出与应有的输出进行比较,并计算误差。第二步是向后传播,从后向前重新计算误差,并修改权重。完成这两步后,才能输入新的输入数据。

这种技术一般用于三层或四层网络。对于输出层,已知每个单元的实际输出或应有的输出,比较容易计算误差,技巧在于如何调节中间层(隐含层)单元的权重。

到目前为止,还没有什么证据说明生物系统中应用反向传播的学习方法。这种学习方法也有严重的缺点,即反向传播计算速度很慢,也可能会存在摆动,或有趋向停滞在误差的局部最小值上,系统检查当前的误差比相邻误差小,学习即会停止在这一点上,但这时并没有达到最小误差。通常需要在计算过程中采取一些措施,使权重跳过此障碍,找到实际的误差最小值。

6. Grossberg 学习方法

Stephen Grossberg 结合 Hebb 模型,建立了新的学习模型。Grossberg 的模型将每个神经网络划分为由星内(Instars)和星外(Outstars)的单元组成。星内单元是接受许多输入的处理单元,而星外单元是指其输出发送到许多其他处理单元的单元。如果一个单元的输入和输出活动强烈,其权重的改变就大。如果总的输入或输出小,权重的变化就很小。对不重要的连接,权重可能接近于零。

在上述学习规则中,目前使用最广泛的是 Delta 规则,在神经网络发展过程中,新的学习规则将会不断出现。

5.1.3　反向传播(BP)网络

在前馈型神经网络模型中,采用反向传播(BP,Back Propagation)训练算法的神经网络是目前在 QSAR 研究中应用最广的一种多层非线性网络。

5.1.3.1 BP 型神经网络的特点

(1) BP 型网络中有隐含层。标准的 BP 型网络由三层组成。底层为输入层,中间层为隐含层,顶层为输出层,每一层中均可有多个神经元。各层神经元之间形成全互连接,但每层内的神经元之间没有连接。

(2) 神经元的非线性由 S 型压缩函数实现。

(3) 训练网络的方法采用误差反向传播训练(学习)算法。

以图 5.9 所示的一种 BP 型网络为例,说明训练网络的步骤。图中输入层有 4 个神经元,隐含层(中间层)有 2 个神经元,而输出层里仅有一个神经元。神经元 i 代表输入层中的任意一个神经元,神经元 j 代表隐含层中的任意一个神经元,神经元 k 则是输出层中的那个惟一的神经元。

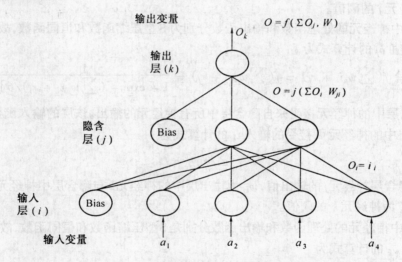

图 5.9 一种 BP 型神经网络示意图

5.1.3.2 用误差反向传播训练算法训练网络的步骤

(1) 提供训练集。训练网络需要有一组样本供网络学习,这组样本称为训练集。训练集中的每个样本是由一对输入与输出数据组成。一个样本的输入数据的数目与网络输入层中神经元的数目相同,该样本的输入数据构成了一个输入矢量。样本的输出数据是网络的目标输出值,目标输出往往也是一个矢量,但在图 5.9 所示的网络中,每个样本是由一个输入矢量和一个目标输出值构成。

(2) 原始数据的预处理。对输入数据作归一化处理,以消除量纲的影响。为使网络易于收敛,根据 S 型压缩函数的输出范围对目标输出值进行必要的变换。变换后的目标输出值可控制在 $[0.05, 0.95]$ 之间,这样网络给出的实际输出值范围可超出目标值范围 5%。

(3) 随机赋予网络中各神经元之间的连接权重及各神经元的阈值以任意小的初始值。

(4) 从训练集中取一样本作为当前的输入样本,根据样本的输入值和神经元的初始连接权重及阈值,计算网络对该样本产生的实际输出值。

① 输入层中的每个神经元接受样本输入矢量 X 中的一个分量。该层中的神经元 i 接

受的输入值 i_i 是输入矢量 X 中的分量 x_i,即
$$i_i = x_i$$
在这一层中,神经元的输入函数、处理函数和输出函数均为恒同函数,故神经元 i 的输出值 o_i 与输入值 i_i 相等,即
$$o_i = i_i = x_i$$
输入层中的每个神经元对隐含层中所有的神经元都产生输出。

② 隐含层中的神经元接受来自输入层中的神经元对其产生的输出。该层中的神经元 j 接受的输入值 i_j 的计算式为
$$i_j = \sum_i w_{ji} o_i + r_j = \sum_i w_{ji} x_i + r_j$$
式中,w_{ji} 为隐含层中神经元 j 与输入层中的神经元 i 之间的连接权重,o_i 是神经元 i 的输出值,r_j 为神经元 j 的阈值。

隐含层中神经元的处理函数和输出函数分别为 S 型压缩函数和恒同函数,故神经元 j 产生的输出值 o_j 的计算式为
$$o_j = f(\sum_i w_{ji} i_i + r_j) = f(\sum_i w_{ji} x_i + r_j) = \frac{1}{1 + \exp[-(\sum_i w_{ji} x_i + r_j)/\theta]}$$

③ 输出层中的神经元接受来自隐含层中所有神经元的输出。该层的输入函数为加权和,故输出层中的神经元 k 接受的输入 i_k 的计算式为
$$i_k = \sum_j w_{kj} o_j + r_k$$
式中,o_j 是隐含层神经元 j 的输出值,w_{kj} 为输出层中的神经元 k 与隐含层中神经元 j 之间的连接权重,r_k 为神经元 k 的阈值。

输出层中神经元的处理函数和输出函数分别是 S 型压缩函数和恒同函数,故神经元 k 产生的输出 o_k 的计算式为
$$o_k = f(\sum_j w_{kj} o_j + r_j) = \frac{1}{1 + \exp[-(\sum_j w_{kj} o_j + r_k)/\theta]}$$
o_k 即为网络对当前输入样本产生的实际计算值。

(5) 计算样本的目标输出值与网络实际输出的计算值之间的误差;单个训练样本的目标输出值 t 与网络实际输出的计算值 o_k 之间的误差 E,可利用误差函数计算,即
$$E = \frac{1}{2}(t - o_k)^2$$

(6) 修改连接权重,沿误差函数梯度下降方向优化网络的连接权重。从输出层开始,反向调整输出层与隐含层神经元之间的连接权重和隐含层与输入层神经元之间的连接权重。通过迭代,逐步修改连接权重,即
$$w(q) = w(q-1) + \Delta w$$
式中,$w(q)$ 为本次迭代产生的连接权重,$w(q-1)$ 为上一次的连接权重,Δw 为本次权重改变量。当目标输出值与网络实际输出值之间的误差达到预先设定的精度时,修改连接权重的过程就停止了。

权重改变量 Δw 的表达式为

$$\Delta w = \eta \cdot \delta \cdot o$$

式中，η 为学习速率，δ 为局部误差，o 为相连的两个神经元中处于前一层的神经元的输出。该式在具体应用时，还要区分下面两种情况。

当修改输出层神经元 k 与隐含层神经元 j 之间的连接权重 w_{kj} 时，权重改变量 Δw_{kj} 的计算式为

$$\Delta w_{kj} = \eta \cdot \delta_k \cdot o_j$$

其中，$\delta_k = (t - o_k) o_k (1 - o_k)$。

当修改隐含层神经元 j 与输入层神经元 i 之间的连接权重 w_{ji} 时，权重改变量 Δw_{ji} 的计算式为

$$\Delta w_{ji} = \eta \cdot \delta_j \cdot o_i$$

其中，$\delta_j = o_j (1 - o_k) \delta_k \cdot w_{kj}$。

由上面所列的计算公式可以看到，目标输出与网络实际输出的误差通过调整各层神经元之间的连接权重在网络中得到反向传播。

实际上，为了加速网络的学习训练过程，在计算权重改变量 Δw 时，还需引入一个动量项，即

$$\Delta w_q = \eta \cdot \delta \cdot o + \alpha \cdot \Delta w_{(q-1)}$$

式中，Δw_q 表示本次学习训练产生的权重改变量；$\alpha \cdot \Delta w_{(q-1)}$ 为动量项，其中 $\Delta w_{(q-1)}$ 表示上一次学习训练产生的权重改变量。动量因子 α 是一个调节动量项作用强度的系数，$0 < \alpha < \eta$ 时，动量项能避免网络发生振荡，使权重的调整在一定程度上沿着上一次的调整方向变化，动量项还能在 η 值较小时加快网络的收敛速度。

学习速率系数 η，是用来控制权重的调整幅度的，一般 $\eta = 0.01 - 1$。如果 η 值取得大，网络的学习速率加快，权重的修改量变化较大，但有时会造成网络不稳定，产生振荡。当 η 值取得较小时，学习速率变慢，网络比较平稳，但会影响网络的收敛速度。通常，在实际应用中，最好使 η 值能随着误差的变化而变。网络开始学习时 η 值可取得大一些，随着学习的继续，可把 η 值调得小一点，当网络接近收敛时，又需使其不至过小，以免延长网络收敛的时间。

(7) 修改阈值。在对连接权重作调整的同时也对各神经元的阈值进行调整。阈值的调整采用的计算式为

$$\Delta r = -\mu \cdot \delta$$
$$r_q = r_{q-1} + \Delta r$$

式中，Δr 为阈值的改变量；r_q 为当前阈值；r_{q-1} 为上一次的阈值；μ 为控制阈值调整幅度的系数；δ 的含义同前。

(8) 当目标输出与网络实际输出的计算值之间的误差达到预先设定的精度后，网络给出该样本的最后实际输出值。

(9) 网络开始学习下一个样本，重复上述步骤(4) ~ (8)。

(10) 网络训练好后，只要给网络一个只有输入矢量，没有目标输出的预测样本，网络便立刻产生一个输出结果。

5.1.3.3 BP训练算法存在的问题与改进

1. 局部极小问题

从数学上看，BP算法是通过使输出误差产生梯度下降，来不断地调整神经元之间的连接权重。但是，当网络的结构比较复杂时，不可避免地存在有局部极小的问题。输出误差在沿梯度方向下降时，一旦陷入任何一个局部极小点，其值在该点各个方向上的变化都只能增大而不能减小。这就是说BP算法不能使输出误差走出局部极小点，因而无法到达全局极小点，最终导致不能再对网络进行训练。针对BP算法的不足之处，后来提出了许多改进算法。

2. 初始连接权值的给定

BP算法中初始连接权重是随机给出的，如果初始权值太大，就有可能使S型压缩函数从一开始就处于饱和区，导致网络的训练陷入局部极小。为避免这种情况发生，可用均匀分布的随机数赋值或用一种改进的方法，即选择 $1/\sqrt{n}$ 作为权值的量级，其中 n 为连接到该神经元的所有前层神经元的数目。

3. 网络收敛速度与批处理

针对BP算法的收敛速度慢，迭代次数多的缺点，"批处理"的学习训练算法有望加快网络的收敛速度。其基本思想是不直接依据训练集的每个样本对连接权重单独产生的改变量修改网络的连接权重，而是待训练集所有的样本都被学习一遍，即在一次学习循环结束时，将全部样本对权重产生的改变量累加，用求算的总改变量调整各个神经元的连接权重。这样就不需要频繁地修改权重，加快了网络的收敛速度，还减少了网络受极值的影响。

对阈值的修改也可采用这种方式，即待训练集中所有的样本都训练一遍后，将全部样本对阈值产生的改变量累加，用求算的总改变量去调整各个神经元的阈值。"批处理"算法避免了网络每新加一个训练样本就要改变已学样本所建的连接权重和阈值的状况。

4. 隐含层神经元数目的确定

根据应用的要求不难确定输入层和输出层中所需的神经元的数目。困难的是目前尚无成熟的理论规则指导如何确定网络隐含层中神经元的数目。就一般而言，隐含神经元的数目与网络的层数有关。隐含层的层数多，所需的隐含神经元少；隐含层的层数少，所需的隐含神经元多。隐含层的层数确定后，隐含神经元多，局部极小点会减少，网络易收敛。但是，当隐含神经元的数目超过一定限度时，网络结构的复杂程度有可能超过研究对象的固有特性，收敛速度会急剧下降。隐含层神经元若设置太少，也可能出现所构造的网络复杂程度远不能表达研究对象的固有特性的问题。这两种情况都会使网络的性能变差。

为设置恰当数目的隐含层神经元，一般还是得通过多次试算，变化隐含神经元的数目，根据每种网络的目标输出与实际输出的误差大小评价网络的性能，从网络性能－隐含神经元数目的折线图上寻找出隐含神经元恰当的数目。

由以上的介绍可知，应用人工神经网络技术研究实际问题时需要首先根据应用目的选择网络模型；确定信息的表达方式，将要解决的问题转化为网络能够表达和处理的形式；确定网络的层数及各层中神经元的数目，神经元的连接方式，神经元的功能函数，阈值等等。选择适当的学习训练算法也是一个关键。根据应用目的对已有的典型网络模型进行改造，变换是获得成功乃至创新的途径。

虽然BP算法将前馈神经网络的实际应用向前推进了一大步，但是仍然还有许多问题有待研究。要提高神经网络收敛速度,缩短神经网络的学习训练时间,需要从诸多方面进行改进。例如神经网络结构的合理设计是一个很有意义的研究课题。如上所述,对于三层网络来说,隐含层神经元的数目通常是靠经验确定的,隐含层神经元过多或过少都会影响网络的性能。若能在网络的训练过程中,根据神经元间的连接权重的大小,自动增加或删除隐含层中的一些神经元,或通过引入神经元的不同状态,如正常、休眠、死亡,使隐含层神经元的数目达到一个合理的数值,这将是对神经网络的一大改进。另外,输入数据的多少直接影响神经网络训练时间的长短。需要对数据的预处理技术进行特别的研究,使网络能自动提取有用的数据,忽略不必要的数据,乃至剔出错误的数据。已有研究表明,对原始数据进行适当的特征提取后再输入神经网络学习,能大大提高网络的收敛速度。

5.2 人工神经网络信息流分析技术研究

由于人工神经网络具有较强的模拟多元非线性体系的能力,在有机污染物 QSAR 研究中具有广阔的发展前景。然而,目前采用人工神经网络建模还都停留在黑箱模型水平上,对网络输入(结构参数)对网络输出(活性参数)的影响及相互关系还不甚了解,给有机化学品环境行为的解释带来了困难。实际上,人工神经网络模型的输入层、隐含层和输出层节点之间的连接权值中包含有丰富的模型信息,将此信息开发出来,有利于了解模型的输入与输出间的关系并深入探讨有机化学品环境毒理学反应机理。

我们以多氯酚定量构效关系 – 人工神经网络模型为研究对象,认识到人工神经网络的连接权值在输入层与输出层间信息传输的重要性,通过比较各连接权值的大小,绘出多氯酚定量构效关系 – 人工神经网络模型信息流流向分布图,从图中可以直观地发现主要输入变量,从而实现了人工神经网络模型的输入节点的在线筛选,同时也为结构 – 活性关系的机理研究奠定了基础。本节将结合我们的研究工作,对人工神经网络信息流分析技术作以介绍。

5.2.1 QSAR – ANN 模型信息流分析

5.2.1.1 多氯酚 QSAR – ANN 模型的信息流流向分布

如前所述,前馈型人工神经网络训练普遍采用的是 BP 算法,每一个单元的输入和输出都是根据上一层所有输出复合而来的。输入计算采用的是线性加权和函数;输出采用的是非线性函数,一般为 Sigmoid 函数。具体传输原理为

$$I_j = \sum_i W_{ij} O_i + \theta_j \qquad (5.1)$$

$$O_j = f(I_j) = (1 + e^{-I_j/10})^{-1} \qquad (5.2)$$

其中,I_j 和 O_j 分别为节点 j 的输入和输出,$f(I_j)$ 为 Sigmoid 函数(S 型压缩函数),W_{ij} 为节点 i 和 j 间的连接权值,θ_j 为节点 j 的阈值。式(5.1)和式(5.2)表明,通过网络训练得到的连接权值 W_{ij} 和阈值 θ_j,在人工神经网络模型中起着非常重要的作用。通过比较连接权值的大小和正负,可以深入理解人工神经网络模型的输入与输出间的关系。

在人工神经网络模型构建中,输入节点选择一般是由经验决定的。这样就不可避免地会把对模型贡献不大的结构参数也引到网络中来,从而造成网络臃肿,影响网络收敛速度

或出现"过拟和"现象。通过比较人工神经网络模型各层的连接权值和阈值,建立人工神经网络模型信息流流向分布图,对网络模型的输入与输出关系进行深入研究,可以直观地发现对输出节点影响大的输入节点,从而达到优化网络结构的目的。

本研究对19种多氯酚的4种结构参数与3种生物毒性参数所建立的前馈型人工神经网络模型进行信息流分析。选择多氯酚 QSAR – ANN 模型的结构为 BP – 4 – 4 – 3(即网络的输入层、中间层和输出层的节点数分别为4、4、3),经过训练后,得到的 BP – 4 – 4 – 3 网络的连接权值和阈值如表5.1及表5.2所示。

表 5.1 输入层 i 与隐含层 h 各节点间的连接权值 W_{ih} 和阈值 Θ_h

	K_{OW}	K_a	I	S	Θ_h
h_1	– 92.678 96	– 54.723 01	– 41.856 57	– 8.486 69	– 41.017 00
h_2	– 83.077 45	27.605 73	– 12.261 67	– 0.528 94	4.522 76
h_3	55.624 23	43.922 27	31.317 89	14.554 04	– 0.160 08
h_4	98.718 66	68.210 90	55.119 31	8.745 56	47.853 61

表 5.2 隐含层 h 与输出层 O 各节点间的连接权值 W_{ho} 和阈值 Θ_o

	h_1	h_2	h_3	h_4	Θ_o
P	1.291 17	2.631 82	– 19.701 48	– 19.793 31	– 18.498 73
F	38.574 10	31.295 07	4.883 78	– 41.101 92	4.338 71
W	0.627 42	10.730 78	– 21.199 52	– 9.407 48	– 20.365 21

注:P 表示对细菌毒性,F 表示对比目鱼毒性,W 表示对水蚤毒性。

根据表5.1和表5.2所列出的连接权值和阈值,画出多氯酚 BP – 4 – 4 – 3 结构的人工神经网络信息流流向分布图(图5.10)。图中,粗线和细线分别代表各层间信息流流动的大与小,实线与虚线分别代表连接权值的正与负。

图中,粗线表示网络中信息流的主要传输途径,细线表示信息流的次要传输途径;其中实线表示为正影响,虚线为负影响。该 ANN 模型的信息流流向图可清楚地显示出有机化学品的结构参数(输入节点)对生物毒性(输出节点)的影响,及其信息流在网络中传播的情况。人工神经网络信息流流向分布图可以直观形象地表示出网络输入层节点(即 QSAR 中的分子结构因子)对输出层节点(QSAR 中的生物活性因子)的影响与控制作用。影响细菌毒性的信息流向,分别从输入层 i_1、i_2、i_3 流向隐含层 h_3、h_4,然后再流向输出层 O_1;影响比目鱼毒性的信息流流向,分别从输入层 i_1、i_2、i_3 流向隐含层 h_1、h_2、h_4,然后再流向输出层 O_2;影响水蚤毒性的信息流流向,分别从输入层 i_1、i_2、i_3 流向隐含层 h_3,然后再流向输出层 O_3。

5.2.1.2 ANN 的连接权值及阈值在网络输出中的作用分析

对前馈型人工神经网络的结构及信息传输原理分析结果表明,构成网络的连接权值与隐含层及输出层的阈值均对输出起着非常重要的作用。阈值实际上相当于输入为1时的权值,它对从输入层→隐含层和隐含层→输出层的输入起着修正作用,如公式(5.1)所示。当阈值 θ_j 大于零时,它使输入 I_j 向正的方向位移,进而使所对应的输出值 O_j 提高;

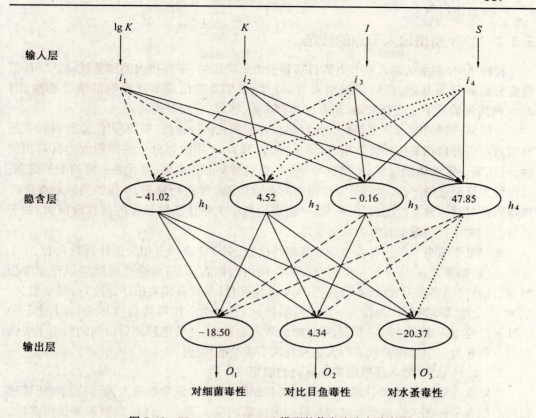

图 5.10 BP–4–4–3 ANN 模型的信息流流向分布图

当阈值 θ_j 小于零时,它使输入向减小的方向位移,对输出产生负影响,要求输入的加权和 $\sum w_{ij}O_i$ 大于该阈值时才会有较大的输出,否则输出较小。对于连接权值 w_{ij},当它小于零时,则该权值所对应的输入越小由此产生的输出才会越大;相反,当权值大于零时,则与该权值所对应的输入越大,输出值也越大。

对于多氯酚定量构效关系 ANN 模型而言,由图 5.10 可以看出,隐含层节点 h_1 被限制在低 $\lg K_{OW}$, K_a, I 和 S 时才起作用;隐含层节点 h_2 在低 $\lg K_{OW}$, I, S 和高 K_a 时对输出层有较大的影响;而隐含层节点 h_3 和 h_4 在高 $\lg K_{OW}$, K_a, I 和 S 时,对输出层影响力较大。神经网络的输出受每一个隐含节点的影响。对细菌的毒性(O_1)主要由隐含层节点 h_3 和 h_4 决定,节点 h_1 和 h_2 只是分别在高 $\lg K_{OW}$, K_a, I 及高 K_{OW} 的情况下引入一个对 O_1 的修正量。对比目鱼的毒性(O_2),主要受隐含层节点 h_1, h_2 和 h_4 的控制;节点 h_3 只是作为修正量,对比目鱼毒性的影响较小。对水蚤的毒性(O_3),主要受隐含层节点 h_3 的影响;节点 h_2 和 h_4 只是在高 $\lg K_{OW}$、K_a、I 时对 O_3 输出值进行修正;隐含层节点 h_1 对水蚤毒性影响甚微。

通过对网络连接权值的分析比较,建立了 ANN 模型的信息流流向图,使网络中各层节点间的关系更为清晰、直观,为进一步实现 ANN 模型输入与输出关系的数学表达奠定了基础。通过对 ANN 模型的信息流流向图的分析,可方便地提取出影响网络输出的主要输入因子,这对于深入进行有机化学品定量构效关系研究,探讨环境毒理学反应机理,寻找化学品致毒的关键结构因子具有重要意义。

5.2.2 ANN 模型输入节点的筛选

传统 ANN 网络的输入层节点数目是靠经验来决定的，带有很大的随意性。以 ANN 信息流分析研究为基础，可以依据输入节点对隐含层及输出层节点影响的重要程度，对 ANN 网络的输入节点进行筛选，该方法具有高效、客观、合理等优点。

本研究选择的输入节点是我们开发的点价自相关拓扑指数。如前所述，点价自相关拓扑指数由四种自相关拓扑指数组成，即 A、B、C 和 D。A 指数与分子的体积大小具有相关性，可代表一定的体积信息；B 指数与分子的电负性具有相关性，可代表一定的电子信息；C 指数为修正点价 δ^v，该指数是对结构中的重键和杂原子进行修正；D 指数为原始点价 δ，该指数是对结构分支度的表征。可见，一组点价自相关拓扑指数包含的信息量很大。关于点价自相关拓扑指数的计算方法详见第三章。

如果分别取自相关拓扑指数为 6 阶拓扑指数，则一组点价自相关拓扑指数共有 24 个结构变量，如果把这 24 个结构变量全部用作网络的输入节点，将会造成网络运行速度很慢，而且易使网络很难收敛。本研究把 24 个结构变量（点价自相关拓扑指数）分成 2 组，一组 12 个变量，即选择 A、B 作为一组结构参数，C、D 作为一组结构参数，分别与上述三种活性参数建立人工神经网络模型，通过输入节点的筛选，然后把筛选后得到的两组主要输入节点合并为一组结构参数进行人工神经网络模型的构造。

5.2.2.1 ANN 输入层节点筛选规则的确定

在定量构效关系研究中，以往构造人工神经网络模型，经常根据人为经验或与所要预测的活性有某种相关性来选择结构参数作为网络的输入节点；有时，当输入变量很多时，经常采用多元线性回归分析的方法筛选输入节点，这往往带有片面性，由于结构与活性之间很少具有严格的线性关系，这样在筛选节点时可能把结构与活性之间的某些重要的非线性信息忽略掉，给准确构造人工神经网络模型带来困难。我们设想可以通过网络自身特点来达到对输入节点的筛选，即利用网络节点间的连接权值的大小对输入节点进行筛选。

通过比较输入层与隐含层之间的连接权值的绝对值大小，确定影响隐含层的主要输入层节点。根据多次实验，发现各输入层节点与隐含层节点间的权值占该隐含节点总的权值的百分数的大小直接决定该输入节点是否重要，我们把这个百分数定义为输入节点的权值百分数。但是，实验中，我们发现单单依靠这一项指标（输入节点的权值百分数）不能满足我们筛选输入节点的目的，因为在筛选输入节点过程中，每一个输入节点总有一个或多个较大的输入节点权值百分数。因此，很难对输入节点进行筛选。

按照统计学观点，某一样本在整个样本中所占的比重越大，则该样本对整个样本的贡献也越大，即该样本越重要。由此我们设想，在输入节点筛选过程中，把满足输入节点权值百分数大于某一给定值的输入节点定为初选主要输入节点，然后规定这些初选主要输入节点在各隐含层节点中的出现次数必须大于或等于 1/2 隐含层节点数，满足这两个条件的输入节点作为最后的主要输入节点。

为了寻找合理的筛选标准，通过大量实验，总结出不同输入节点个数的临界权值百分数，见表 5.3。

表 5.3　不同输入节点个数的临界权值百分数

n	$f(n)$	$e^{-f(n)}$	n	$f(n)$	$e^{-f(n)}$
4	15.5	1.86×10^{-7}	9	6.5	1.50×10^{-3}
5	9.3	9.14×10^{-5}	10	6.4	1.66×10^{-3}
6	8.0	3.35×10^{-4}	11	6.3	1.84×10^{-3}
7	7.2	7.47×10^{-4}	12	6.0	2.48×10^{-3}
8	6.7	1.23×10^{-3}	13	5.8	3.03×10^{-3}

注：n——输入节点数，$f(n)$——临界权值百分数

由表 5.3，画出 $f(n)$ 随 n 的变化曲线，见图 5.11。

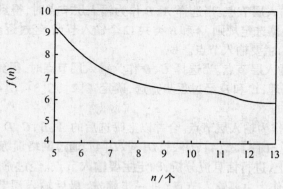

图 5.11　临界权值百分数随输入节点数的变化曲线

根据曲线的变化趋势，我们设想它的 $e^{-f(n)}$ 与 n 具有线形关系，根据这一设想画出 n 与 $e^{-f(n)}$ 的关系图（图 5.12）。

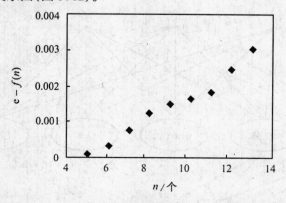

图 5.12　临界权值百分数的负指数函数随输入节点数的变化

因此，可以找出一个表达式来表示临界权值百分数的标准。采用最小二乘法建立 $e^{-f(n)}$ 与 n 的相关方程为

$$e^{-f(n)} = 3.30 \times 10^{-4} n - 1.52 \times 10^{-3} \quad (r = 0.987\,4, n = 10)$$

该公式两边取自然对数，变换为

$$f(n) = -\ln(3.30 \times 10^{-4} n - 1.52 \times 10^{-3})$$

进一步整理，得到输入节点筛选公式为

$$f(n) = -\ln(3.30n - 1.52) + 9.2 \quad (n > 4)$$

通过以上研究分析,得到人工神经网络输入节点筛选规则为:

(1) 输入层节点与隐含层节点间的权值占该隐含节点总的权值的百分数大于或等于 $-\ln(3.30n-15.2)+9.2$, n 为输入层节点数。

(2) 满足条件(1)的输入节点在各隐含层节点中的出现次数必须大于或等于 1/2 隐含层节点数。

5.2.2.2 应用 ANN 信息流分析方法对输入节点进行筛选

以前述的多氯酚对细菌、对比目鱼和对水蚤毒性的 QSAR 研究为例,选择点价自相关拓扑指数 A、B、C 和 D 为结构参数(每个指数取 6 阶,总计为 24 个),依据上述筛选规则,进行 ANN 网络输入层节点的筛选研究。

(1) A、B 作为输入层节点。当选择 A、B 作为输入层节点时,得到 12-8-3 的网络结构预测精度最好。根据选定规则,A 和 B 类共 12 个输入节点,经过逐步筛选后,确定 $A[1]$、$A[2]$、$A[4]$、$B[3]$ 为主要输入节点。

(2) C、D 作为输入层节点。当选择 C、D 作为输入层节点时,得到 12-8-3 的网络结构预测精度最好。同理,C 和 D 经过逐步筛选,确定 $C[2]$、$C[3]$、$C[4]$、$D[2]$、$D[3]$、$D[4]$ 为主要输入节点。

(3) A、B、C、D 作为输入层节点。合并以上筛选后的 A、B、C、D 节点,即 $A[1]$、$A[2]$、$A[4]$、$B[3]$ 和 $C[2]$、$C[3]$、$C[4]$、$D[2]$、$D[3]$、$D[4]$。通过网络训练,确定最佳网络结构,在此网络结构基础上,进行信息流分析,确定主要输入节点。经过筛选,确定 $A[1]$、$A[4]$、$C[3]$、$C[4]$、$D[4]$ 作为主要输入节点,进一步筛选,最后输入层节点定为 $A[1]$、$A[4]$、$C[3]$。以自相关拓扑指数 $A[1]$、$A[4]$ 和 $C[3]$ 为输入节点的人工神经网络如图 5.13 所示。

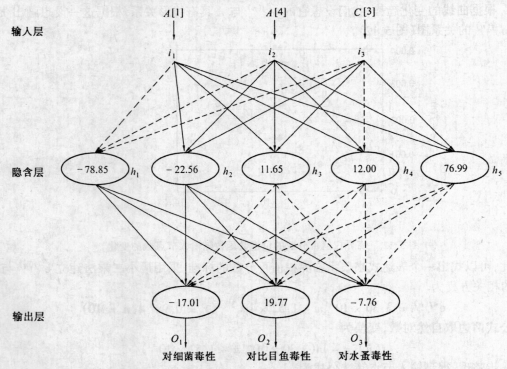

图 5.13 多氯酚定量构效关系 ANN 模型的信息流流向分布图(BP-3-5-3)

我们采用学习集和预测集中模型计算值与实验值的百分误差(E_p)和相关系数(R)进行模型质量评价和模型预测能力比较。百分误差 E_p 和相关系数 R 计算式分别为

$$E_p = \left[\sum_{i=1}^{n}(Y_{ci} - Y_i)^2/n\right]^{0.5}/Y_A \tag{5.3}$$

$$R = \left\{\sum_{i=1}^{n}(Y_{ci} - Y_A)^2 \Big/ \left[\sum_{i=1}^{n}(Y_{cl} - Y_i)^2 + \sum_{i=1}^{n}(Y_{cl} - Y_A)^2\right]\right\}^{0.5} \tag{5.4}$$

式中,Y_{ci} 和 Y_i 分别为计算值和实测值;Y_A 为学习集和预测集中实测值的平均值;n 为学习集和预测集中的样本数。

对于本例中网络筛选过程的模型质量评价及预测能力比较如表5.4所示。

表5.4 网络筛选过程中模型质量评价及预测能力比较表

网络结构	生物活性	学习集		预测集	
		R	E_p	R	E_p
BP-10-6-3	对细菌的毒性	0.991 69	0.256 58	0.842 31	1.451 24
	对比目鱼的毒性	0.997 54	0.104 27	0.842 26	0.363 37
	对水蚤的毒性	0.994 77	0.156 56	0.804 10	1.350 08
BP-5-7-3	对细菌的毒性	0.992 37	0.246 57	0.852 41	1.147 28
	对比目鱼的毒性	0.997 58	0.103 02	0.858 16	0.317 95
	对水蚤的毒性	0.994 57	0.159 43	0.812 40	1.207 14
BP-4-9-3	对细菌的毒性	0.991 89	0.253 19	0.840 61	1.194 36
	对比目鱼的毒性	0.997 40	0.107 06	0.860 72	0.310 12
	对水蚤的毒性	0.994 99	0.152 92	0.811 98	1.220 95
BP-3-5-3	对细菌的毒性	0.995 03	0.199 40	0.874 98	1.130 71
	对比目鱼的毒性	0.997 70	0.101 67	0.849 74	0.307 51
	对水蚤的毒性	0.996 26	0.134 04	0.817 45	1.231 35

注:R 表示相关系数,E_p 表示百分误差。

5.2.2.3 应用多元线性回归分析方法对输入节点进行筛选

采用逐步回归法建立回归方程:

(1) 对发光菌毒性建立方程

$$Y = -68.14B[1] + 4.51C[3] + 1.78C[5] + 111.93$$

$(N = 19, R = 0.875\ 7, F = 16.448\ 7, S = 2.299\ 5, f_1 = 0.5, f_2 = 0.5)$

(2) 对比目鱼毒性建立方程

$$Y = -496.93B[1] + 31.79C[3] + 15.85C[5] + 850.54$$

$(N = 19, R = 0.860\ 6, F = 14.278\ 9, S = 25.536\ 7, f_1 = 1, f_2 = 1)$

(3) 对水蚤毒性建立方程

$$Y = -1.11B[1] + 0.07C[3] + 0.02C[5] + 1.85$$

$(N = 19, R = 0.918\ 8, F = 27.094\ 6, S = 0.039\ 5, f_1 = 1, f_2 = 1)$

经过逐步回归筛选 A、B、C、D,最后得到的 $B[1]$、$C[3]$、$C[5]$ 为对三种活性参数起主要作用的结构变量。

5.2.2.4 两种方法对输入节点进行筛选的比较

采用 ANN 信息流分析法和多元线性回归分析法筛选出的主要输入节点分别为 $A[1]$、$A[4]$、$C[3]$ 和 $B[1]$、$C[3]$、$C[5]$。从中可以看到，除 $C[3]$ 相同外，其他两项结构参数完全不同，由此说明结构参数与生物活性具有非线性关系。

对模型质量评价和模型预测能力比较结果如表 5.5 所示。结果表明，应用神经网络的信息流技术筛选网络的输入节点所构建的网络模型的网络质量和预测能力均好于应用多元线性回归筛选输入节点所构建的网络模型。由此说明应用神经网络自身的特点进行输入节点的筛选更具有代表性，更能反映出输入节点与输出节点的非线性关系。

表5.5　两种方法建立的网络模型质量评价及预测能力比较表

网络结构	生物活性	学习集		预测集	
		R	E_p	R	E_p
多元线性	对细菌的毒性	0.986 39	0.329 98	0.825 68	1.701 42
回归方法	对比目鱼的毒性	0.987 70	0.228 77	0.838 06	0.391 62
3-5-3	对水蚤的毒性	0.983 20	0.280 77	0.783 61	1.544 79
人工神经	对细菌的毒性	0.995 03	0.199 40	0.874 98	1.130 71
网络方法	对比目鱼的毒性	0.997 70	0.101 67	0.849 74	0.307 51
3-5-3	对水蚤的毒性	0.996 26	0.134 04	0.817 45	1.231 35

注：R 表示相关系数，E_p 表示百分误差。

5.2.2.5 结构参数与生物毒性关系的理论解释

通过对多氯酚定量构效关系神经网络模型的信息流分析（图 5.13）可以看出，隐含层节点 h_1 被限制在低 $A[1]$、$A[4]$、$C[3]$ 时对输出影响较大；隐含层节点 h_2 在高 $A[1]$、$C[3]$ 和低 $A[4]$ 时对输出层影响大；隐含层节点 h_3 在高 $A[1]$、$A[4]$、$C[3]$ 时对输出影响较大；隐含层节点 h_4 要求在高 $A[1]$、$A[4]$ 和低 $C[3]$ 时对输出层影响较大；隐含层节点 h_5 在高 $A[1]$、$A[4]$、$C[3]$ 时对输出影响较大。对细菌的毒性（O_1）主要随指数 $A[1]$、$A[4]$ 和 $C[3]$ 的增大而增强；在指数 $A[1]$ 和 $C[3]$ 增大过程中对毒性有一个很小的负影响。对比目鱼毒性（O_2）主要随指数 $A[1]$、$A[4]$ 和 $C[3]$ 的增大而增强；在指数 $A[1]$、$A[4]$ 和 $C[3]$ 的增大过程中对毒性有微小的负影响，同时指数 $A[1]$ 和 $C[3]$ 增大过程中对毒性又增加一负影响；对水蚤的毒性（O_3）主要随指数 $A[1]$、$A[4]$ 和 $C[3]$ 的增大而增强；在指数 $A[1]$ 和 $C[3]$ 增大过程中对毒性有一个很小的负影响。

综上，我们知道指数 $A[1]$、$A[4]$ 和 $C[3]$ 同有机化学品对细菌的毒性、比目鱼的毒性和水蚤的毒性呈正相关，即对这三种指示生物的毒性随指数 $A[1]$、$A[4]$ 和 $C[3]$ 增加而增大，而且我们也看到指数 $A[1]$、$A[4]$ 和 $C[3]$ 同有机化学品对这三种指示生物的毒性之间存在着非线性关系，即上面谈到的负影响。根据点价自相关拓扑指数的定义，$A[1]$ 表示邻位原子的分支度、化学键的类型及体积；$A[4]$ 表示苯环上对位原子或间位取代基的分支度、化学键的类型及体积；$C[3]$ 表示间位原子和邻位取代基的分支度和化学键的类型。因此，有机化学品分子的大小、空间结构以及取代基的数量、位置、种类对上述三种生物的毒性效应有影响。

从以上分析可知，在多氯酚类化合物中，邻位和间位有取代基时，对三种生物的毒性增强，该结论与文献提供的数据相吻合。多氯酚对细菌的毒性随邻位和间位取代基的增加而增强,但从信息流分析得知,指数 $A[1]$ 和 $C[3]$ 的增加对细菌的毒性有负影响,换句话说,如果只有邻位取代基增加时,有可能使毒性降低;从 2,6-二氯苯酚的毒性低于除苯酚以外的任何一种多氯酚的现象也验证了这一结论。以三氯苯酚为例进一步验证这一结论,按对细菌的毒性大小排序:2,4,6-三氯苯酚(1.202 mmol/L) < 2,3,6-三氯苯酚(0.955 mmol/L) < 2,3,4-三氯苯酚(0.066 mmol/L) < 2,4,5-三氯苯酚(0.060 mmol/L) < 2,3,5-三氯苯酚(0.050 mmol/L) < 3,4,5-三氯苯酚(0.025 mmol/L)。多氯酚对比目鱼毒性也随邻位和间位取代基的增加而增强,从 LC_{50}(半数致死量)数值来看,对比目鱼毒性的 LC_{50} 大于对细菌毒性的 LC_{50},这主要跟个体差异有关,同时从信息流分析也可得到类似结论,因为在 $A[1]$、$A[4]$ 和 $C[3]$ 增大过程中,其中有一个隐含层节点对毒性起负影响。多氯酚对水蚤的毒性同对细菌的毒性相似,其毒性变化规律也相同。

5.2.3 ANN 模型隐含节点的筛选与训练次数优化

人工神经网络模型中隐含层个数和隐含层节点个数的选择,一直是人工神经网络研究的热点。因为采用适当的隐含层节点数是非常重要的,可以说正确选择隐含层节点数是网络模型成败的关键。隐含层节点数选用太少,网络难以处理较复杂的问题,但若隐含层节点数过多,将使网络训练时间急剧增加,而且过多的节点容易使网络训练过度。廖宁放等研究采用反向传播(BP)算法的人工神经网络用于函数逼近时的最佳隐含层结构,结果是含有 4 个隐含层的 BP 网具有最佳的学习收敛性特性和函数逼近精度。汪家道等在前向多层神经网络的基础上,提出了一种新的节点自删除神经网络。该神经网络根据隐含层节点输出的相似性能够自动地进行网络节点的删除,使网络结构得到优化。

网络的训练次数直接关系到模型的学习效果和预测能力,训练次数太少,网络模型学习不够充分,模型的学习效果不好,更谈不上模型的预测能力了;训练次数太多,可能出现"过拟合"现象,模型有可能把训练样本的个性记住,因此造成模型的学习集误差很低,预测集误差却很高,因而模型的预测能力下降。

由此可见,选择合适的隐含层节点数和训练次数在构建神经网络定量构效关系模型中起着关键的作用。针对这一问题,我们利用计算机编制程序,使确定人工神经网络定量构效关系模型隐含层节点数和训练次数变得很容易。

5.2.3.1 方法构思

在定量构效关系模型中,结构参数和活性参数是一定的,当我们用这些结构参数和活性参数构建人工神经网络定量构效关系模型时,结构参数作为人工神经网络模型的输入层,活性参数作为人工神经网络模型的输出层,因此,确定隐含层节点数和网络训练次数成为构建人工神经网络定量构效关系模型的关键。

以往选择隐含层节点个数和网络训练次数一般采取试探的方法,首先按照一定的经验公式计算给定输入层和输出层节点个数的隐含层节点个数,然后在此隐含层节点数的基础上增加或减少隐含层节点,每增加或减少一个节点都要重新训练网络,这样势必增加构建人工神经网络定量构效关系模型的工作量。并且由于所采用的经验公式是在其他领域实验基础上总结得到的,因此,它不一定适用于我们所要构建的定量构效关系模型,这样,势必会影响模型的质量和预测能力。

我们分别在不同训练次数和隐含层节点数的情况下,训练网络,并按公式(5.3)、

(5.4) 计算人工神经网络定量构效关系模型的百分误差 E_p 和相关系数 R，然后以训练次数和隐含层节点数为横坐标，以输出节点的相关系数和百分误差为纵坐标绘制三维图，从图中判断最佳隐含层节点数和网络训练次数。

5.2.3.2 方法的实现

首先，我们用 C 语言编制计算模型相关系数和百分误差随不同隐含层节点和训练次数变化的应用程序，并按一定间隔的训练次数和隐含层节点数记录相关系数和百分误差的变化，以 data.bat 文件储存起来。

程序循环调用训练函数 train() 和测试函数 test()，外循环为隐含层节点数为 1～30，内循环为训练次数为 1～10 000，循环体为训练函数 train() 和测试函数 test()。训练函数和测试函数的训练和测试结果为相关系数和百分误差，所有结果保存到 data.dat。

使用 Matlab 从 data.dat 文件读取数据，并分别绘制相关系数 R 和百分误差 E_p 三维图（见图 5.14 和图 5.15）。

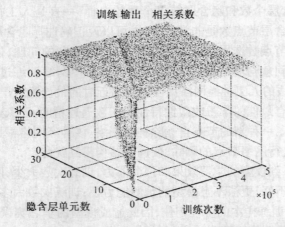

图 5.14　隐含层节点数和训练次数对输出相关系数 R 的影响

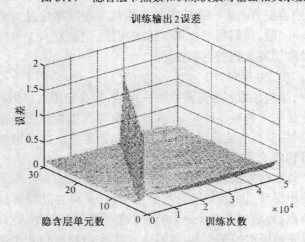

图 5.15　隐含层节点数和训练次数对输出百分误差 E_p 的影响

从图中我们观察到存在相关系数 R 很小，百分误差 E_p 很大的区域。因此，在构建定量构效关系模型时首先应避开这一区域，并且我们也很容易找到相关系数 R 最大、百分误

差 E_p 最小的隐含层节点数和训练次数。这样,既提高了构建人工神经网络定量构效关系模型的工作效率,又保证了模型的预测精度。

5.3 人工神经网络的应用

5.3.1 人工神经网络的组织与运行

5.3.1.1 网络的结构与设计

图 5.16 表示了人工神经网络的一般结构。网络有一个或多个输入单元,这些输入单元并不处理数据,它只是将数据传输给中间层的处理单元。网络也有一个或数个输出单元,它们提供网络的输出结果。每一个输出单元从中间处理单元得到输入值,经过处理后,得到输出值。

连接输入和输出单元的中间处理单元像一个黑箱,真正的网络模型是靠这个黑箱来决定的。但也有些网络没有中间处理单元,而将输入和输出单元直接连接起来。

1. 中间层(隐含层)数目的选择

常用的网络有三到四层,有一些模型只用两层,使输入层直接与输出层相连,这在当输入模式与输出模式很类似时是可行的。然而,凡当输入模式与输出模式相当不同时,就需要增加中间层,形成输入信号的中间转换。处理信号的能力随层数而

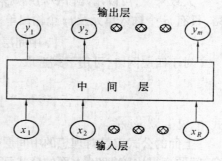

图 5.16 神经网络的一般结构

增加。如果有足够的中间层单元,输入模式也总能转换为适当的输出模式。

一般来说,没有任何理论根据采用两层以上的中间层。对大多数实际问题,一层中间层即三层网络已经足够了。

根据经验,采用二层以上的中间层几乎没有任何益处。采用越多的中间层,训练时间就会急剧增加,这是因为:

(1) 中间层越多,误差向后传播的过程计算就越复杂,使训练时间急剧增加。

(2) 中间层增加后,局部最小误差也会增加。网络在训练过程中,往往容易陷入局部最小误差而无法摆脱。网络的权重难以调整到最小的误差处。

但有时也会发现,当采用一个中间层时,需要用较多的处理单元。这时如果选用两个中间层,每层处理单元就会大大减少,反而可以取得较好的效果。

总而言之,在建立多层神经网络模型时,首先应考虑只选一个中间层。如果选用了一个中间层而且增加了处理单元数还不能得到满意结果,这时可以试试再用一个中间层,但一般应减少总的处理单元数。

2. 中间层(隐含层)单元数的决定

采用适当的中间层处理单元是非常重要的。可以说中间层单元数的选定往往是网络成败的关键。中间层处理单元数选用太少,网络难以处理较复杂的问题,但若中间层处理单元数过多,将使网络训练时间急剧增加,而且过多的处理单元容易使网络训练过度,如图 5.17 所示。也就是说网络具有过多的信息处理能力,甚至将训练数据组中没有意义的

信息也记住。这时网络就难以分辨数据中真正的模式。

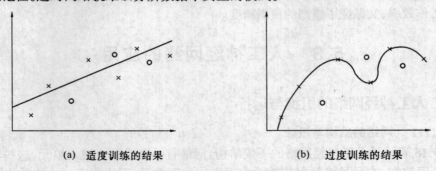

(a) 适度训练的结果　　　　　(b) 过度训练的结果

图 5.17　网络过度训练

× — 训练数据；○ — 测试数据

大致来说，可以用几何平均规则来选择中间层中的处理单元数。如果设计一个三层网络，具有 n 个输入单元及 m 个输出单元，则

$$中间层处理单元数 = \sqrt{mn}$$

对于四层网络，可用下式选取

$$第一中间层单元数 = mR^2$$
$$第二中间层单元数 = mR$$

式中，$R = \sqrt[3]{n/m}$。

上面的公式仅是对理想的中间层处理单元的粗略估计。在输入和输出单元很少的场合，问题变得比较复杂，上面的公式已不敷应用。例如，只有一个输入变量和一个输出变量的复杂函数，就可需要十几个中间层单元才能使网络得到很好的训练。另一方面，若一个简单问题具有许多输入和输出变量，也许几个中间层处理单元就已足够了。

找到最优的中间层处理单元数很费时间，但对设计网络结构是很重要的。首先可以从较少的中间处理单元试起，然后选择合适的准则来评价网络的性能，训练并检验网络的性能。然后稍增加中间层单元数，再重复训练和检验。图 5.18 是这种方法的流程图。应该注意每一次增加新的中间层单元，训练都应重新开始，而不能采用上一次训练后所得到的权重。

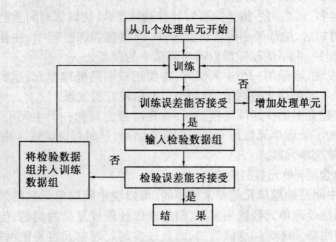

图 5.18　训练数据较多时的训练方法

5.3.1.2 输入数据的设计与准备

当准备用神经网络解决实际问题时,无论用什么网络,网络的结构如何,采用什么样的传递函数,以及学习规则,基本的步骤大致相同。成功取决于对问题本身的清楚了解。首先要写一个简单的说明,打算用人工神经网络解决什么问题,然后,考察已有的数据。要了解问题本身是由哪些变量决定的,这些变量取值范围是什么,在此取值范围内,所得到的结果有哪些。在考察数据时,重要的是数据本身,而不是它的单位。然后依次将这些变量的值及其输出结果写下来。

应清楚地了解,人工神经网络的计算不需要像传统计算方法那样一条条编写程序。神经网络是靠过去的例子,也就是已经获得的数据,经过学习和训练来解决问题的。

由于网络靠学习来记住问题应有的模式,所以在训练网络时,训练数据应尽可能包含问题的全部模式。尽可能用正交设计方法获得足够多的数据来训练网络。所有的数据应尽可能相互独立而没有相关关系。

1. 输入数据的设计

网络的训练时间明显与训练数据多少有关。如果想减少训练时间,就应尽可能采用少的训练数据组。但实际上,训练速度并不是主要应考虑的问题。

一般说来,网络的训练数据必须满足两个条件:

(1) 数据组中必须包括全部模式。神经网络是靠已有的经验来进行训练的,过去的经验数据越丰富、越全面,训练过的网络性能才会越好。训练数据组由一个个训练样本组成,一个训练样本是一组输入输出数据。将训练数据组尽可能分为不同的分组,每个分组都应趋向于一种特殊的类型,而且训练数据组中必须包括全部应有的模式。例如要训练网络识别英文字母,训练数据就必须包括全部英文字母以及所有可能出现的形式。若训练数据中不包含字母 A,要让训练好的网络去识别字母 A 是不可能的。

(2) 在每一个类型中,还应适当考虑随机噪声的影响。在设计训练数据组时,要将可能出现的噪声考虑进去。例如在加工线上用人工神经网络来辨别不合格的零件,在训练网络时,必须用各种不合格尺寸及不合格形状零件的数据来训练网络。特别要注意在靠近分类的边界处,训练样本的选择。在靠近边界处,噪声的影响往往容易造成网络的错误判断,因此要选用较多的训练样本。

大的训练样本可以避免训练过度。网络从输入层、隐含层到输出层单元间的充分连接,组成大量的网络权重参数,所以人工神经网络要比传统的统计方法对训练过度更敏感。例如采用 26 个输入单元和 10 个隐含层单元,不考虑输出层,总共就有 260 个自由参数。在这种情况下,训练样本一般应大于 500 个。

惟一可使网络学习到训练样本一般特征的方法是采用大量的训练样本,使网络不至于只学到少量样本不重要的特征。建议训练数据数(即样本数)的选择方法是将网络中计算的权重数乘以 2。如果能再加一倍就更好,其中还不包括网络训练之后,为检验网络而留下的校验数据组。

在设计训练样本时要避免人为因素的干扰。有时网络设计者偏重于某一数据区。在设计训练样本时,将样本的模式集中于这一区域,训练出的网络对这一区域的预测可达到很高的精度。但是网络投入使用后,使用者可能会发现网络对其他区域的预测精度很低。这是由于训练样本的选择受人为因素的干扰而没有能包括全部可能的模式。

要注意在选择训练样本时,各种可能模式间的平衡。训练样本中不仅要包括每种类型,而且每种类型所具有的训练样本数要平衡,不能偏重于某种类型。当网络用减小均方差的方法来进行训练时,训练样本中各种类型所占的比例对网络性能有极大的影响。网络会对训练较多的类型有较好的分辨能力。

但有时如果事先明确类型 A 出现的机会比类型 B 大一倍,这时可选择类型 A 的训练样本比类型 B 多一倍,以改善网络的平均性能。如果知道类型 A 的误差要比类型 B 大一倍,也可以同样增加类型 A 的训练样本。

2. 训练数据、检验数据及产品数据

当已设计好网络,准备好了输入数据,在开始训练网络之前,首先要将全部输入数据分出一部分作为网络性能检验数据(Test data 或 Test sets);其余的数据用来训练网络,叫做训练数据(Training data 或 Training sets)。检验数据组的多少要根据全部所得到的数据而定,要能包括网络设计要求的全部模式。检验数据的格式与训练数据完全相同。对指导下训练的网络,检验数据只要求输入网络输入数据部分,而用输出数据部分与网络输出进行对比,来检验网络的学习结果。因此,检验数据的选择是很重要的,要注意不能在检验数据的选择上加上人为的因素。

有的网络软件在网络训练过程中,不断用检验数据来检查网络的训练情况,以防止网络过度训练。这部分检验数据对网络的训练过程有一定的影响,所以不能再用来作为网络最后性能的检测。在这种情况下,需要保留另一组检验数据对训练后的网络进行检查。这组检验数据又称为产品数据。产品数据的选用原则应与检验数据相同。

选用多少组数据作为检验数据及产品数据比较合适,要依总的数据及网络的结构来定。首先要保证训练数据包含有各种应有的模式,尤其在类型的边界处,应有较多的训练数据,以保证网络对各种模式有清晰的分辨能力,全面足够的训练数据才能保证网络有良好的训练。检验数据和产品数据也要包含全部模式,以免不能全面检查网络性能。

绝不能低估检验网络的重要性。只有经过产品数据对网络性能检查后,若结果满足要求,网络才能投入使用。有时由于训练数据不足,没有包括系统中的全部模式,而检验和产品数据的模式又恰好在训练数据的模式之中,检验结果会很好,但在使用中会发现网络性能不如训练及检验的结果。这时应重新组织训练数据对网络进行训练。

5.3.1.3 网络训练时间的优化

网络的训练一般都有一个最优值,并不是训练时间越长,训练的误差就越小越好。网络存在过度训练的问题。

图 5.19 是网络训练过程中,同时输入检验数据,计算训练误差与检验误差值随训练过程而变化的情况。对训练过程而言,一般说来随训练时间的增加,训练误差要减小。另一组是检验数据,是从全部数据中随机选取的,没有参加训练,而只是把这些数据输入训练后的网络来检验网络的性能。一般在训练开始时期,检验误差

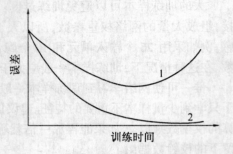

图 5.19 网络训练与检验误差随训练时间的变化

1— 检验误差;2— 训练误差

是随训练时间的增加而降低的,也就是说,网络开始不断地学习输入数据的普遍类型。但

若训练超过一定时间,检验误差反而开始增加。这意味着网络已开始记住不重要的细节,而不仅是它的普遍类型。是否检验误差达到最低点就停止训练,能使网络达到最佳性能,还要根据具体情况而定。

如果选用过多的隐含层单元,网络容易过度训练,这时网络不是学到了数据的一般特征而是记住了单个样本的细微特征,网络的性能变差。这时首先应减少隐含层单元数,重新训练网络,或是增加训练数据的数量,以使所有训练样本能代表全体数据的普遍特征。此外,每次改变隐含层单元数重新进行训练都应随机地选取处理单元的初始权重,而不应采用上次训练的结果。

应该随时记住,过度训练是训练数据组没有代表全体数据普遍特征的反映。

训练数据组与隐含层单元数是密切相关的,若有足够多的训练样本,就可以优化隐含层的处理单元数。如果在训练时,发现网络对训练数据学习得很好,收敛很快,但对于测试数据误差还很大,这时就要考虑是不是出现过度训练,或者是训练样本不足,没有代表数据的全部特性,检验数据中有的特性没有包括在训练数据中,所以网络没有学会区分这种特征,致使检验效果很差。

若网络对训练数据收敛很快,但检验数据的误差很快就达到最小值,然后误差迅速上升,这种情况是对训练数据不足的最好说明,必须增加训练样本重新训练网络。

5.3.1.4 网络性能的评价

对网络性能评价的方法取决于网络所担负的任务,必须用训练数据以外的检验数据或产品数据来评价网络的性能。现介绍常用的两种评价网络性能的方法。

1. 均方差评价法

当网络训练之后,通常用输出的均方差来评价其性能。许多统计技术用均方差作为性能的基本量度。均方差比较直观,而且强调大的误差的影响超过小的误差。更重要的是在有数学定义的所有模型中,均方差的导数比其他性能测量方法更容易计算。如果假设误差是标准分布,均方差一般接近于标准分布的中心,几乎所有的正反馈网络及许多其他网络都用均方差作为优化目标。

对于任一输入,网络都有一组输出。如果只考虑输出层,设一批数据中,第 p 个输入数据输入网络后,网络输出层第 j 个单元的实际输出为 O_{pj},而应有的输出为 t_{pj}。若共有 n 个输出单元,输入数据 p 相应的均方差为

$$E_p = \frac{1}{n} \sum_{j=0}^{n-1} (t_{pj} - O_{pj})^2$$

如果这批数据共有 m 组,则这一批输入数据的均方差为

$$E = \frac{1}{m} \sum_{p=0}^{m-1} E_p$$

均方差明显的缺点在于它只是一个数学表达式,与网络所应完成的任务联系很少。如果网络是要决定在时间系列中是否有特殊的信号模式,均方差没有什么实际意义。即使具有这种特殊的信号模式,但网络没有分辨出来,也无法用均方差来说明。如果网络的任务是要将一些模式分类,均方差也不能说明分类错误发生的频率。

另一个用均方差来评价网络性能存在的问题是,它无法区别微小错误与大错误。假如在医学上训练网络来考察血样,以诊断病人是否有血癌。如果错误判断病人有血癌,则导

致增加更多的医疗诊断,只是增加了病人的负担与痛苦。但若没有诊断出血癌病人的病情,就可能是致命的错误,以致延误病情的治疗。在对这些错误的诊断上,均方差说明不了任何问题。

还有一些误差的测量方法与均方差相关,或许更能适合于某种问题。如平均绝对误差是误差的平均幅值,它与均方差相似,只是没有将误差平方而只取绝对值。如果用网络在控制过程中计算负的负反馈值,可能对减少平均绝对误差更感兴趣。如果只强调减小大的误差,可能会导致增加网络训练过程中的不稳定性。最大绝对误差在误差测量上最直观,它可以说明误差的上界。中值误差,无论是绝对值还是平方值,有时要比平均值更有用。个别的单个误差可能会影响平均值,但对中值影响不大。

2. 价值函数评价法

假如网络的目的是检测存在或者缺乏某一种情况,均方差就没有重要的意义。例如分析生物样品来检测疾病,或是监测从另一个潜水艇发动机噪声产生的声纳信号。在这种情况下,需要从如下两方面来考虑网络的性能:

(1) 事先知道存在这种情况的可能性与缺乏这种情况的可能性很不相同。在上述的例子中,健康的可能性大于疾病,或敌人的潜水艇的信号是不寻常的。

(2) 不能检测出缺乏某一情况要比不能检测出存在同一情况的后果更为严重或不严重。例如不能监测出敌人的潜水艇就可能导致损失自己的潜水艇,而误把鲸鱼判断为敌人的潜水艇最多是损失一条鲸鱼。

在这种情况下,可以用价值函数来评价网络的性能。设 q 为预先知道情况出现的可能性,p_1 为网络在情况不存在时做出误判断的可能性,p_2 为情况存在时没有判断出其存在的可能性;c_1 为情况不存在时错误判断其存在的价值,c_2 为没有能判断情况存在的价值。实际上,q 值可以从以往的经验中获得,而 c_1 和 c_2 可以经一定的研究而决定。在网络训练好后,可以用许多代表情况存在或不存在的检验数据来评价网络,得到 p_1 和 p_2 的估计值,则此网络所采用的价值为

$$\cos t = (1 - q)p_1 c_1 + q(p_2 c_2)$$

在分类类型较多的情况下,每个类型都有自己的预先可能性,可以用检验数据来估计不能判断每个类型的可能性,每种失误都有其价值。若用 q_i 代表类型 i 的预先可能性,则

$$\sum q_i = 1$$

若 p_i 为不能辨别类型 i 中成员的可能性,c_i 为不能辨别类型 i 中成员的失误价值,则使用网络的总价值为

$$\cos t = \sum_i q_i p_i c_i$$

5.3.2 ANN 在模式识别/定性分类中的应用

日本科学家 Aoyama 等人于 1990 年将具有生物背景的三层 BP 模型应用于 16 个丝裂霉素类抗癌药物的 QSAR 研究。这些化合物在 X、Y、Z 三个位置上有不同的取代基,见图 5.20。

输入 ANN 的化合物结构参数有六个,分别为 F_x、σ_{m-x}、V_{w-x}、Y_{OMe}、Y_{OH} 与 E_{S-Z}。输入的数据经过归一化预处理,即

$$\bar{x}_i = (x_i - x_{\min} + 0.1)/(x_{\max} - x_{\min} + 0.1)$$

式中，$x_{\max}$ 为最大输入值；$x_{\min}$ 为最小输入值。输入的数据经归一化处理后，取值在 0.1~1 之间，避免了数据为 0 影响网络的收敛。该网络的输出层有 5 个神经元，代表抗癌活性的 5 个级别，即 3+，2+，+，+／-，-。根据网络的 5 个输出值与 0(否)，1(是) 接近的程度，确定化合物抗癌活性的级别。网络的隐含层有 12 个神经元。Aoyama 选用的活化函数是最常见的 S 型压缩函数，非线性系数 θ 在隐含层中为 0.4，在输出层中为 0.2，阈值为 0。根据表 5.6 所示，ANN 的分类结果优于当时公认最好的自适应最小二乘法(ALS)的分类结果。ANN 分类正确率达 100%，而 ALS 则有一例出错。

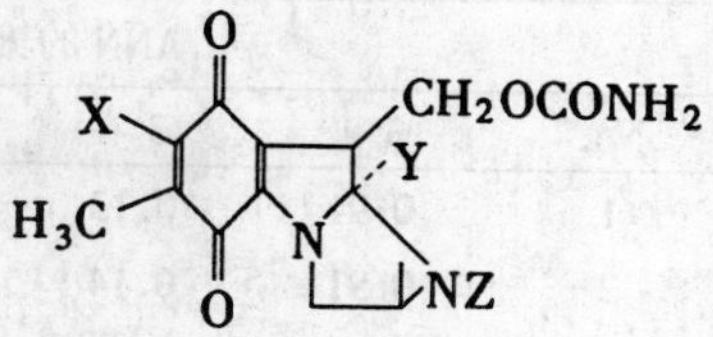

图 5.20　丝裂霉素类抗癌药物的结构示意图

表 5.6　基于 ANN 研究丝裂霉素类抗癌药物的构效关系

化合物	取代基类型			ANN 输入参数						ANN 输出模式					活性级别	
No	X	Y	Z	F_X	σ_{m-x}	V_{W-X}	Y_{OMe}	Y_{OH}	E_{S-Z}	3+	2+	+	+／-	-	实验值	计算值
1	NH_2	OCH_3	H	0.02	-0.16	0.177	1	0	1.24	0.95	0.80	0.00	0.00	0.00	3+	3+
2	NHC_2H_5	OCH_3	H	-0.11	-0.24	0.493	1	0	1.24	0.95	0.05	0.00	0.00	0.00	3+	3+
3	NH_2	OCH_3	CH_3	0.02	-0.16	0.177	1	0	0	0.01	0.98	0.06	0.00	0.00	2+	2+
4	NH_2	OCH_3	C_2H_5	0.02	-0.16	0.177	1	0	-0.07	0.00	0.98	0.10	0.00	0.00	2+	2+
5	NH_2	OCH_3	CH_3CO	0.02	-0.16	0.177	1	0	-0.47	0.03	0.94	0.56	0.00	0.00	2+	2+
6	NH_2	OH	CH_3	0.02	-0.16	0.177	0	1	0	0.03	1.00	0.00	0.02	0.00	2+	2+
7	$N(CH_3)_2$	OCH_3	H	0.10	-0.15	0.441	1	0	1.24	0.00	0.92	0.03	0.00	0.00	2+	2+
8	NH_2	OCH_3	COPh-o-Cl	0.02	-0.16	0.177	1	0	-1.19	0.00	0.04	0.84	0.00	0.07	+	+
9	NH_2	OCH_3	COPh-p-Cl	0.02	-0.16	0.177	1	0	-1.19	0.00	0.04	0.84	0.00	0.07	+	+
10	NHPh	OCH_3	H	-0.02	-0.12	0.892	1	0	1.24	0.00	0.08	0.96	0.00	0.00	+	+
11	OCH_3	OCH_3	H	0.26	0.12	0.304	1	0	1.24	0.00	0.08	0.99	0.00	0.00	+	+
12	OCH_3	OCH_3	CH_3	0.26	0.12	0.304	1	0	0	0.00	0.07	1.00	0.00	0.00	+	+
13	OCH_3	OH	CH_3	0.26	0.12	0.304	0	1	0	0.00	0.00	0.01	0.96	0.03	+／-	+／-
14	NH_2	H	CH_3	0.02	-0.16	0.177	0	0	0	0.00	0.00	0.00	0.00	0.94	-	-
15	NH_2	OCH_3	SO_2CH_3	0.02	-0.16	0.177	1	0	-1.54	0.00	0.00	0.45	0.03	0.89	-	-
16	OCH_3	H	CH_3	0.26	0.12	0.304	0	0	0	0.00	0.00	0.00	0.06	0.99	-	-

为了判断网络的预测能力，任取 5 个化合物(2,4,7,10 与 16)组成预测组，剩余的 11 个化合物为训练组，网络运行的结果见表 5.7，可以看到 ANN 的分类正确率为 100%，而预测出现了较小误差。7 号化合物的活性级别由 2+ 识别为 3+，10 号化合物由 + 识别为 3+，但都未发生大错。

表 5.7 基于 ANN 的丝裂霉素类抗癌药物 QSAR 模型预测性能

No.	ANN 的输出模式					活性级别	
	3 +	3 +	+	+ / −	−	实验值	计算值
1	0.91	0.13	0.00	0.00	0.00	3 +	3 +
2	0.91	0.14	0.00	0.00	0.00	3 +	3 +
3	0.10	0.87	0.05	0.00	0.00	2 +	2 +
4	0.07	0.89	0.07	0.00	0.00	2 +	2 +
5	0.01	0.93	0.32	0.00	0.00	2 +	2 +
6	0.00	0.98	0.00	0.02	0.00	2 +	2 +
7	0.81	0.25	0.00	0.00	0.00	2 +	3 +
8	0.00	0.12	0.48	0.01	0.00	+	+
9	0.00	0.12				+	+
10	0.84	0.21	0.00	0.00	0.00	+	3 +
11	0.00	0.04	0.92	0.00	0.00	+	+
12	0.00	0.00	0.96	0.01	0.04	+	+
13	0.00	0.00	0.02	0.93	0.05	+ / −	+ / −
14	0.00	0.02	0.00	0.00	0.91	−	−
15	0.00	0.00	0.35	0.06	0.87	−	−
16	0.00	0.00	0.74	0.00	0.99	−	−

Aoyama 还对 29 个在结构中有 2 处具有不同取代基的芳基丙烯酰哌嗪衍生物(结构见图 5.21)进行了类似的研究，ANN 对这些化合物的 4 个抗高血压活性级别的分类正确率为 26/29 = 90%，大大优于 ALS(62% ~ 76%)。将它们分为训练组(21 个化合物)与预测组(8 个化合物)进行校验，ANN 的预测正确率为 6/8 = 75%，明显好于传统方法。该网络是用 FORTRAN 语言编写，在 PC 机上实现。

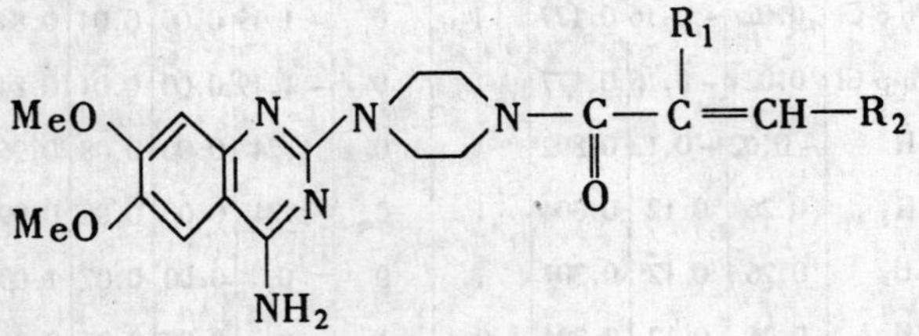

图 5.21 芳基丙烯酰哌嗪衍生物的结构示意图

石乐明等人运用 BP 网络对 47 个化学杂交剂(CHA)1 − Ary − 1,4 − dihydro − 4 − oxo −(thio)− pyridazine 衍生物成功地进行了去雄活性分类。这批 CHA 衍生物的结构示意图见 5.22，取代基在 11 个位置上有变化。该网络分三层，设置输出神经元 2 个，隐含神经元 15 个，输入神经元 11 个。输入层中的 11 个神经元分别代表 11 个取代基的摩尔折射率。化合物以活性的自然分界线 25% 为标准，活性大于 25% 的化合物定为 0 类，输出模式为 (01)。活性小于 25% 的化合物定为 1 类，输出模式为(10)。47 个样本经 20 000 次迭代训练之后，用所得网络的权重反过来识别这 47 个化合物的活性类别，分类正确率为 100%。为评价网络预测性能,使用交叉验证法将47个样本随意分为五组,每次用4组训练网络,考察分类正确率;用1组考察网络的预测准确性。循环5次,化合物活性级别的识别总准确度为 44/47 = 93.6%,效果令人满意。

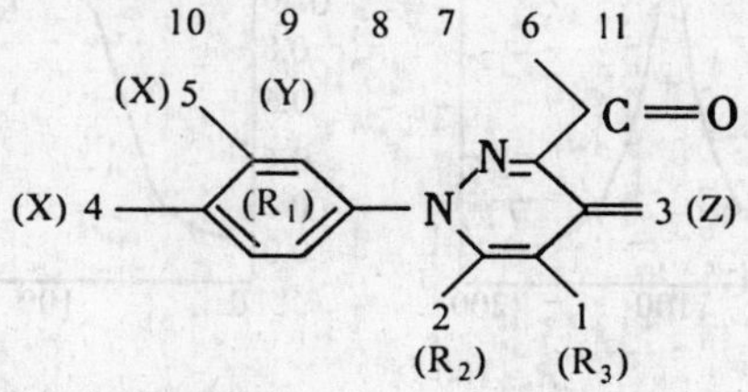

图 5.22 CHA 衍生物的结构示意图

孙立贤等人应用BP网络确定酚类化合物的毒性类别。结果(表5.8)表明ANN法优于逐步判别法。逐步判别分析法是一种线性判别分析方法,而人工神经网络体现的是人类左半脑的形象思维特征,它对于因素复杂、不确定、不惟一、难以表达的分类问题具有更强的解决能力。因此,从某种意义上讲,ANN 的模式识别能力要高于统计学的分析方法。

表 5.8 酚类化合物 ANN 与逐步判别分析的比较

名称	逐步判别分析法	人工神经网络法
判别符合率/%	83.87	100
错分化合物个数	5	0
所选变量组合	$^0\chi^v, ^4\chi^v, ^5\chi^v, \lg K_{OW}$	$^0\chi^v, ^1\chi^v, ^2\chi^v, ^4\chi^v, ^5\chi^v, ^6\chi^v, \lg K_{OW}$
判别方程	$y_1 = -7.6077 + 3.9843\,^0\chi^v - 2.0058\,^4\chi^v - 19.2672\,^5\chi^v - 0.2423\lg K_{OW}$	
	$y_2 = -9.8162 + 5.0410\,^0\chi^v - 7.2251\,^4\chi^v - 12.7558\,^5\chi^v - 0.4929\lg K_{OW}$	

5.3.3 ANN 对理化性质和生物活性的定量预测

5.3.3.1 简单理化性质的预测

Lohninger 利用基于径向基函数的 RBF(Radial Basis Function) 神经网络对185个化合物的沸点进行了预测。RBF 网络用有限个非线性核函数的组合去近似一个未知函数 $f(x)$

$$f(x) = \sum_{i=1}^{k} w_i \Phi(x - c_i)$$

式中,$\Phi(x - c_i)$为核函数;x为N维空间里代表核函数中心的矢量;c_i为输入矢量;k为核函数的数目;w_i为调节核函数近似$f(x)$的系数。

与 BP 网络相比,RBF 网络节省机时、直观、易于理解、无局部极小点存在,但网络参数较难确定。这类网络通常有三层,每个隐含神经元用一个核函数处理信息,w_i用其与输出层间的权重表示。核函数可以是多种类型的函数,Lohninger 选用的是广泛采用的 Gaussian 核函数,并进行了简单的改进以更好地求解分类问题,即

$$\Phi(x - c_i) = \frac{1 + R}{R + \exp[S(x - c)^T A(x - c)]}$$

式中,S 为决定各核函数的斜率,表示预测的平稳性质;R 为核函数中心附近区域的平坦程度;A 为输入数据的归一化处理矩阵;参数 R 的含义可由图 5.23 看出。

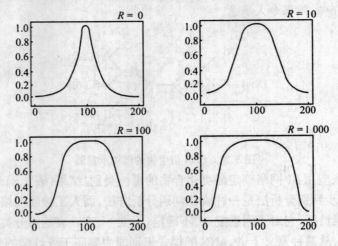

图 5.23　$S = 0.002, R = 0, 10, 100, 1\,000$ 时的一维核函数

Balaban 等人对 185 种醚、过氧化物、醛缩醇和具有类似结构特征的硫化物进行了 QSAR 研究,将 Randic 指数 χ,化合物中硫原子数目 N_S,修正的连接性指数 J_{het} 与沸点进行多元线性回归(MLR),拟合精度达 0.971 4,标准误差(S_{err})为 8.2 ℃。Lohninger 运用人工神经网络研究了 Balalban 等人所报道的数据。他建立了一个具有 20 个隐含神经元的 RBF 网络,输入的是相同的参数。经过大范围的扫描计算,确定参数的最佳值 $R = 0.0, S = 0.02$,归一化矩阵 A 设置成一个对角矩阵,其中的对角线元素与输入变量标准偏差的倒数相同。网络运行结果表明,ANN 优于 MLR,其标准误差为 5.8 ℃。

Lohninger 等人还利用"发展神经网络"技术,在 11 个简单拓扑指数及结构参数:N_C(含碳原子的数目),N_O(含氧原子的数目),N_S(含硫原子的数目),N_{het}(分子中杂原子的数目),T_{Dia}(拓扑直径),T_{Rad}(拓扑半径),χ(Randic 指数),χ_{mod}(修正的 Randic 指数),J(Balaban 拓扑参数),J_{het}(Balaban 定义的参数)及 N_{met}(甲基的数目)中确定了 3 个输入参数,即 N_O、$^1\chi$ 和 $^1\chi_{mod}$。用这 3 个新参数作为 ANN 网络的输入参数,运行后获得的标准误差比用前述参数作为输入参数约低 1 ℃,见表 5.9。

表 5.9　多元线性回归与神经网络的比较

训练与验证	相关系数与标准误差	第一组输入参数		第二组输入参数	
		线性回归	RBF 网络	线性回归	RBF 网络
训　练	r^2	0.971 4	0.985 3	0.973 7	0.990 0
	s_{err}	8.2	5.8	7.8	4.9
交叉验证	r^2	0.970 2	0.979 5	0.972 8	0.984 5
	s_{err}	8.3	6.9	8.0	5.9

ANN 交叉验证的标准误差比训练组约高 1 ℃,这可能是建模精度与概括预测能力相互作用引起的。同时,从该表 5.9 中还可看到,采用第二组输入参数,MLR 的标准误差变

化不大,而 ANN 的误差却显著下降,即在输入参数之间存在着较强关联时,人工神经网络的处理能力明显优于回归分析。

5.3.3.2 复杂的动力学常数和生物活性的预测

生物代谢是有机物非常重要的一个环境转化途径,其过程是一个背景极其复杂的非线性问题,各种因素的线性影响与因素之间难以辨识的非线性相互作用同时交织在一起,使得准确预测化合物的生物降解速率常数和在生物体内的活性成为非常困难的事。人工神经网络独特的学习能力和自动建模的功能显示了它在这一领域的巨大应用潜力。

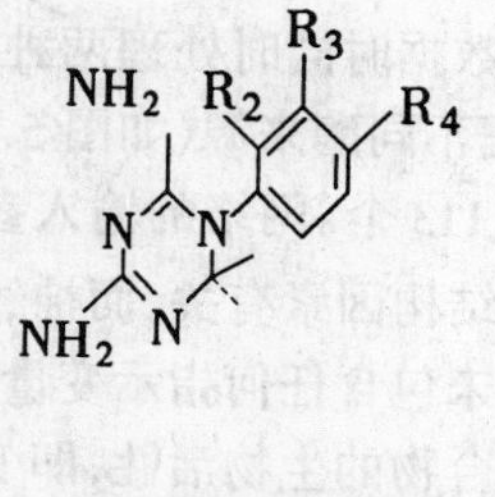

Andrea 等人用 BP 型人工神经网络研究了 256 个对二氢叶酸还原酶(DHFR)具有抑制作用的 5-苯基-3,4-二氨基-6,6-二甲基二氢三氮杂苯(I)的定量构效关系。这 256 个化合物(I)的结构通式见图 5.24。这批化合物的分组方式见图 5.25。该项工作可分为两个部分。

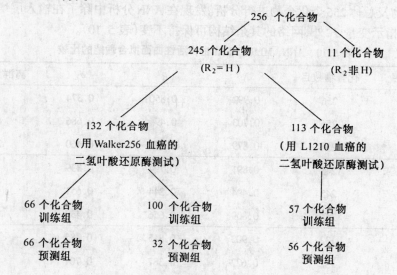

图 5.24 化合物(I)的结构示意图

图 5.25 实验化合物的分组示意

1. 拟合生物活性曲面

Hansch 和 Silipo 在对该批化合物(I)的构效关系进行回归分析时,除了选用取代基 R_2、R_3、R_4 的理化性质参数 π_2、π_3、π_4、M_{R_2}、M_{R_3}、M_{R_4}、$\sum \sigma_{,34}$ 之外,还添加了 6 个指示变量 I_1、I_2、I_3、I_4、I_5、I_6,但仍有 12 个离群值(设定预测误差的绝对值 0.8 为离群值)。建模所用化合物数目为 244 个,相关系数 $R = 0.923$,回归方程为

$$A = 6.489 + 0.680\pi_3 - 0.118\pi_3^2 + 0.230 M_{R_4} - 0.024\,3 M_{R_4}^2 + 0.238\,I_1 - 2.530 I_2 -$$
$$1.991\,I_3 + 0.877\,I_4 + 0.686\,I_5 + 0.704\,I_6$$

式中,I_1:取 1 表示测试所用的 DHFR 来源于 Walker 256 血癌,取 0 表示来源于 L1210 血癌;I_2:取 1 表示 R_2 为非氢取代,反之为 0;I_3:取 1 表示 R_3 或 R_4 的取代基是 Ph、CHPh、CONHPh

或 C = CHCONHPh；I_4：取 1 表示化合物具有 $C_6H_4SO_2OC_6H_4X$ 的结构，0 表示不具备该结构；I_5：取 1 表示 R_3 或 R_4 在介于 N – 苯基和第二苯环之间具有 CH_2Ph，CH_2CH_2Ph，$(CH_2)_4Ph$，$(CH_2)_6Ph$ 及 $(CH_2)_4O$ – Ph 结构；I_6：含 $CH_2NHCONHC_6H_4X$、$CH_2CH_2C(=O)N(R)C_6H_4X$ 以及 $CH_2CH_2CH_2C(=O)N(R)C_6H_4X$（R = H 或 Me）桥结构的取 1。

由方程中 I_1 的系数可知，两种酶的活性抑制曲面是平行的，垂直距离相隔 0.238 个单位。这一差别可能源于不同的酶结构，也可能和这两种酶分析过程的体系不同有关。为避免分析数据时同时处理两种酶系统遇到的麻烦，Andrea 在用该批化合物进行 ANN 分析时，根据不同酶来源（如图 5.25 所示）将 245 个化合物分两组研究，一组含 132 个化合物，一组含 113 个。网络的输入参数仅为 π_3、π_4、M_{R_3}、M_{R_4}、$\sum \sigma_{3,4}$。由于指示变量所含信息与非线性结构因素有关，而神经网络具有自动将非线性作用考虑在内的能力，故网络的输入参数中未包含任何指示变量。该网络有 4 个隐含神经元，1 个输出神经元。网络输出的数值代表化合物的生物活性，即 lg 1/C。人工神经网络、多元线性回归以及带有指示变量的多元线性回归（MLRI）的运算结果列于表 5.10 中，相比而言，网络对两组化合物的生物活性值的拟合均较好，离群值也较少。将这两组数据合并，再分别用 ANN、MLR、MLRI 法对这 245 个化合物及总体 256 个化合物进行分析。发现在 ANN 分析中除了在输入层增加 1 个区别两种酶的指示变量 I_1 外，网络的其余结构可保持不变（表 5.10）。

表 5.10 ANN, MLR, MLRI 生物活性曲面拟合性能的比较

方 法	化合物数目	R	R^2	σ_E	离群值个数
ANN	256	0.992	0.850	0.374	12
MLR	256	0.703	0.494	0.686	61
MLRI	256	0.879	0.773	0.460	20
ANN	245	0.891	0.794	0.339	10
MLR	245	0.494	0.244	0.651	41
MLRI	245	0.809	0.656	0.439	15
ANN	132	0.903	0.815	0.385	4
MLR	132	0.622	0.387	0.701	23
MLRI	132	0.877	0.769	0.431	11
ANN	113	0.892	0.796	0.236	1
MLR	113	0.517	0.268	0.447	5
MLRI	113	0.673	0.452	0.387	5

2. 预测生物活性

如图 5.25 所示，运用聚类分析将 132 个化合物分成 100/32 和 66/66 的两个训练/预测组；将另外的 113 个化合物分为 57/56 的训练/预测组。先分别用训练组建立 ANN、MLR、MLRI 模型，再用预测组分别评价这些模型的预测水平，结果见表 5.11。

表 5.11　ANN, MLR, MLRI 预测性能的比较

方法	化合物数目		训练组的结果				预测组的结果			
	训练组	预测组	R	R^2	σ_E	离群值的数目	R	R^2	σ_E	离群值的数目
ANN	100	32	0.913	0.833	0.358	6	0.897	0.804	0.372	2
MLR	100	32	0.616	0.380	0.690	18	0.558	0.312	0.707	7
MLRI	100	32	0.837	0.700	0.480	9	0.902	0.814	0.369	2
ANN	66	66	0.919	0.844	0.397	3	0.820	0.672	0.431	5
MLR	66	66	0.627	0.393	0.780	15	0.527	0.277	0.671	13
MLRI	66	66	0.862	0.744	0.507	6	0.740	0.547	0.490	6
ANN	57	56	0.962	0.926	0.147	0	0.721	0.511	0.341	1
MLR	57	56	0.656	0.426	0.413	3	0.373	0.139	0.461	2
MLRI	57	56	0.766	0.591	0.349	1	0.523	0.273	0.430	2

分析该表中所列的数据，ANN 不仅能够模拟复杂的曲面起伏，概括更多的实验结果，提高曲面拟合精度，还增强了预测能力。为确保结果的可靠性，Andrea 又对 113 个化合物采用了逐次抽取 k 个样本(Leave-k-out)的交叉验证方法，对 ANN、MLR、MLRI 模型进行评价，获得的相关系数 r^2 分别为 0.787, 0.300, 0.640，与上述分析的结果一致。除此之外，Andrea 还对反映网络结构的重要参数 p 进行了研究，定义

$$P = (I+1)H + (H+1)O$$

式中，P 为网络可调参数的数目；I 为输入神经元的数目；H 为隐含神经元的数目；O 为输出神经元的数目。

$$p = 样本数/P$$

一般地说，除了 $p > 1$ 这个特点外，p 的取值没有什么定势，它与具体样本有关。对于 Andrea 的这批数据，网络的最佳状态在 p 值取值为 1.8 ~ 2.2 的范围内。$p > 2.2$，隐含节点太少，网络过于简单，不足以提取所需的信息，预测能力下降；p 逼近 1 时，隐含节点又太多，网络比原体系复杂，造成过拟合，智能模型变成了"录音机"，几乎丧失预测本领。Livingstone 亦指出过小的 p 会导致各变量间的随机关联，掩盖了其内在的本质联系，损害网络预测性能。

Tabak 等人用生化耗氧量作为指标，评价了他们所研究的 26 个化合物的生物降解性，并在一个 BP 神经网络模型上用非线性基团贡献法将化合物基团之间的交互作用掺入到定量结构－生物降解性关系的研究中，获得了比线性基团贡献法更为精确的生物降解速率常数 k 的预测值。其特点在于输入模式是离散型的化学基团数目，而不是连续型的理化参数。8 个输入神经元分别对应 8 种化学基团，这样的输入模式避免了理化参数本身带来的测量误差在网络里传递的问题。

Gerrit 等人利用 Tabak 的数据对 BP 神经网络的识别与预测能力进行了研究,他们利用 Leave-one-out 法系统地分析 BP 模型的性能,发现循环训练次数过多会导致网络处于过拟合状态;网络的识别误差随循环次数增加而下降,预测误差则是先降后升。为了确保网络具备良好的预测能力,应对网络的训练循环确定一个合适的次数。

湖南大学俞汝勤研究小组(1993)的研究表明,对位取代苯酚衍生物的生物活性与其结构及物化性质参数之间的关系是高度非线性的,采用 SLR 较难解决好这一问题。他们将 ANN 用于对位取代苯酚的 QSAR 研究,选择 7 个分子结构参数:lg K_{OW},HB(形成氢键的能力),F(电场参数),R(共振参数),MR(摩尔折射率),pK_a,σ_p(空间位阻参数) 等作为 ANN 网络的输入节点;输出节点为 1 个(lg $1/LC_{50}$);隐含层节点选 10 个。ANN 网络经过训练后,其预测均方误差(mse)仅为 0.036,取得较好的结果。

中科院生态环境研究中心的王桂莲和白乃彬对多氯酚的 QSAR – ANN 模型进行了研究,他们选择网络输入节点 4 个:lg K_{OW},K_a,χ 和 S(分子自由表面积);输出节点为 3 个:对细菌的 lg $1/LC_{50}$,对比目鱼的 lg $1/LC_{50}$ 和对水蚤的 lg $1/LC_{50}$;隐含节点选 4 个。在学习步长 $\eta = 0.9$,动量因子 $\alpha = 0.7$ 的条件下,迭代学习 32 500 次,使均方根误差达到 0.001 1,且预报结果明显优于多元线性回归分析的结果。

5.3.3.3 取代苯类化合物对酵母菌毒性的 QSAR 研究

我们以 ANN 信息流分析技术为基础,选择 24 个新型点价自相关拓扑指数作为结构参数,研究考察取代苯类化合物结构对酵母菌毒性的定量构效关系。经过 ANN 在线筛选,确定取代苯类化合物对酵母菌的毒性起主要作用的结构参数为 $A[0]$、$A[1]$、$C[3]$、$C[5]$、$D[3]$ 等 5 种点价自相关拓扑指数。通过点价自相关拓扑指数的定义分析,我们得出,$A[0]$ 可用来表征原子的个数;$A[1]$ 表征邻位原子的分支度、化学键的类型及体积;$C[3]$ 表征间位原子和邻位取代基的分支度和化学键的类型;$C[5]$ 表征苯环上邻位原子或对位取代基的分支度、化学键的类型;$D[3]$ 则可表征间位原子和邻位取代基的分支度。由此可知,有机化学品对酵母菌的毒性大小主要与有机化学品结构中的邻位原子与间位原子的分支度和化学键的类型有关,同时邻位取代基和对位取代基的大小和个数对毒性的贡献也较大。这几种结构对酵母菌的毒性呈现出典型的非线性关系,有机化学品对酵母菌的毒性随点价自相关拓扑指数 $A[0]$、$A[1]$、$C[3]$、$C[5]$、$D[3]$ 值的增大而增大,同时 $A[0]$、$A[1]$ 和 $D[3]$ 在增大过程中对酵母菌毒性有一个较小的负影响。综合考虑,有机化学品对酵母菌的毒性随着苯环上邻位和对位取代基个数和体积的增大而增大。

采用筛选后分子结构参数同对酵母菌的最小产生清晰抑菌圈浓度(C_{miz})建立 QSAR 模型。所用模型结构为人工神经网络,网络的输入节点为筛选后的点价自相关拓扑指数,共 5 个输入节点;网络的输出节点只有 1 个,为有机化学品对酵母菌的最小产生清晰抑菌圈浓度。将所选样本数据(共 78 种)分成两组,即训练集(55 种)和预测集(23 种)。网络经过训练,对该结构的网络模型质量和预测能力进行评价。经过 20 100 次迭代计算,学习步长 $\eta = 0.9$,动量因子 $\alpha = 0.7$。网络输出值见表 5.12。再利用所得到的权值预测另外 23 种有机化学品对酵母菌的毒性,预测结果见表 5.13。

表 5.12　人工神经网络模型对 55 种取代苯类化合物对酵母菌毒性的计算输出结果

编号	取代苯类化合物	lg($1/C_{miz}$) 实验值	lg($1/C_{miz}$) 计算值	残　差
1	氯苯	1.18	1.22	0.04
2	溴苯	1.40	1.44	0.04
3	1,3-二氯苯	1.87	1.97	0.10
4	1,4-二氯苯	1.96	1.94	-0.02
5	1,4-二溴苯	2.37	2.43	0.06
6	对溴氯苯	2.08	2.20	0.12
7	1,2,3-三氯苯	2.41	2.55	0.14
8	1,2,4-三氯苯	2.54	2.58	0.04
9	2,6-二氯甲苯	2.47	2.45	-0.02
10	2,4,5-三氯甲苯	2.91	2.73	-0.18
11	邻氯甲苯	1.85	1.87	0.02
12	间二甲苯	1.70	1.82	0.12
13	甲苯	1.10	1.16	0.06
14	3,4-二氯硝基苯	2.20	2.29	0.09
15	邻硝基氯苯	1.65	1.66	0.01
16	间硝基氯苯	1.64	1.47	-0.17
17	2,4-二硝基氯苯	2.06	2.02	-0.04
18	硝基苯	1.01	1.09	0.08
19	2,6-二硝基甲苯	1.61	1.71	0.10
20	对硝基甲苯	1.50	1.62	0.12
21	邻硝基甲苯	1.29	1.48	0.19
22	3-氯-4-氟-硝基苯	1.56	1.70	0.14
23	对二硝基苯	3.23	3.02	-0.21
24	间二硝基苯	1.45	1.70	0.25
25	对氯苯甲醛	1.45	1.46	0.01
26	苯甲醛	0.75	0.75	0.00
27	五氯苯酚	2.98	3.08	0.10
28	2,4-二硝基苯酚	2.19	2.18	-0.01
29	对硝基苯酚	1.24	1.15	-0.09
30	邻甲基苯酚	1.38	1.16	-0.22
31	苯酚	0.86	0.83	-0.03
32	对氯苯酚	1.63	1.43	-0.20
33	2,6-二甲基苯酚	1.35	1.43	0.08
34	对溴苯胺	1.91	1.83	-0.08
35	2,4-二氯苯胺	2.40	2.08	-0.32
36	2,4,6-三氯苯胺	1.91	2.17	0.26
37	对甲基苯胺	0.77	1.45	0.68
38	对苯二胺	0.89	1.13	0.24
39	邻氯对硝基苯胺	1.42	1.57	0.15
40	对硝基苯胺	0.96	1.18	0.22
41	邻硝基苯胺	1.08	0.85	-0.23
42	二苯胺	2.49	2.54	0.05
43	2,6-二氯苯胺	1.62	1.87	0.25
44	3-氯-4-氟-苯胺	0.83	0.86	0.03
45	3,4-二氯苯腈	2.16	2.18	0.02
46	邻氯苯乙腈	1.56	1.49	-0.07
47	间氯苯乙腈	1.31	1.55	0.24
48	对氯苯腈	1.33	1.51	0.18
49	苯甲腈	0.92	0.84	-0.08
50	间溴苯甲酸	1.94	1.95	0.01
51	对氟苯甲酸	1.37	1.43	0.06
52	邻氨基苯甲酸	0.79	0.89	0.10
53	间硝基苯甲酸	1.52	1.32	-0.20
54	对溴苯甲酸	1.95	1.99	0.04
55	对氨基苯甲酸	0.32	0.82	0.50

表 5.13　人工神经网络模型对 23 种取代苯类化合物对酵母菌毒性的预测结果

编号	取代苯类化合物	lg $(1/C_{mix})$		残　差
		实验值	计算值	
1	1,2 - 二氯苯	1.96	1.96	0.00
2	1,3 - 二溴苯	2.32	2.46	0.14
3	1,3,5 - 三氯苯	2.41	2.57	0.16
4	2,5 - 二氯甲苯	2.33	2.50	0.17
5	对氯甲苯	1.80	1.86	0.06
6	对二甲苯	1.74	1.78	0.04
7	对硝基氯苯	1.65	1.76	0.11
8	对硝基溴苯	2.13	2.24	0.11
9	2,4 - 二硝基溴苯	2.47	2.04	- 0.43
10	2,4 - 二硝基甲苯	2.02	2.02	0.00
11	间硝基甲苯	1.52	1.28	- 0.24
12	邻二硝基苯	1.41	1.02	- 0.39
13	邻氯苯甲醛	1.67	1.41	- 0.26
14	2,4 - 二氯苯酚	2.43	1.86	- 0.57
15	邻氯苯酚	1.43	1.26	- 0.17
16	3,4 - 二氯苯胺	1.67	2.21	0.54
17	对氯苯胺	1.44	1.52	0.08
18	2,4,6 - 三溴苯胺	3.12	2.96	- 0.16
19	间硝基苯胺	0.88	0.65	- 0.23
20	对氯苯乙腈	1.44	1.79	0.35
21	对氯苯甲酸	1.85	1.54	- 0.31
22	间氯苯甲酸	1.72	1.22	- 0.50
23	间氨基苯甲酸	0.23	0.38	0.15

对建立 ANN 模型的质量与预测能力进行了评价。分别采用在学习集和在预测集中模型计算值与实验值的百分误差(E_p)和相关系数(R)对模型质量和模型预测能力进行评价，结果为训练集相关系数 $R = 0.9551$，百分误差 $E_p = 0.1087$；预测集相关系数 $R = 0.9088$，百分误差 $E_p = 0.1546$，达到模型精度要求。

对 ANN 模型的误差进行了估计。模型误差 E_M 定义为未参加建模化合物的毒性预测值和实测值的平均相对误差，即

$$E_M = \frac{1}{n} \sum_i \frac{C_{预测} - C_{实测}}{C_{预测}} \tag{5.5}$$

根据实际测定的毒性值与用模型预测的毒性值,按照式(5.5)计算的模型误差,见表5.14。

表 5.14　模型误差估计

化合物	lg($1/C_{miz}$)		误差
	实测值	预测值	
氯苯	1.12	1.22	0.10
溴苯	1.50	1.44	-0.06
对二甲苯	1.50	1.78	0.28
间二甲苯	1.60	1.82	0.22
甲苯	1.21	1.16	-0.05
硝基苯	1.15	1.09	-0.06
对硝基甲苯	1.70	1.62	-0.08
苯甲醛	0.91	0.75	-0.16
2,4-二氯苯酚	2.25	1.86	-0.39
对硝基苯酚	1.10	1.15	0.05
邻甲基苯酚	1.27	1.16	-0.11
苯酚	1.10	0.83	-0.27
模型误差			0.12

结果表明,我们所构建的 QSAR 模型平均相对误差 E_M 仅为 0.12,满足模型预测要求精度,具有一定的推广价值。

参考文献

[1] TOROPOVA A P, TOROPOV A A, BENFENATI E. QSAR modeling of anxiolytic activity taking into account the presence of keto-and enol-tautomers by balance of correlations with ideal slopes [J]. Central European Journal of Chemistry, 2011,9(5):846-854.

[2] MINOVSKI N, JEZIERSKA M A, VRACKO M, et al. Investigation of 6-fluoroquinolones activity against mycobacterium tuberculosis using theoretical molecular descriptors: a case study [J]. Central European Journal of Chemistry, 2011,9:855-866.

[3] NICOLAS L, OLIVIER L, THIERRY C. Novel and highly potent histamine H_3 receptor ligands. Part 1: withdrawing of hERG activity[J]. Bioorganic & Medicinal Chemistry Letters, 2011,21:5378-5383.

[4] JIA M R, YANG K H, FANG H, et al. Novel aminopeptidase N (APN/CD13) inhibitors derived from chloramphenicol amine[J]. Bioorganic & Medicinal Chemistry, 2011,9:5190-5198.

[5] ZHOU X B, HAN W J, CHEN J, et al. QSAR study on the interactions between antibiotic compounds and DNA by a hybrid genetic-based support vector machine[J]. Monatshefte Fur Chemie, 2011, 142:949-959.

[6] VIJAY S L, BABURAO B S. Ligand-based in silico 3D-QSAR study of PPAR-gamma agonists [J]. Medicinal Chemistry Research, 2011,20:1005-1014.

[7] JUDGE V, NARANG R, SHARMA D, et al. Hansch analysis for the prediction of antimycobacterial activity of ofloxacin derivatives[J]. Medicinal Chemistry Research, 2011, 20:826-837.

[8] REWATKAR P V, KOKIL G R, RAUT M K. QSAR studies of phthalazinones: novel inhibitors of poly (ADP-ribose) polymerase[J]. Medicinal Chemistry Research, 2011, 20: 877-886.

[9] WILLIAM W W L, BURKOWSKI F J. Using kernel alignment to select features of molecular descriptors in a QSAR study[J]. IEEE-ACM Transactions on Computational Biology and Bioinformatics, 2011,8:1373-1384.

[10] LIN Y, LONG H X, WANG J, et al. QSAR study on insect neuropeptide potencies based on a novel set of parameters of amino acids by using OSC-PLS method[J]. International Journal of Peptide Research and Therapeutics, 2011, 17:201-208.

[11] BURELLO E, WORTH A P. QSAR modeling of nanomaterials[J]. Wiley Interdisciplinary Reviews: Nanomedicine and Nanobiotechnology, 2011,3(3):298-306.

[12] SAHU N K, SHAHI S, SHARMA M C, et al. QSAR studies on imidazopyridazine derivatives as PfPK7 inhibitors[J]. Molecular Simulation, 2011,37(9):752-765.

[13] VERMA R P, HANSCH C. Use of 13C NMR chemical shift as QSAR/QSPR descriptor[J]. Chemical Reviews, 2011, 111(4): 2865-2899.

[14] CHENA X, NIE C M, WEN S N. QSPR/QSAR study of mercaptans by quantum topological method[J]. Advanced Materials Research, 2011, 233-235: 2536-2540.

[15] PISSURLENKAR R R S, KHEDKAR V M, IYER R P, et al. Ensemble QSAR: A QSAR method based on conformational ensembles and metric descriptors[J]. Journal of Computational Chemistry, 2011, 32(10): 2204-2218.

[16] ALEXANDER T, ALEXANDER G, Cho W J. Development of kNN QSAR models for 3-arylisoquinoline antitumor agents[J]. Bulletin of the Korean Chemical Society, 2011, 32(7): 2397-2404.

[17] OJHA P K, ROY K. Exploring molecular docking and QSAR studies of plasmepsin-II inhibitor di-tertiary amines as potential antimalarial compounds[J]. Molecular Simulation, 2011, 37(9): 779-803.

[18] KOVARICH S, PAPA E, GRAMATICA P. QSAR classification models for the prediction of endocrine disrupting activity of brominated flame retardants[J]. Journal of Hazardous Materials, 2011, 190(1-3): 106-112.

[19] YAN Y L, LI Y, ZHANG S W. Studies of tricyclic piperazine/piperidine furnished molecules as novel integrin $\alpha v \beta 3/\alpha IIb\beta 3$ dual antagonists using 3D-QSAR and molecular docking[J]. Journal of Molecular Graphics and Modelling, 2011, 29(5): 747-762.

[20] DEEKNAMKUL W, UMEHARA K, MONTHAKANTIRAT O. QSAR study of natural estrogen-like isoflavonoids and diphenolics from Thai medicinal plants[J]. Journal of Molecular Graphics and Modelling, 2011, 29(6): 784-794.

[21] WONG W W L, BURKOWSKI F J. Using kernel alignment to select features of molecular descriptors in a QSAR study[J]. IEEE/ACM Transactions on Computational Biology and Bioinformatics, 2011, 8(5): 1373-1384.

[22] 王连生, 韩朔睽. 分子结构、性质与活性[M]. 北京: 化学工业出版社, 1997.

[23] 辛厚文. 分子拓扑学[M]. 合肥: 中国科技大学出版社, 1991.

[24] 张锡辉. 高等环境化学与微生物学原理及应用[M]. 北京: 化学工业出版社, 2001.

[25] (美)马丁. 定量药物设计[M]. 王尔华, 译. 北京: 人民卫生出版社, 1981.

[26] 张宝泉, 刘庆东. 计算机与环境多因素分析[M]. 北京: 中国环境科学出版社, 1993.

[27] 王鹏, 苏建成. 有机化学品自相关拓扑指数与生物毒性的定量关系[M]. 中国环境科学, 1998, 18(4): 306-309.

[28] 王鹏, 苏建成, 单俊杰. 用于 QSAR 的自相关拓扑指数研究[M]. 化学通报, 1998(10): 40-43.

[29] 于秀娟, 王鹏. 有机化学品点价自相关拓扑指数与生物降解性的定量关系[J]. 环境科学学报, 2000, 22(增刊): 93-96.

[30] 高大文, 王鹏. 发光菌毒性实验及在化学品评价中的应用[J]. 环境污染与防治, 2000, 22(增刊): 51-54.

[31] 龙明策, 孟宪林, 王鹏, 等. 一组来自点价的分子自相关拓扑指数[J]. 化学通报, 2001

(64):58.

[32] 高大文,王鹏,甄卫东,等.取代苯类有机物拓扑指数与酵母菌毒性的人工神经网络分析[J].上海环境科学,2001,20(8):365-368.

[33] 高大文,王鹏.人工神经网络输入层节点筛选规则的确定[M].高技术通讯,2002,12(6):65-68.

[34] 高大文,王鹏,郑彤,等.多氯酚定量构效关系人工神经网络信息流分析[J].中国环境科学,2002,22(6):561-564.

[35] GAO D W, WANG P, YANG L, et al. Study on the screening of molecular structure parameter in QSAR model[J]. Journal of Environmental Science and Health, 2002, A37(4):601-609.

[36] YANG L, WANG P, ZHOU D R. Sythesis of high-activited weedicide quinclorac and QSAR analysis[J]. Journal of Harbin Institute of Technology, 2002,9(4):401-404.

[37] 陈传品,王鹏,张国宇,等.分子连接性指数与羟基自由基反应活性定量关系[J].哈尔滨工业大学学报,2002,34(4):521-524.

[38] GAO D W, WANG P, LIANG H. A study on prediction of the bio-toxicity of substituted benzene based on artificial neural network[J]. Journal of Environmental Science and Health, 2003, B38(5):571-579.

[39] 高大文,王鹏,蔡臻超.人工神经网络中隐含层节点与训练次数的优化[J].哈尔滨工业大学学报,2003,35(2):207-209.

[40] 杨蕾,王鹏,蒋益林,等.氯喹酸酯类衍生物的合成及QSAR分析[J].哈尔滨工业大学学报,2003,35(9):1128-1130.

[41] 杨蕾,王鹏,彭婷婷.取代苯甲酸类化合物的定量构效关系研究[J].哈尔滨工业大学学报,2004,36(9):1200-1201.

[42] LEI Y, WANG P, JIANG Y L. Studying the explanatory capacity of artificial neural networks for understanding environmental chemical quantitative structure-activity relationship models[J]. Chem. Inf. Model. 2005, 45(6):1804-1811.

[43] WANG P, YANG L, CHEN C Y, et al. New autocorrelation topological indexes and their application in QSAR study[J]. Journal of Harbin Institute of Technology, 2005,12(1):41-43.

[44] 高大文,王鹏.基于神经网络构建取代苯类化合物QSAR模型[J].哈尔滨工业大学学报,2005,37(11):1496-1498.